纺织科学与工程高新科技译丛

纺织品性能测试

方法、技术及应用

[澳]王立晶 编著

潘志娟 王萍 卢业虎 等译

中国纺织出版社有限公司

内 容 提 要

本书从纺织品性能的测试工艺、技术、标准等角度出发，对军用纺织品舒适性、服装套装热舒适性、可穿戴智能纺织品、建筑与办公场所用纺织品的声学性能、医用纺织品、智能纤维增强复合材料、环保纺织品、电子纺织品以及热学性能等的检测与评价方法和相关标准进行了系统的阐述。

本书可作为纺织、服装专业本科生或研究生教材，也可供纺织、服装领域的工程师、设计师以及产品开发人员阅读。

图书在版编目（CIP）数据

纺织品性能测试：方法、技术及应用/（澳）王立晶编著；潘志娟等译. --北京：中国纺织出版社有限公司，2020.5

（纺织科学与工程高新科技译丛）

书名原文：Performance Testing of Textiles

ISBN 978-7-5180-6638-4

Ⅰ.①纺… Ⅱ.①王… ②潘… Ⅲ.①纺织品—性能检测 Ⅳ.①TS107

中国版本图书馆 CIP 数据核字（2019）第 187099 号

策划编辑：沈 靖 孔会云　　责任编辑：沈 靖
责任校对：楼旭红　　责任印制：何 建

中国纺织出版社有限公司出版发行
地址：北京市朝阳区百子湾东里 A407 号楼　邮政编码：100124
销售电话：010—67004422　传真：010—87155801
http://www.c-textilep.com
中国纺织出版社天猫旗舰店
官方微博 http://weibo.com/2119887771
北京云浩印刷有限责任公司印刷　各地新华书店经销
2020 年 5 月第 1 版第 1 次印刷
开本：710×1000　1/16　印张：14.5
字数：180 千字　定价：128.00 元

原书名:Performance Testing of Textiles

原作者:Lijing Wang

原 ISBN: 978-0-08-100570-5

纺织品性能测试:方法、技术及应用(潘志娟等译)

ISBN:978-7-5180-6638-4

译者序

纺织品的性能评价与检测是从事纺织产品研究开发及生产者的最基本工作之一，合理的检测与评价方法对于纤维、纱线、织物、服装的研究与开发具有十分重要的作用。国内有一些关于纺织材料结构与性能测试方面的教材，包括《纺织材料实验教程》《纺织材料大型仪器实验教程》等，但是缺少针对特定用途纺织品性能测试的专著。为了使纺织领域更多的技术人员全面了解纺织品的性能评价与检测方法，苏州大学纺织与服装工程学院潘志娟教授组织了 10 名教授和博士翻译了《Performance Testing of Textiles》一书，从纺织品性能的测试工艺、技术、标准等角度出发，对军用纺织品舒适性、服装套装热舒适性、建筑与办公场所用纺织品的声学性能、可穿戴智能纺织品、医用纺织品、智能纤维增强复合材料、环保纺织品、电子纺织品以及热学性能等的检测与评价方法和相关标准进行了系统的阐述。

其中，第 1 章纺织品研究中的设计与分析由潘志娟翻译，第 2 章军用纺织品舒适性测试与合体性分析由何佳臻翻译，第 3 章服装套装热舒适性的测试与评估由卢业虎翻译，第 4 章可穿戴智能纺织品的测试和评价由王萍翻译，第 5 章建筑与办公场所用纺织品的声学测试和评价由魏真真翻译，第 6 章医用纺织品检测和质量认证由李刚翻译，第 7 章智能纤维增强复合材料的多尺度表征与测试由李媛媛翻译，第 8 章环保纺织品的检测和认证由关晋平翻译，第 9 章电子纺织品的设计、评价及应用由闫涛翻译，第 10 章热分析在纤维识别及表征领域的应用由徐玉康翻译。全书由潘志娟修改审核。

此书出版过程中得到了中国纺织出版社有限公司的大力协助，在此一并致谢！由于译者水平有限，翻译不当之处还请广大读者多提宝贵意见和建议。

译者　潘志娟

2019 年 7 月

目　录

第 1 章　纺织品研究中的设计与分析

R. M. Laing, *C. A. Wilson*, *B. E. Niven*
奥塔哥大学，新西兰，达尼丁

1.1　简介

本章综述了纺织品设计与分析的研究方法。

纺织品广义上是指“天然的或人造的纤维、长丝和纱线以及以其为主要原材料的产品。包括线、带、绳索和穗带；机织布、针织布、非织造布、蕾丝、网眼织物和刺绣织物；袜子、针织衫和服装饰品；家用纺织品、室内装饰布艺制品和装饰品；地毯及其他地板覆盖物；工艺、工业和工程用纺织品，包括土工布和医用纺织品”[1]。

研究方法包括实验、调研、案例研究和史料研究。研究方法的一般原则都是通用的，采样时的考虑因素、数据类型和分析步骤也是如此。文中给出了面料、服装和床上用品的研究实例，并对其设计与分析进行了评论。

牛津简明英语词典将“研究”定义为“……对材料和来源进行系统的调查和研究，以便确定事实并得出新的结论”[2]。其中，“系统的”“材料（或原料）”是两个很重要的关键词。研究方法主要包括以下四种。

（1）实验。控制其中一个或多个变量，并研究该控制变量对其他变量的影响。

（2）调研。使用多种不同的形式（如口头——面对面、电话，邮件，网络）调研人或事件。

（3）案例研究。通常针对一个主题、群体、个人或产品，对其进行高度集中的调查。

（4）史料研究。利用多种多样的原始资料对历史进行阐释和考察。

1.2 道德问题

1.2.1 概述

研究中的伦理道德考量（如人类、文化以及其他相关问题）适用于许多国家，并且其中一些考量因素适用于计划研究或实施研究的任何国家。采取负责任的行为或管理守则，例如，某主题值得研究；所使用的方法（包括分析和报告的方法）是适当的；满足国家、机构或组织的健康和安全政策；在涉及动物实验的领域，实践环节需遵守有关监管组织的规定。

1.2.2 人类的道德规范

涉及人类参与者的研究，通常受到以“大量原则”为基础的道德规范的制约，例如，研究的价值，参与者的知情与同意，与弱势群体相关的问题，参与者的隐私，伤害最小化，限制欺骗，避免利益、文化和社会敏感问题的冲突，以及结果的发表。伦理委员会通常要求考虑一系列因素，并要求事先就以下事项做出决定：①利用已收集的或使用的个人信息；②采集或处理取自人体或尸体的任何形式的组织或液体样本；③任何形式的生理上或心理上的压力；④使参与者或研究人员的安全处于危险之中的情况；⑤管理向所有参与者提供的食物、液体或药物；⑥申请人作为研究人员、临床医生或教师的活动与他们作为专业人士或私人利益之间可能存在的冲突；⑦对参与者任何形式的欺骗；⑧数据的访问权限、存储以及最终处置[3]。

1.2.3 文化问题

在制订研究计划、实施之前和实施期间可能需要考虑文化问题。例如，在新西兰，研究“购买者”和“提供者”双方都承认新西兰的建国文献“怀唐伊条约”[4]；再者，奥塔哥大学的道德政策要求研究需符合本条约并且要求咨询是适当的[5]。

1.2.4 知识产权

关于纺织品（测试方法、设计）的创新思想和知识一直是国际论坛以及国家的组织和机构所探讨的主题。正如在纺织品贸易中遇到的纺织品和其他设计的抄袭等问题。主要有两个因素影响知识产权归属的判定：①文本、图形、表格等版权材料被该材料创始人以外的人员利用；②难以确立原创作品的所有权。因此，要正确引用观点和概念，并将其归功于原创者。此外，对于工作人员在工作过程中可能发展的、可取得专利权的研究发现，许多组织采取措施来维护所有者的权利；在大学里，更强调学生和教职员工的共同知识产权；如果研究是由外部资助的，则研究合同中通常会就知识产权的所有权取得一致意见。然而，当研究资金来自公共机构时，则研究者需要同意公共资金资助下的研究数据可以被广泛地获取，如经济合作发展组织宣言[6]。

1.3　设计与分析：总则

1.3.1　设计

合理的研究设计是研究的基本要求。多变性是纺织品研究中固有的、需要在计划阶段加以考虑的因素。例如，织物是多变的（批次之间或在整片织物的不同部位），操作者和参与者是可变的（操作者的效率可能在一天或一周内忽高忽低；参与者个体间也存在差异，由此许多研究是以相对于基线数据的百分比变化为依据的），即使是做相同的测试，进行研究的实验室也可能存在不同。通过代表性抽样、适当次数的重复实验、增加受访者、随机化，以及进行对照实验可以规避上述问题，具体如下。

（1）随机化。随机化是为了确保总样本中不存在偏差，并且实现适当的统计分析。

（2）适当次数的重复实验。设计重复实验，即在同一实验中，多次处理同一样品以减少标准误差[7]。

（3）选择合适的统计分析方法。设计解读数据所需的统计分析方法[8]。当设计中存在多个变异来源时，如嵌套方差分析，需要对每个测试使用适当的方差估计，以确保取得正确的分析结果。

（4）设计问卷调查。问卷调查的缺陷是不能精准说明并遵循定义和目标，其误差的产生可能是因为方法本身的问题，如纵向研究中的被调研人员减少，也可能由于问题的形式、顺序、内容以及研究者自身的影响，如评价或提问方式较差[9]。

1.3.2 分析和意义

在实验、调研、案例研究和史料研究中收集的数据可以是定性的也可以是定量的，每种数据形式都需要考虑和选择可能的分析程序。根据数据的类型不同，在收集之前需要确定适当的统计测试范围（表 1.1 和表 1.2）。如果在研究设计时不考虑分析方法，则在分析阶段可能需要重新编码、处理和重复检验数据，使数据分析更加棘手。

表 1.1 衡量标准和数据分类

衡量标准	描　述
定类变量	数字或其他符号用于对物体、人或特征进行分类，没有内在固定大小或高低顺序，运算没有意义。也称为分类标准，如分类项目
定序变量	变量的值不仅能够代表事物的分类，还能代表事物按某种特性的排序，如评估等级 A>B>C
定距变量（区间）	该标准具有定序变量的特征（变量的值之间可以比较大小），两个值的差有实际意义，但不存在基准零点，如温度
定比变量	该标准具有定距变量的特征（区别同一类别个案中等级次序及其距离的变量），并且具有真正的零点，如重量
数据分类	**描　述**
参数统计	参数统计检验规定了关于总体分布的特定条件，如正态性。结果的相关性取决于所满足的假设。测量必须至少在区间范围内，由样本观察值去了解总体。若根据经验或某种理论能在推断之前就对总体作一些假设，则这些假设无疑有助于提高统计推断的效率
非参数统计	非参数统计检验规定了关于抽取群体分布样本的总体条件。做出特定的假设，例如，观察结果是不受约束的，但它们比参数检验所要求的假设要弱。测量通常是定类变量或定序变量
样品关系	**描　述**
相关的	当在不同条件下测试相同实验对象时，来自该实验对象的样品被认为是相关的
不相关的/独立的	如果没有数值分组或关联数值的依据，则认为两个样本是独立的

注　资料来源《形为科学的非参数统计（第 2 版）》[10]。

表 1.2　选择合适的统计检验方法比较样品

数据类型	选择的示例	
A. 两个变量之间的相关性检验		
定距变量	皮尔逊（Pearson）相关	
定序变量（有序分类变量）	斯皮尔曼相关系数	
	肯德尔等级相关系数	
定类变量（无序分类变量/分类变量）	Phi 相关系数	
	克雷莫 V 系数	
B. 比较样品之间是否有显著差异		
两个样品	独立的	相关的
定距变量	独立样本 t 检验	成对 t 检验
定序变量（有序分类变量）	曼—惠特尼 U 检验	威尔科克森符号秩检验符号检验
定类变量（无序分类变量/分类变量）	卡方检验	麦克尼马尔检验
三个及三个以上的样品	单因素方差分析	重复测量方差分析
定距变量	混合模型	混合模型
定序变量（有序分类变量）	库鲁斯卡尔—沃利斯检验法	弗里德曼检验
定类变量（无序分类变量/分类变量）	卡方检验	Cochran's Q 检验（仅限二分定类数据）

注　资料来自《形为科学的非参数统计（第 2 版）》[10]。

分析方法的选择受数据类型及其分布的影响。其中一种分析方法是参数统计技术，如对人体测量而收集的数据（通常是定距变量）；另一种分析方法是非参数统计技术，即无序或有序分类变量，此方法更适用于问卷调查（通常以意见为主）。当采用问卷调查时，问题的措辞、答案类别的组织、分类或编写的方法以及收集数据的格式都可能影响可使用的分析方法。

数据的初步分析是必需的，包括检查异常现象、异常值（分辨这些数据是误差还是实际数据点），确定响应频率，比较数据组中的群体反应，最大可能地探讨影响的程度，如有必要，修正样本容量以便在接下来的实验中使用。

当数据无法量化或有序时，非参数统计检验可用于确定差异的显著性。检验方法包括双样本检验（Wilcoxon 符号检验，曼—惠特尼 U 检验）、非参数方差分析（库鲁斯卡尔—沃利斯检验，用于相关性数据的弗里德曼检验）或秩相关性（如斯皮尔曼相关系数）。非参数检验的一个缺点是不像参数检验一样需要大量的信息，即非参数检验对数据的要求不那么严格，因而，对总体之间的实际差异进行定性分析更加困难，比如效率较低[11]。然而，非参数检验适用于某些类型的数据（表 1.1 和表 1.2），当数据可以量化以及可以假设样本（如正态性）和数据（如区间或比率）的分布时，可使用参数检验。例如，t 检验可用于平均值的简单比较，而方差分析（使用单一变量）可用于检验一个或多个因素之间的关系。相关性可采用皮尔逊 Pearson 检验。重复测量方差分析可用来分析相同样本或参与者的重复测试。测量因素的数量取决于实验的复杂程度[11]，在纺织品和服装的研究中情况可能非常复杂，其中有许多变量需使用多变量统计方法一起分析。曼利描述了用于纺织品研究的多种方差分析、主成分分析、因子分析和聚类分析[12]。

至于结果的阐释，可变性是考虑的关键之一。例如，被检测材料的可变性（如研究的作用有多大），操作者的能力随时间的变化（如操作者对测试仪器或问题更熟悉，或相反地更厌倦），日常环境条件的差异性。

大多数研究都起始于预感、议题或理论，这些研究可以以假设的形式表示，通常为零假设（如没有可发现的作用）；然后使用统计检验来确定接受或拒绝该假设。拒绝该假设的决定是否合理，取决于所使用的检验统计量、处理方法的差异大小、样本值之间的可变性以及研究人员先前已商定的显著性水平。通常显著性水平 0.05 或 0.01 适用于纺织品，这意味着当假设正确时，基于统计数据拒绝零假设的概率为 5%或 1%（Ⅰ型错误）。在其他情况下，要求显著性水平为 0.001，在这些情况下，需要更注意检验的设计和方法、研究实施的成本以及结论错误的后果。还要注意，当假设不正确时，检验也可能不会拒绝零假设（Ⅱ型错误）。所检测的特定系统的固有可变性决定了什么水平的显著性是可行的，以及是否可以检测到数据间的差异。

纺织品和服装系统的研究方法多种多样，尤其是数据收集的程序，包括现有的标准测试方法（如 ISO、EN、BS、AATCC）、在权威期刊上发表的方法、修订的方法或新开发的方法。通常，除非有充分的理由（比如希望更好地模拟真实事件），否则优先选用现有的方法。纺织品的许多物理测试要求在受控或标准条件下进行，例如，ISO 139：2005《纺织品　调湿和检测所用标准大气》规定：温度

(20±2)℃，相对湿度 65%±4%[13]，平衡至少 24h，并在此条件下进行测试。有研究表明，预先清洁织物可以稳定尺寸并确保已去除整理剂，因此，对待测织物进行预清洁可使样本之间的差异性降低[14]。

1.4　研究方法及其应用

1.4.1　实验

假设想要确定，在两种不同的针脚类型（如针脚类型 ISO 301 和针脚类型 ISO 401；或者经过两种不同处理）时，使用单面针织物形成的接缝的延伸性（如效果）是否不同。首先，准备织物样本，确保在剪裁时选取了含有不同纵向线圈和位置的织物，并且在每个针脚处理中随机分配相同数量的织物样本。针脚和接缝的参数（如针距、纱线、接缝长度）相匹配。缝合的样本测试的顺序是随机的，所有样本不会在一天内全部测试完。为了检查测试的条件（操作员、仪器、环境条件）是否随时间而变化，在每天实验开始、结束以及测试过程中加入对照样，并期望对照样之间不会有显著差异。如果对照样的测试结果有差异，则需要仔细考虑如何继续进行该实验的所有分析。通常使用成组 t 检验分析断裂强度，相当于两个处理的单因素方差分析。与所有统计检验的情况一样，必须先验证假设，然后才能得出结论。在这种情况下，通常的假设包括：数据点的独立性、处理中的正态分布，以及处理方差的相等性。

功能性实验设计涉及由实验者控制的独立变量，而析因设计中的独立变量不一定可以直接控制[15]。析因设计起源于农业，其中的变量很少可以控制（如土壤类型、水分、太阳的角度）。关于纺织品的许多研究也是如此，例如，在比较不同纤维对织物性能的影响时，纤维性能（如长度、直径）是否相同；纱线结构是否相同；织物结构（如克重、厚度、透气性）是否相同；面料后处理方式是否相同。一般来说，为了回答研究的问题，应选择最简单的设计[16]。

1.4.1.1　示例——析因实验

究竟是纤维种类还是织物组织结构对贴身织物保留体臭起主导作用，需要设计不止一个实验来测试，各种实验需要结合起来考虑。事实上，麦克奎恩(McQueen)的问题涉及几种类型的研究——人类的感官感受、挥发物的仪器测定以及气体挥发物与寄生在人体皮肤上的微生物之间的联系[17-19]。

McQueen 选择了羊毛、棉和聚酯纤维三种纤维以及平针组织、1+1 罗纹组织、互锁组织等三种典型的织物结构贴身衣服进行析因分析。开展该研究的一个特殊挑战是，在切实可行的范围内，确保所有制造参数都得到控制（如纱线及其供应商、针织机及其操作、织物整理工艺）以及面料性能（克重、厚度）也要大致相同。如果不考虑这些因素，则需要考虑观察到的差异是否与纤维种类、织物组织结构等关键参数有关。

至于人类的感官感受方面，需要培训参与检测气体挥发物的人员，以确保参与者之间的差异最小化。在 McQueen 的研究中，使用了成对比较的方法（如一对样品中哪一个更有气味），并以直线比例尺记录对强度的感知。成对比较法能更好地区分样本，但和参与者简单地对所提供的样本进行排序相比，成对比较法所需的时间更长。由于气味与纺织品上的挥发物有关，因此，研究的实践性环节涉及收集织物上的腋臭以及织物的储存，以便评价芳香性质。收集中使用了四格表设计：当实验的某些环节系统地变化时（如时间的推移、地毯[20]），或者因为样品和被测对象的数量很多（如熟丝[21]），所需时间太长，这种设计允许参与者组成一组均衡的配对。McQueen 的实验使用该设计特有的统计量进行分析，T 统计值用于等级数据（分布为χ^2）和 t—分布，比较织物秩和之间差异的显著性。使用单因素方差分析评估小组的表现，以确定每个评估员区分样本的能力，并使用皮尔逊系数确定每个评估员的评分与整个评估小组的平均分之间的相关性。McQueen 指出，虽然分析挥发物倾向于使用仪器方法，但是正是人类提供了真实的生活感受，并为腋下微生物群落、生理分泌物和机械作用之间的复杂相互作用提供了基础。

McQueen 等人还研究了对气味强度的感官感受与接触腋窝后保留在织物上并保存了三个时间段（1 天、7 天、28 天）的微生物之间的联系。存在的问题是：人们认为人体气味是由细菌影响身体分泌物形成的，特别是羊毛和聚酯纤维织物在这方面的表现看起来不同，穿羊毛织物时气味弱，但是如何证明这种现象。分别在三个时间段中使用从主要织物中随机取样的小样本，对照样排在第一位，按照 18 个处理因素的威廉姆斯设计的顺序呈现其他样品，以减小顺序可能产生的影响[22]。这种类型的设计对于一阶结转效应是平衡的，并且需要相对较少的被试对象来完成。每个处理因素的有序对出现的频率是一样的。13 名参与者中每个人都在感官感受方面表现出良好的可靠性和区分能力。微生物分析时，需要将标本分成组以减少细菌分布不均匀对样本的影响，并提供三种类型的培养基。在完全无菌的条件下处理织物，活菌计数以每毫升菌落形成的单元表示。以时间段作为重复测试的因素，通过重复测量和方差分析研究感官评价部分的数据。在该案例中，对细

菌数进行 $\log_{10}$转化后作方差分析以判断是否存在差异。转换是为了确保满足正态性的假设（方差分析的必要条件），尽管试验了其他转换，但 $\log_{10}$转换是最合适的。然后使用 Tukey 的 Honest 显著性差异检验确认气味强度和微生物数据之间的具体差异。到底是参数方法还是非参数方法更适合分析感官数据仍然是争论的焦点，两者的实践操作也有所不同。

实验证明，高强度的气味来自聚酯纤维织物，并且直到 28 天后仍然有气味从聚酯织物中散发出来。McQueen 试图利用分析质谱仪检测羊毛、棉花和聚酯织物表面可能含有的化合物。聚酯织物上的恶臭超过 7 天持续增加，但羊毛或棉织物不会，原因可能是臭味的强度与纤维的吸湿性成反比。

混合模型为分析人体和纺织品之间的物理关系提供了另一种有用的工具。只有通过人体试验才能检测确定运动中使用的紧身衣是否具有理想的生理效应。MacRae 调查了紧身上衣和裤装穿在 12 名休闲训练的男性自行车手身上的热效应（一个特征相似的样本），以了解热效应只是起保证身体表面覆盖部位的皮肤温度的作用，还是有其他作用[23]，并收集了自行车手在休息和固定负荷运动期间的数据，包括心血管和体温调节反应（两者的定比数据）以及感觉评级（定序数据），并且如果只是几个数据点的话，万一设备故障，也可以估计丢失的数据。参与者比设计的人数多 2~3 个是很重要的，以及某一个参与者的数据无法使用。分别对休息期间和运动期间的数据进行分析，利用含有用于重复测量的非结构化协方差矩阵的线性混合模型分析服装类型、内衣压力适用的时间周期、心血管变量、核心和皮肤温度、前臂灌注、全身出汗率、皮肤表面的蒸汽压力，以及计时赛持续的时间、平均功率和节奏之间的差异。MacRae 及其同事也试验了其他协方差结构（包括对角线、复合对称性、复合对称异构性），但发现有些并不太合适，或有些不符合。不符合通常是由于处理的数据不足、协方差结构太简单，或者相对于数据组的大小使用了太多参数。通常应选择最简单的协方差结构，利用弗里德曼非参数方差分析服装类型对精神物理感觉的评级和等级数据的影响[10]。

1.4.2　调查

调查是通过一系列问题（如问卷）直接测量物理特性（如人体测量调查）或一些其他过程来收集信息。根据所选样本，可以使用得到的概况或统计数据来描述更广泛的总体，因此，样本的获取和选择需要有批判性的决策和前瞻性思维。调查类型的另外两个不同之处是时间和完成方式。时间可以是具有代表性的，包括一个时间点的样本（通常是大样本，强调采用随机样本以确保结果能适用于所研究的组合之外)，或是纵向的，包括个人或群体随着时间推移收集的数据（如随时间而变化的身高[24]）。完成方式可以是自主完成（如邮寄的问卷、在线调查）或进行访谈（如面对面访谈、电话访谈）。

影响方法选择的因素包括：问题的性质、可能的响应速度、资源以及为获取结果可利用的时间。在展开调查设计和分析之前，需拟订调查结果预期用途的目标和明确性。在收集数据之前还需要确定样本选择、数据输入、转录、存储和分析的方法。问题的措辞需要按逻辑顺序投射到用户组，即以明确的、中立的方式表述。一种有效的方法是，在进行调查之前对一小组受访者进行问题试验——序列是否合适，是否可以选择明确的答案，问题需要多长时间才能完成等。

1.4.2.1　示例——调查

制造商、雇主和经销商对穿着个人防护服的系统或构成细分市场的团体中的人体尺寸感兴趣。采用 Pheasant 和 Haslegrave[25]的直接测量方法，对不同群体和子群的人体尺寸进行多年的调查。数据通常以表格的形式汇总（平均值、标准偏差、变异系数；通常伴有百分位数值，第 5、第 50、第 95)。为了用于纺织产品的开发，需要深入分析这类信息。

第一个例子是对新西兰消防局的调查，为现役消防人员开发一个合适的尺码系统[26]。该样本约占职工总数的 7.5%（$n=750$)，从两个地区根据消防车（每车选四个参与者)、值班人员（四个值班人员）和就业类别（永久、志愿者）随机选择。虽然早期的调查显示，新西兰南北方的男性身材没有显著差异[27]，但仍从两个地点抽样以增加对调查结果的接受度，并重复测量了大约 10%的被测对象。分析数据时，通过检查 12 次测量值的显著性差异确定是否可以合并各组（两个地理区域；合同类型）的数据，结果表明数据适合合并。由此可见：在服役中、地理区域内和服役整体中，样品具有代表性；测量过程是可重复的。

下一步是确定尺寸标准。确定了与产品/覆盖物相关的身体部位的所有测量值，其中，头部包括：头部深度、头围、头部宽度和面部长度；脚/下肢包括：小腿围、脚踝围、脚宽、足围、胫骨高度和脚长。利用基于主成分分析的因素分析[12]方法，通过所记录的各种测量值证明了变化的百分比并确认导致最大差异的测量值（表 1.3)。该过程使我们能够解释清楚每种产品的可控制变量，并比较传统的变量和通过统计方法确定的变量。

最后一步是建立尺寸组。这要求了解一些关于生产更多或更少尺码的商业价值以及织物/材料的特性（如弹性或抗拉伸性）的知识。使用 K 均值聚类技术将身体的每个部分分成尺寸组[28]。用两种方式确定异常值：首先是检查每个变量的最

表 1.3　身体各部位的基本组成（a）和尺寸表（b）

（a）身体各部位的基本组成（按系数大小递减排序）

头部——总方差由三个衍生因素解释95.9%（n=682）

上头部	头宽	脸长
54.5%	21.3%	20.1%
（头深）		
（头围）		

手部——总方差由三个衍生因素解释88.5%（n=683）

手长	手宽和手围	上下肢周长
56.9%	19.1%	12.5%
（手掌长）		
（手长）		

脚——总方差由四个衍生因素解释88.4%（n=681）

下肢周长	脚的尺码	下肢长	踝高
49.4%	18.7%	11.2%	9.1%
（小腿围）	（脚宽）	（胫骨高度）	（踝高）
（脚踝围长）	（脚围）	（脚长）	

下部躯体——总方差由四个衍生因素解释86.0%（n=675）

下身长	下躯干周长	下肢周长	踝高
50.3%	26.4%	5.1%	4.2%
（裤腿高度）			
（腰高）			
（股骨转子的高度）			
（膝高）			
（腘高）			
（身高）			
（胫骨高度）			
（臀部—膝盖长度）			
（臀腘距）			

上部躯体——总方差由五个衍生因素解释75.8%（n=672）

上半身周长	上肢长	躯干长	身宽	手围/腕宽
39.8%	18.4%	7.0%	5.6%	5.0%
（胸围）				
（腰围）				
（前后胸深度）				
（横胸宽）				
（体重）				
（放松时的臀围）				

全身——总方差由四个衍生因素解释（除了头部、手部和脚部）72.2%（n=654）

长度/高度	宽度/周长	躯干比例	肩宽
42.5%	20.5%	5.1%	4.0%
（裤腿高度）			
（脊柱高度）			
（膝高）			
（腰部高度）			
（股骨转子的高度）			
（腘高）			
（胫骨高度）			
（肩肘腕长）			
等等（12个其他部位，包括身高）			

续表

（b）尺寸表（鞋袜，基于脚长，以mm为单位，除非特殊要求）									
现有鞋码的数量		11							
方法		8个尺码（但建议每端增加一个尺码以容纳所有的员工）							
公差		10							
尺码的中间值		235	245	255	265	275	285	295	305
尺码的范围		230~240	240~250	250~260	260~270	270~280	280~290	290~300	300~310
近似值 适合的样品 百分数*		<1	5	18	33	31	17	5	<1
适合超过一个 尺码的样品量		10							
不适合的数量 （异常值）		1							
身体尺码									
踝围	$\overline{X}$	222	218	224	228	231	238	240	236
	5%	—	198	207	211	215	220	221	—
	95%	—	243	242	246	250	260	261	—
踝高	$\overline{X}$	127	130	132	135	139	142	144	147
	5%	—	109	116	119	123	127	127	—
	95%	—	148	151	153	156	158	158	—
脚围	$\overline{X}$	258	254	261	266	271	277	280	281
	5%	—	234	243	249	254	263	264	—
	95%	—	273	281	284	289	299	301	—
脚宽	$\overline{X}$	104	100	104	106	108	111	112	111
	5%	—	92	93	97	98	103	101	—
	95%	—	109	113	114	117	120	121	—
胫骨高度	$\overline{X}$	412	421	430	442	454	463	481	508
	5%	—	382	395	409	422	432	443	—
	95%	—	467	461	469	489	496	518	—

注　＊舍入误差意味着总数不总是100%[26]。

小值和最大值，其次是通过多变量空间中的马哈拉诺比斯距离[12]。数据集中的异常值包含在总结数据中，但被排除在主成分分析和K均值聚类之外，针对非典型体型的防护用品将会量身定做。

在第二个例子中，考虑了回顾性调查和前瞻性调查。50岁以上的人群胫前区软组织受伤是常见的，并且对患者及其家属造成持续且极度衰弱的影响。调查的问题是：发生这类损伤事件的周围环境如何；相关人员是否具有相似的特征，如年龄、种族、性别；是否在小腿上加覆盖物可以降低损伤的发生率或损伤严重程度；这些人通常穿戴什么。在进行了一系列的调查和实验后才能回答这些问题。①利用受过此类损伤的患者的数据进行回顾性研究[29]；②进行前瞻性研究，以确定患者的穿着以及该穿着是否与损伤的严重程度有关；③进行实验室测试，以确定特殊的服用面料和衣服对潜在撞击的保护作用[30]。这项前瞻性调查关注的是：一份关于胫前区软组织损伤事件的记录报告。该样本包括在该单位进行胫前区软组织损伤诊治，年龄在 50 岁及以上的所有病人，直到样本量达到指定值（$n=75$）。因此，在这个例子中，无法提前确定进行调查所需的时间。相反，调查团队需要持续进行访问，直到达到所要求的参与人数。此外，医院急诊科认为不需要做手术的患者未被纳入该研究中（此类人员数量未知），因此，调查中的患者几乎都是损伤较严重的患者，这些患者可能以采取手术治疗为主。

1.4.3　案例研究

案例研究是对一个或多个主题（案例）的深入调查。它可能是探索性的（如旨在确定可行性，对后续研究中的假设或问题进行定义）、描述性的（如对特定案例进行完整的描述）或解释性的（如查明产生某种影响的原因）。在案例研究中可以通过很多手段收集数据，包括访谈（开放性的、结构化的、非结构化的）和直接观察（个人、产品或状态，处于控制下的或自然环境下的）。观测资料的可靠性可以采用摄像或录像证据支持，以证明是否实时采样。

1.4.3.1　示例——案例研究

开发和改善某产品（本案例是降温背心）的一个步骤是进行现场试验，该问题关系到产品在设计使用的条件下的性能。热应激是许多工作场所存在的问题，由工作场所环境条件的任一组合和所进行的活动的生理反应引起。降温背心打算用于制造家用厨房烤箱的工厂（高环境温度、最小气流）、高温和阳光强烈地区道路的施工[31]。主要通过观察和用户回答问题获取数据，分别为无序数据和有序数据。本案例明确了使用降温背心的实际困难。

1.4.4　历史资料的调查

历史研究是指过去发生的事件及其表现方式，在某些情况下也会进行解释，通常是多学科交叉的。该研究方法需要提出并回答一个或多个问题，并使用最初的（原始的）材料和二次材料。需要仔细审查材料的来源是否真实、完整以及材料出现的背景。在服装和纺织品的许多领域，商品可能已被部分或全部损坏，并且保存的记录可能很少或根本不存在。“证据”的残留物可能反映了阶级、种族、地点以及存储对服装和纺织品的影响。

虽然书面的原始资料在历史研究中非常普遍（印刷文件；政府、组织和私人的文件等），在服装和纺织品领域，绘画、照片、电影、文物和工艺品残留物、考古学印记都有可能提供丰富的信息来源。无论形式如何，都需要进行严格审查以确认相关性和意义。

1.4.4.1 示例——历史资料

在对新西兰移民者着装的研究中，马尔萨斯检验了许多资料的来源（如日记、报纸、出版的历史著作以及博物馆收藏的服装），一些被认为是1828~1914年间的女性服装被完整地描述下来（如尺寸、织物结构和设计特征）。这些数据包括定类数据和定距数据，通过设计和其他特征，采用双向（如服装标识与服装特征）曼哈顿距离聚类分析推测服装使用的时期[32]，该分析程序将具有共同属性的物品进行分组。定距数据通过中位数分为两类，但发现在最终模型中没有帮助。在马尔萨斯的示例中，展现了1860~1900年间的情况，并没有从文物的外观检查、照片和报纸中得到鉴定，而是通过24件衣服被揭示。

1.4.5 建模

研究中使用各种形式的模型，作为起点或修改/发展为研究本身的一部分。模型的类型包括：（1）理论模型，基于可能在研究进行之前就已存在的理论（如导热理论）或在研究期间发展或修改的理论（如纬编针织物中针脚的力学性能）[33]；（2）物理模型（如模拟婴儿床上用品组合的一系列纺织品中的织物层）[34]；（3）统计模型（如用于阐明实验中变量之间的主导因素和/或关系）。

1.4.5.1 示例——建模

以婴儿床上用品为例，床上用品组合的热阻受到人们广泛关注，因为“捂热综合征”是20世纪90年代早期针对不明原因的婴儿猝死提出的几种可能的解释之一[35]。纺织品的热阻主要受厚度影响。那么，床上用品的热阻是各层热阻的总和吗？忽略多层床上用品对总厚度（以及热阻）的压应力效应，使用物理模型，Wilson能够使人们对床上用品的热阻有更好的理解（图1.1）。

该模型需要确定在使用时（如在三维构造中）影响床上用品热阻的变量。早期的调查中，平铺的床上用品的厚度已用于预测热阻，并作为婴儿捂热综合征风险的间接指标。该模型的建立需要设计一系列相关的实验：（1）确认影响婴儿床上用品在使用过程中的布置的变量，如睡眠位置、折叠布置、使用的特定床上用品以及组合（床单、毯子）、羽绒被[35]；（2）沿床的宽度方向测量每层床上用品（及其下方的空气）接近肩部的累计厚度[34]，对于所有的床上用品、保健枕头及其折叠处，允许标记使用中的床上用品和空气层的排布（图1.1）；（3）确定床上用品和空气对床上用品组合的热阻和水蒸气渗透阻力的影响，面料铺得平整，但

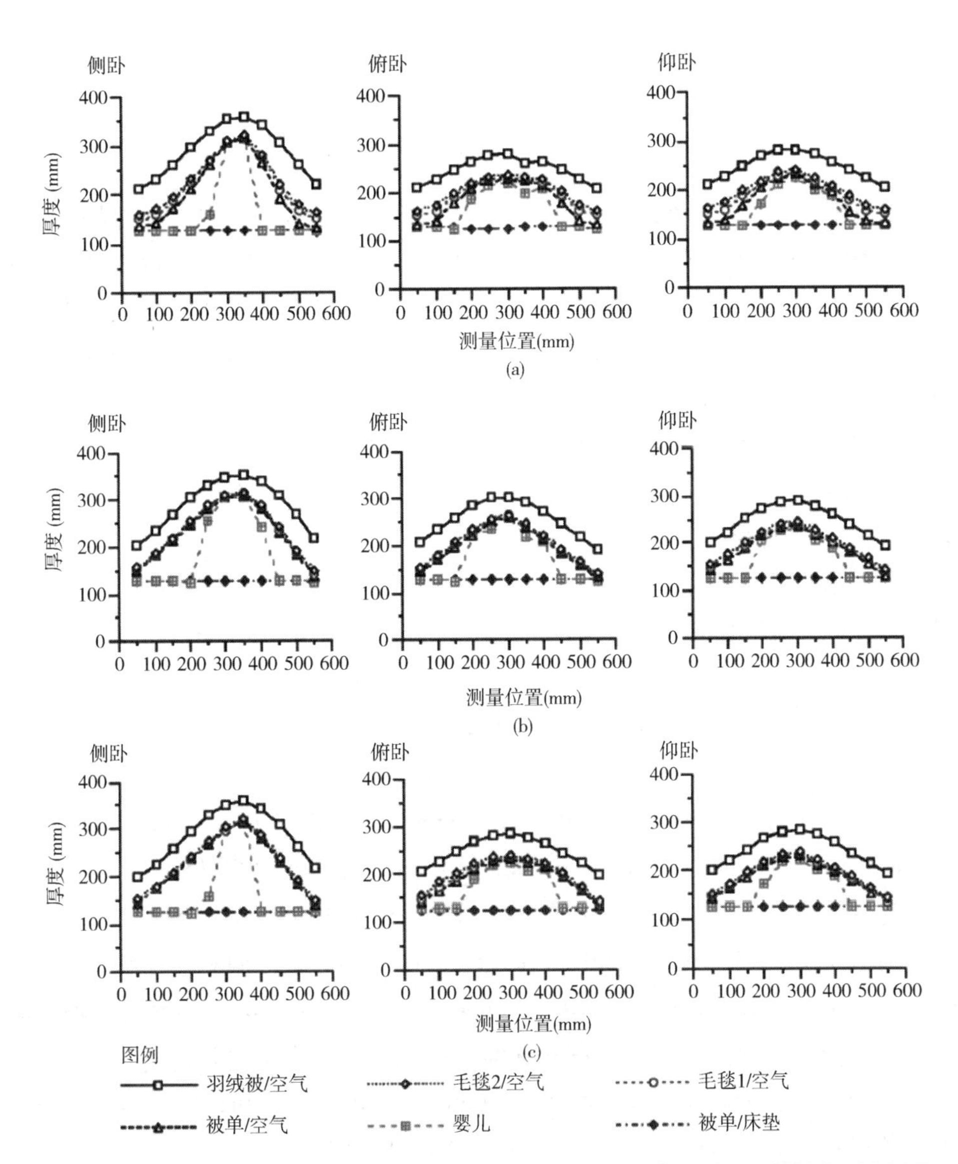

图 1. 1　婴儿侧卧、俯卧或仰卧时，床上用品上方的被单、2 条毛毯和羽绒被牢固地折叠（以及下方的空气层）的剖面图，（a）松散地折叠；（b）包裹地折叠；（c）牢固地折叠

是分离的各层之间出现的空气层的尺寸与特定的睡眠位置、折叠布置和床上用品组合相对应[34,36]；（4）建立[37]并验证[38]用于预测床上用品热阻的理论模型。该系列中的每个调查步骤都使用了相同的变量组合，但在不同的情况下，允许仔细检验对比不同布置的影响。

1.5 结论

在20世纪上半叶，纺织品研究以实验室对纤维、纱线和织物的物理测试为主。此后，调查更多地集中在最终应用的实际表现上——三维布置、在确定性质之前对样品进行预处理、使用人体模型，以及在受控条件下和现场条件下进行人体试验。建议调查人员考虑本章所提出的问题，特别是关于认识和解释差异性、根据所收集数据的类型从而进行适当的实验设计并采用合适的分析形式、进行充分的预试验来确定调查参数的需要等问题。这些步骤可以增强对不同最终用途的纺织产品的认识并促进其进一步发展。调查方法仍然是各式各样的——实验、调查、案例研究和历史资料。

由于纺织品是国际贸易的重要组成部分，期望更多的人关注国际标准、国际/区域协定以及开发和执行鉴定（有机、生物可降解、环保、原产国）程序。

参考文献

[1] The Textile Institute, 2015. Textile terms and definitions [Online]. Manchester, UK. Available: http: //www. ttandd. org/ (accessed 26. 06. 15).

[2] Concise Oxford English Dictionary, 2011. Oxford University Press, Oxford UK.

[3] University Of Otago, 2015a. Guidelines for ethical practices in research and teaching involving human participants. [Online] Available at http: //www. otago. ac. nz/administration/policies/otago029484. html (accessed 23. 02. 15).

[4] New Zealand History, 2015. [Online] Available: http: //www. nzhistory. net. nz/politics/treaty-of-waitangi (accessed 02. 04. 16).

[5] University of Otago. 2015b. Research consultation with Maori policy [Online]. University of Otago, Dunedin. Available at http: //www. otago. ac. nz/administration/policies/index. html? policy=Research (accessed 23. 02. 15).

[6] Maslen, G., 2013. Major research council opts for open access policy [Online]. Available: http: //www. universityworldnews. com/article. php? story = 2013011009450052 (accessed 25. 02. 13).

[7] Gacula, M. C., Singh, J., 2009. Statistical methods in food and consumer

Research. Elsevier/ Academic Press, Amsterdam/Boston, MA.

[8] Leedy, P. D., Omrod, J. E., 2016. The experimental study. In: Practical research—planning and design, eleventh ed. Pearson, Boston, MA.

[9] Sudman, S., Bradburn, N. M., Blair, E., et al., 1977. Modest expectations: the effects of interviewers' prior expectations on responses. In: Survey Design and Analysis. Sage Publications, Los Angeles, CA.

[10] Siegel, S., Castellan, N. J., 1988. Nonparametric statistics for the behavioral sciences, second ed. McGraw-Hill, New York.

[11] Harraway, J., 1993. Principles of experimental design. In: Introductory Statistical Methods and Analysis of Variance. second ed. University of Otago Press, Dunedin.

[12] Manly, B. F. J., 2005. Multivariate statistical methods. A Primer, third ed. Chapman and Hall, London.

[13] International Organization for Standardization, 2005. ISO 139: 2005 Textiles—Standard atmospheres for conditioning and testing. International Organization for Standardization, Geneva, Switzerland.

[14] Gore, S. E., Laing, R. M., Wilson, C. A., et al., 2006. Standardizing a pretreatment cleaning procedure and effects of application on apparel fabrics. Text. Res. J. 76, 455-465.

[15] Davies, O. L., 1979. Design and analysis of industrial experiments. Longman, London.

[16] Cochran, W. G., Cox, G. M., 1992. Experimental designs. John Wiley, New York.

[17] McQueen, R. H., Laing, R. M., Brooks, H. J. L., et al., 2007a. Odor intensity in apparel fabrics and the link with bacterial populations. Text. Res. J. 77, 449-456.

[18] McQueen, R. H., Laing, R. M., Wilson, C. A., et al., 2007b. Odor retention on apparel fabrics: development of test methods for sensory detection. Text. Res. J. 77, 645-652.

[19] McQueen, R. H., Laing, R. M., Delahunty, C. M., et al., 2008. Retention of axillary odour on apparel fabrics. J. Text. Inst. 99, 515-523.

[20] Miller, R. W., 2002. Subjective property characterization by 'Quad' analy-

sis: an efficient method for conducting paired comparisons. Text. Res. J. 72, 1041-1051.

[21] Kim, J. J., Yoo, S., Kim, E., 2005. Sensorial property evaluation of scoured silk fabrics using quad analysis. Text. Res. J. 75, 418-425.

[22] MacFie, H. J., Bratchell, N., Greenhoff, K., et al., 1989. Designs to balance the effect of order of presentation and first-order carry-over effects in Hall tests. J. Sens. Stud. 4, 129-148.

[23] MacRae, B. A., Laing, R. M., Niven, B. E., et al., 2011. Pressure and coverage effects of sporting compression garments on cardiovascular and thermoregulatory function and exercise performance. Eur. J. Appl. Physiol. 112, 1783-1795.

[24] Noppa, H., Andersson, M., Bengtsson, C., et al., 1980. Longitudinal studies of anthropometric data and body composition—the population study of women in Goteburg, Sweden. Am. J. Clin. Nutr. 33, 155-162.

[25] Pheasant, S., Haslegrave, C. M., 2005. Bodyspace: Anthropometry, Ergonomics and the Design of Work, third ed. CRC Press/Taylor and Francis, Boca Raton, FL.

[26] Laing, R. M., Holland, E. J., Wilson, et al., 1999. Development of sizing systems for protective clothing for the adult male. Ergonomics 42, 1249-1257.

[27] Wilson, N. C., Russell, D. G., Paulin, J. M., et al., 1990. Life in New Zealand Survey summary report. University of Otago, Dunedin, New Zealand.

[28] Hair, J. F., Black, W. C., Babin, B. J., et al., 2010. Multivariate data analysis: a global perspective, seventh ed. Prentice Hall, Upper Saddle River, NJ.

[29] Laing, R. M., Tan, S. T., McDouall, J., et al., 2002. Pretibial injury in patients aged 50 years and over. N. Z. Med. J. 115, 1-11.

[30] Laing, R. M., Niven, B., Bevin, N., et al., 2006. High visiblility, UVR protection and passive cooling integrated in workplace clothing. J. Occup. Health Saf. — Aust. N. Z. 22, 567-578.

[31] Laing, R. M., Carr, D. J., Wilson, C. A., et al., 2008. Pretibial injury: key factors and their use in developing laboratory test methods. Int. J. Low. Extrem. Wounds 7, 220-234.

[32] Malthus, J. E., 1996. European women's dress in nineteenth-century New Zealand. PhD Thesis, University of Otago, New Zealand.

[33] Webster, J., Laing, R. M., Enlow, R. L., 1998. Effects of repeated extension and recovery on selected physical properties of ISO 301 stitched seams. Part 2: Theoretical model. Text. Res. J. 68, 881-888.

[34] Wilson, C. A., Niven, B. E., Laing, R. M., 1999. Estimating thermal resistance of the bedding assembly from thickness of materials. Int. J. Cloth. Sci. Technol. 11, 262-276.

[35] Wilson, C. A., Taylor, B., Laing, R. M., et al., New Zealand Cot Death Study Group, 1994. Clothing and bedding and its relevance to sudden infant death syndrome in New Zealand infants. J. Paediatr. Child Health 30, 506-512.

[36] Wilson, C. A., Laing, R. M., Niven, B. E., 2000. Multiple-layer bedding materials and the effect of air spaces on 'wet' thermal resistance of dry materials. J. Hum. Environ. Syst. 4, 23-32.

[37] Wilson, C. A., Laing, R. M., 2002. Estimating thermal resistance of dry infant bedding: a theoretical mathematical model. Int. J. Cloth. Sci. Technol. 14 (1), 25-40.

[38] Wilson, C. A., Laing, R. M., Tamura, T., 2004. Intrinsic 'dry' thermal resistance of dry infant bedding during use: Part 2: estimated vs. measured. Int. J. Cloth. Sci. Technol. 16, 310-323.

第2章　军用纺织品舒适性测试与合体性分析

A. Schmidt, R. Paul, E. Classen, S. Morlock, J. Beringer
海恩斯坦研究院，德国，伯尼格海姆

2.1　简介

无论是紧急情况或是日常生活，服装均是着装者抵御外界危害的第一道防线，其所需具备的保护程度取决于职业危害的类型。防护纺织材料可大致分为不可透性、半透性、可透性和选择性渗透等四类。目前市场上可供终端用户选择的大多数防护织物都是由不可透性材料制成，不可透性材料为人体提供防护，但通常会影响纺织品的透气性及其他舒适性，最终会使着装者极度不适与身体负荷严重。

位于极端气候地区的士兵，对军用服装在抵御恶劣天气以及舒适性方面的功能性提出了新要求。目前，军用服装在保障士兵生命安全方面发挥着至关重要的作用，军用服装必须能在恶劣环境下发挥多种功能，同时还能适应不同的作战领域。与此同时，军用服装的耐用性，尤其是舒适性也相当重要。

作战时防弹背心需要阻挡子弹和炮弹碎片，因此，防弹背心需要具备高水平的防护能力。然而，防弹背心所能提供的穿着舒适性有限，特别是当着装者因高温或体力活动出汗时，其舒适性会更差。这种穿着舒适性方面的缺陷也会对士兵造成风险，例如，当士兵感觉闷热或被服装擦伤皮肤时，他们会受此干扰而分心；此外，服装系统内的温度过高也会损害士兵的身体健康，尤其在极端情况下，会导致士兵体温过高，从而对其生命安全造成严重威胁。

军用服装旨在提升战场上士兵的安全性与生存能力。相较于普通服装而言，军用服装通常需要承受更大的压力，如寒冷天气或极端阳光照射，这些严酷的环境将加速军用服装材料的老化。当今士兵执行任务的成败往往取决于战斗服装及装备的性能，士兵的生存能力、肢体灵活性与战斗持久力与服装的穿着舒适性以及合体性密切相关。对于进行高强度活动的士兵而言，军用服装系统在保护他们免受环境影响的同时，也要能够将人体的产热和排汗排出体外。此外，军用服装的防护性、舒适性以及耐久性间的平衡也十分重要。针对这些方面，军用服装需要进行若干项关键性能测试，以确保满足严格的性能要求，最终保护士兵、保障军事行动的效率和有效性。

人体会因温度变化产生能耗反应，而机体的能量消耗将导致士兵战斗力下降。性能优异的防护服需要保障士兵的生理功能，这意味着针对特定气候或活动场景所开发的合适的防护服必须有助于调节人体体温，使人体核心温度稳定地保持在36.5~37.5℃之间。人体在特定活动中以相对稳定的"代谢速率"产热，该产热率从睡眠时的80W增加至高强度运动时的800W及以上。如图2.1所示，人体通过自身的体温调节，使其在不同代谢速率下核心体温能够稳定在（37±2）℃范围内。此外，控制衣下"微气候"的湿度，即控制皮肤与服装间的空气层湿度，对着装者的舒适性感知也极其重要。

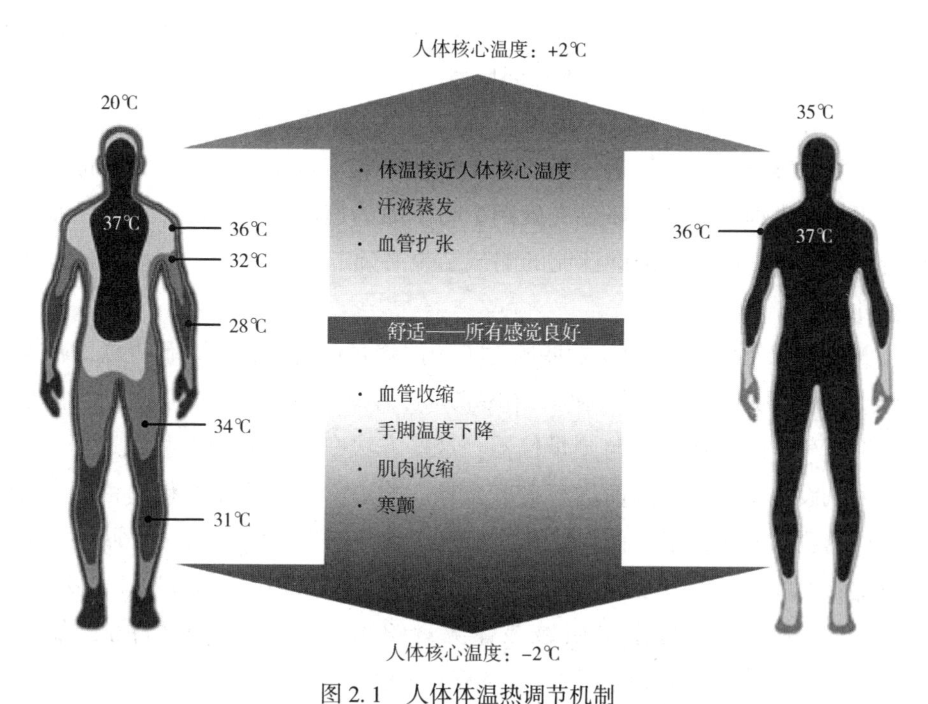

图2.1　人体体温热调节机制

2.2　军用服装的舒适性测试

一般而言，军用服装具有较高级别的规定与要求，通常它需要经过多项纺织品性能测试，以保证其具有抗冲击性、安全性、防紫外线性、抗菌性、阻燃性以及其他技术特征。除此之外，军用服装的穿着舒适性、合体性和款式设计也同样重要。本章将围绕这些方面进行重点介绍。

2.2.1 热生理舒适性

军用服装的着装舒适性对于任何军事行动的成功开展都至关重要。目前武装部队必须时刻做好准备，以解决酷热沙漠、寒冷荒地等在内的世界各地的冲突。然而，士兵在执行任务时扮演着最重要也最脆弱的角色，他们很可能会遭受严重的热应激，因此，必须针对热应激采取相应措施以保障任务的成功执行。

人体热应激是由气候环境、身体产热以及阻碍热量散失的服装或装备间的相互作用而引发的。军用服装通常表现出较好的隔热性以及较差的透湿性，这极大地阻碍了人体散热，加剧了人体热应激。针对服装生理学所开展的专项研究促进了服装系统的创新，可显著降低人体热应激。

服装生理舒适性是环境、人体与服装之间相互作用的结果，服装对着装者健康及穿着舒适感的影响可以通过科学方法进行测定与量化。在产品设计时，为了评估纺织品的生理舒适性，需要准确测量纺织品的透湿性，且确保测量结果具有较好的可重复性。此外，透湿性能的测试结果必须与着装者的主观生理舒适感进行相关性分析。

约 50 年前，服装生理学便发展成为了一门定量的科学，它是研究纺织服装生理功能、穿着舒适性的科学与工程。在这期间，为了评估纺织品的水分传输性能，人们研发了科学的测评方法与测量仪器，这些方法在测量原理、测试过程、测试时间、测试设备及成本等方面均存在着差异。其中，在纺织品湿传递性能方面有两种主要的测试方法，第一种测试方法是采用出汗热平板测试仪（皮肤模型）测量织物的湿阻 R_{et}，单位为 $m^2 \cdot Pa/W$，该方法可参见国际标准 ISO 11092 或 EN 31092；第二种测试方法是采用透湿杯测量织物的透湿率（WVTR），单位为 $g/(m^2 \cdot 24h)$，该方法可参见美国标准 ASTM E 96。

德国海恩斯坦研究院在纺织服装生理舒适性方面开展了多项重要研究。织物的热阻与湿阻均为其热生理舒适性的基础，海恩斯坦皮肤模型（出汗热平板）是测量纺织材料热阻与湿阻的工具之一。为了确定纺织材料的着装热生理性能，采用海恩斯坦皮肤模型对皮肤散热与水分传递方式进行了模拟（图 2.2）。该设备可提供织物热阻、湿阻、水分传输以及干燥时间等方面的精确数据。

该仪器以多孔烧结金属板作为测量表面，通过在气候舱中控制水蒸气与液态

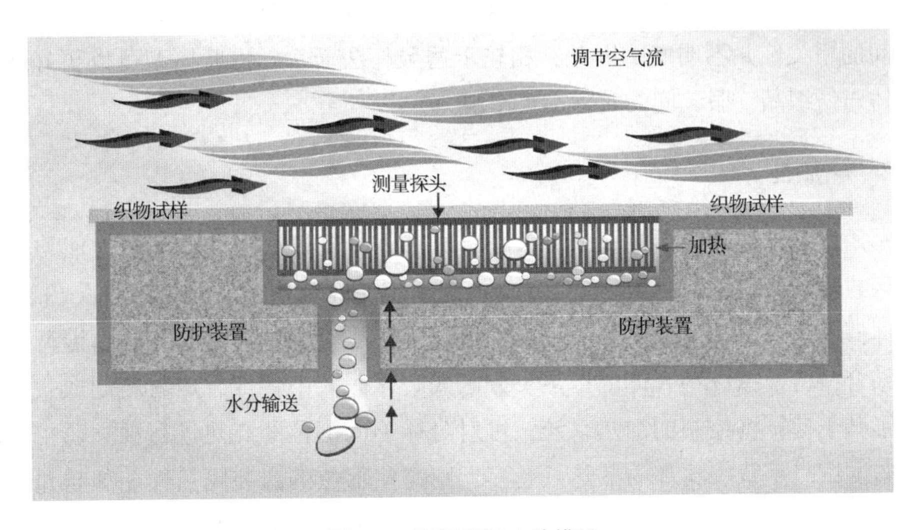

图 2.2　海恩斯坦皮肤模型

水的输送，模拟人体皮肤在不同穿着状态下的出汗程度。置于测量面板与待测织物间的湿度传感器可以测量织物对水分传递的阻隔效果，以及在特定时间内传递的水气重量。该项测量技术为织物的湿传递性能提供了更为准确、详细的测评结果。若采用人体着装实验对服装的生理舒适性进行评估，则可能需要长达三个月的时间，但是基于计算机系统的海恩斯坦皮肤模型系统可在几个小时内获得实验结果。现如今在服装生理学领域，海恩斯坦皮肤模型已形成了测试标准，1991 年德国标准 DIN 54101 规定了基于海恩斯坦皮肤模型的测量方法，该标准在 1993 年被国际标准 EN 31092 和 ISO 11092 所取代。

另一项测定织物水分传递性能的方法是透湿杯法，该方法可参照 ASTM E 96 进行。在透湿杯中装入半杯水，并将待测试样置于杯子顶部，杯子周围用蜡密封以保证水蒸气仅从试样表面蒸发。该项测试需在相对湿度为 50%、温度为 23℃的环境中进行，此外除特殊规定外，透湿杯一般应置于旋转台上。测试过程中需在 24h 内每隔一段时间对样品称重，然后获得最佳的重量拟合曲线，透湿率为水分在单位时间及单位面积内的传输重量 [$g/(m^2 \cdot 24h)$][1]。

在上述两种测试纺织品湿传递性能的方法中，皮肤模型测试法在科学性、技术性和实用性方面均具有明显的优势，其首要优势是可对测试条件进行精确的自定义与控制，进而使其测试结果更为精确、可重复性更好。多项研究已表明，利用皮肤模型所获得的织物湿阻 R_{et} 值与着装者的皮肤湿润度或服装的使用温度范围上限（TRU）直接相关，其中，TRU 是指在特定活动水平下着装者的舒适感不受汗液影响时的最高温度。然而，采用透湿杯法测得的透湿率 WVTR 值与着装者舒适性间的相关性并不明确。因此，相较于透湿杯法而言，皮肤模型可以更好地模拟人体与纺织品、服装间的实际交互作用。

2.2.2 隔热性

军用服装、作战服、成衣、潜水服、防寒服、被褥和睡袋的隔热性能均可采用分区式暖体假人进行测量。图 2.3 为海恩斯坦研究院所开发的暖体假人 Charlie。该暖体假人由 16 个区段组成，各区段可独立加热，将假人本体与人体体温调节模型相结合，可模拟成年人体的产热。分区式暖体假人由铜或合成材料制成，同时配备了基于计算机控制的加热系统，可对身体不同部位的产热进行独立调控。例如，若测试时手臂或腿部的散热量越多，则这些部位的服装隔热性能就越差。人体运动时的空气流动会对该设备的测量结果产生非常显著的影响，为此，新款的分区式暖体假人 Charlie 4 可以对人体在户外散步时的运动进行模拟。

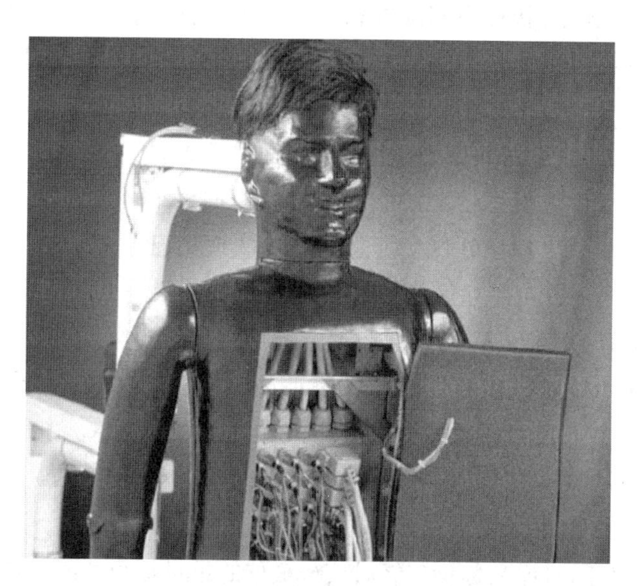

图 2.3　海恩斯坦研究院的分区式暖体假人

分区式暖体假人需要针对服装整体进行测试，因此，考量了服装款式，如合体性、弹性袖口、高领等因素的影响，这是对皮肤模型的重要补充。根据 EN ISO 15831 标准，利用暖体假人对完整服装系统的隔热性能进行测试时，暖体假人需要放置在气候舱中，根据测试需要，假人可设定为站姿或运动姿态。另外，在气候舱中可对多样化的现实环境进行模拟，例如，采用降水系统模拟不同程度的降雨，采用红外辐射墙模拟强烈的阳光或环境热，采用风力发电机提供高达 10m/s 的风速。

在气候舱中开展人体着装实验，亦可对真实状态下人体的穿着舒适性进行评估。人体着装实验的客观评价指标包括受试者的心率、人体体核温度、皮肤温度，以及位于皮肤与服装间的衣下微环境温度与相对湿度；主观评价指标包括受试者的热感、湿感以及穿着舒适感。

2.2.3　皮肤感觉舒适性

除热生理舒适性之外，皮肤感觉舒适性是决定服装穿着舒适性的关键性因素，它可用于评估纺织品与皮肤接触时的湿冷感或黏附感。皮肤感觉舒适性评价需要在室内参照标准化的测试程序进行。海恩斯坦研究院基于所开展的多项人体着装实验以及数十年的皮肤感觉舒适性测评经验，开发了皮肤感觉舒适性的测试程序。该程序需要根据纺织品的用途对测试数据及其权重进行校正，其中军服、运动服和休闲服的校正公式各不相同。测试结果采用受试者的皮肤感觉舒适性投票值进行表征，为了获得该投票值，纺织品必须经过下述五项测试，以确定与皮肤感觉舒适性和热生理特性相关的信息。

（1）刚度。纺织品的刚度可用于评估其与人体形态的契合程度。它需要通过一种特殊的装置进行测量，采用激光束计算覆盖在薄棒上的试样条的弯曲角度。海恩斯坦研究院根据专业知识制定了不同类型与不同领域用纺织品的弯曲角度标准，以确保着装者能够获得最佳舒适感以及防止由于织物过度僵硬而引起的任何机械性皮肤刺激。

（2）吸附指数。在吸附指数测试中，采用时间和接触角评估织物对液态水（即汗液）的吸收快慢。随着皮肤润湿程度的增加，其对机械性刺激更为敏感，因此，纺织材料需要尽快将汗液排出。吸附指数表征了织物对液态水分的吸收速率，为了测量该指标，需要在织物上滴一滴水，然后用摄像机进行观测，以连续测量水滴与织物表面的接触角，进而确定织物对汗液的吸收快慢。

（3）表面指数。表面指数表征了纺织品的毛羽度或粗糙/光滑程度。测试时，利用摄像机拍摄织物的表面图像，然后再计算图像中突起纤维的数量和大小。表面指数可用于评估纺织品是否会划伤人体或人体是否会感到织物过于光滑。

（4）接触点数量。纺织品与皮肤间接触点的数量与人体感受到织物潮湿或润湿所需的时间有关。采用图像分析系统与表面扫描仪相结合，可以显示纺织品的接触点数量以及表面结构，进而计算织物与皮肤的接触面积。

（5）湿黏指数。湿黏指数与皮肤出汗时织物黏于皮肤的可能性有关。测试时在烧结玻璃面板上注入水以模拟皮肤出汗，将织物置于玻璃面板上，然后拉出，拉出织物所需的力便可作为湿黏指数的量化基础。根据湿黏指数可以判断当人体出汗时，织物是否会黏附于皮肤以及人体是否会感到不舒适。一般而言，疏水性及光滑表面的织物容易附着于出汗皮肤，或者容易变硬，这些都会对皮肤的感觉舒适性产生负面影响；而使用短纤纱以及亲水性处理的织物可以提高皮肤的舒适感。湿黏指数测试对于经防虫剂或阻燃剂整理的军用服装尤为重要，因为这些整理剂在赋予纺织品功能的同时，可能会对织物的触感产生负面影响。

2.2.4 服装蒸发冷却功率

在高温作战区，如何防止士兵因体温过高而导致伤亡是有待解决的关键问题之一，因此，服装系统必须将士兵运动和携带重型作战装备时的过剩产热传递至环境。人体自身的体温调节系统将通过汗液蒸发实现热量的消散，即蒸发散热，为了增加蒸发散热量，可将一种特殊的制冷服作为士兵的内衣。制冷服可分为主动式与被动式。

（1）主动式制冷服。主动式制冷服利用集成于背心的管道系统输送冷水，从而将人体产热排出，该类制冷服类似于发动机的水冷系统。该项技术需要采用泵和控制装置等额外技术设备，这些设备通过背包携带，从而增加了服装的重量。

（2）被动式制冷服。被动式制冷服则不需要上述额外的技术设备，而只是巧妙地将新型聚合物、纱线以及织物结构相结合，从而增加汗液蒸发，产生冷却降温效果。

市场上正在销售适用于不同环境条件的各类制冷服，然而这些产品通常缺乏客观数据支撑以保障其制冷效果。

由于缺乏可用的客观评价技术对制冷效果进行表征，因此，在对现有产品的冷却效果进行验证时，通常是基于受试者的主观感受和体验，受试者采用语言对皮肤的凉爽感进行描述。目前，制冷服的冷却效果可以采用海恩斯坦测量系统“WATson”进行客观测量。

WATson 测量系统的基本原理是采用电控加热装置控制加热板（测量头）以模拟人体皮肤产热，加热板温度需与皮肤一致并保持恒定。当制冷织物接触平板时，加热板为了保持温度便需消耗电能，此时所消耗的电能即可用于表征冷却效果，其测量指标为随时间变化的冷却功率，单位为 W/m^2。此外，通过在织物上下表面放置的温度传感器，还可以确定皮肤对服装的感知温度。WATson 装置可以在各类环境条件（干冷到湿热）以及众多临界条件（出汗、吹风、红外辐射）下进行测试，以量化单件制冷服或整个服装系统的制冷效果。

WATson 是基于海恩斯坦皮肤模型而创造出来的新型独立装置，它仅需采用面积为 25cm×25cm 的试样便可对服装的制冷效果进行评估，因此，该项测试不需要完整的服装。利用 WATson 所提供的客观实测数据，可以获得制冷服的真实制冷效果，包括制冷功率的强度和持续时间。

2.3　其他纺织品的舒适性测试

2.3.1　极端环境中的防寒服

对于防寒服而言，较低的湿阻可以降低服装系统内汗液累积，因此，防寒服的低强度湿阻十分重要。服装不仅在 20℃ 的环境中需要具备较低的湿阻，而且在冰点以及远低于-20℃ 的超低温中亦是如此。人体的过剩产热需要通过汗液蒸发进行消散，而在寒冷环境中机体产热的不足需要通过颤抖予以补偿。过度的出汗和颤抖均会导致人体工作效率的下降，因此，防护服的隔热性能要适当。军用服装开发所面临的挑战是如何在服装系统中实现能量平衡，这需要深刻理解和平衡服装的透湿性及隔热性。

在寒冷的环境中，军用服装的隔热能力取决于环境温度与士兵的代谢率。欧洲标准 EN 342 适用于评估防寒服的隔热性能，根据这项测试标准，在一定环境温度和代谢率条件下测量服装的最长耐受时间。根据 EN 31092 或 ISO 11092 标准，织物的隔热性（即热阻）也可采用出汗热平板仪（皮肤模型）进行测试。当对整件服装或服装系统的隔热性进行测试时，可采用标准 ISO/DIN 15831 所对应的暖体假人进行实验。

空气作为良好的绝热材料，其导热系数很低，因此，服装本身的隔热性能主要取决于服装内部的静止空气含量。然而当衣服湿透时，服装内部的空气逐渐被湿气、水蒸气、液态水所取代，而水分是良好的导热体，其隔热性能很差，因此，潮湿条件将加速身体散热。当着装者在运动出汗时，为了使服装内部保持干燥，服装需具备较低的湿阻。在评估织物湿阻方面，可采用标准 EN 31092/ISO 11092 中的皮肤模型。织物的湿阻越低，其透气性越好；反之，亦然。

为了评估军用服装在寒冷环境中的性能，还可在气候舱中模拟真实的低温环境与人体代谢率，开展人体着装实验。在人体着装实验中可在受测者皮肤表面布置多个温湿度传感器，也可采用主观评价法评估着装者在不同时间以及不同条件下的热湿感与整体舒适感。在进行数据分析时，可将着装者的主观感知评分与实测温湿度进行比较，然后再将人体着装测试结果与皮肤模型和暖体假人模型的数据进行关联性分析，以实现对着装实验结果的验证。

利用现有的测试程序与测试标准，可针对特定气候条件和体力活动水平开展防寒军用服装的设计。军用防寒服的隔热性能和透湿性能十分重要，较低的湿阻可确保汗液的顺利蒸发，形成干燥的保温层，从而降低热量损失，提高整体舒适性，确保士兵在极寒环境中精神状态和身体素质良好。

2.3.2 被褥与睡袋

服装生理学不仅对于军用服装十分重要，而且对于可以改善士兵睡眠舒适度的被褥和睡袋也很重要。充足的休息和睡眠对于长时间在户外活动的士兵而言十分必要，士兵在户外睡觉时，一般会使用隔热床垫和睡袋，而睡袋会与士兵身体直接接触，因此，它的舒适性尤为重要，军队应为士兵提供具有最佳性能的睡袋。

被褥和睡袋的隔热性能可采用分区式暖体假人进行测量。在评估被褥的舒适性时，重点需要关注与环境温度有关的人体温度平衡以及“睡眠空间”内的湿热传递性能。被褥的生理舒适性指数从 1（优秀）到 4（不满意）不等，该标准类似于服装的穿着舒适性评分，用于表征产品在人睡觉时保持舒适体温的能力，以及快速有效地将汗液排出体外的能力。被褥的保温效果在士兵的体温平衡管理中发挥着十分重要的作用。

在任何环境中，睡袋都应在最大程度上对士兵的体温调节提供保障。士兵在睡觉时的产热量相当于功率为 80W 的加热器，这些热量将通过对流、传导、辐射、汗液蒸发和呼吸进行传递。在舒适的睡袋中，人体产热量与散热量处于平衡，从而可产生最佳的睡眠状态；若人体的产热与散热不平衡，则可对士兵的睡眠造成负面影响，而更糟糕的是在寒冷环境中可能会导致士兵冻伤和体温过低。

自 2002 年以来，欧洲市场上的民用睡袋必须根据欧洲标准 EN 13537 采用暖体假人模型进行隔热性能测量。该标准采用了复杂的生理模型，通过对睡袋实际隔热性能的测量实现了对其温差性能的预测。这些测试数据定义了睡袋的实用区域，包括舒适区、过渡区和危险区。

由于士兵和普通民众的身体状况及生理特征不同，因此，EN 13537 测试标准所规定的方法并不适用于军用睡袋的评价试验。但是，该项测试标准对隔热性能的测量精度较高，可以明显地区分军用睡袋和民用睡袋，因此，可以为不同使用环境的睡袋选择提供依据。为了更为真实地模拟军队场景，军用睡袋测试时其条件设置相较于标准 EN 13537 所规定的条件应更为严苛。测试时人体模型应放在置于地板或地面的军用隔热垫上，由于士兵不一定会睡在帐篷内，因此，可以通过风力发电机模拟高强度的气流。此外，由于士兵的产热量通常较高，其可以承受的极限低温水平更高，因此，在计算军用睡袋的使用极限温度时，生理模型的参数必须进行调整。

2.3.3　潜水服

除了溺亡危险外，低温致死也是海上军事行动的另一巨大潜在危险，士兵只要在冰冷的水中待上几分钟就会失去自由行动的能力。对于士兵而言，其潜水服的隔热性能至关重要。海恩斯坦研究院是世界上为数不多的能够根据国际标准 ISO 15027 使用暖体假人模型测试潜水服隔热性与生存时间的机构之一，利用暖体假人实验无需进行昂贵且伦理上不允许的真人测试。国际标准 ISO 15027-1：2012 适用于干式及湿式潜水服的测试，为了保障着装者免受因冷水浸泡而产生的制冷性休克、体温过低等威胁，该测试标准规定了工作与休闲活动中常用潜水服的性能和安全要求。测试需要在平静而流动的水中进行，气候室的温度可调范围为-20～40℃，风力发电机的风速可达 10m/s，因此，可以对多种环境条件进行模拟。执行海上任务的直升机飞行员所使用的服装通常存在热舒适性差以及通风能力不足的缺点。由于直升机驾驶舱的温度较高，飞行员的热应激会缩短他们的抗疲劳时间，从而导致事故发生。海恩斯坦研究院的暖体假人模型 Charlie 以及皮肤模型均可用于服装热湿舒适性的客观评价。

2.3.4　军用车辆座椅

当部队在使用军用交通工具时，同样需要在最好的状态下执行任务。车辆座椅通常采用易于保养的多层结构配置，但这种配置并不能对座椅表面的热湿进行吸收及传递，这将导致坐垫中热湿的积累，引起士兵的不适感。研究表明，座椅的不适性会加剧司机的疲劳感，从而提升事故风险。为了对不同类型的座椅材料进行测试，海恩斯坦研究院新研发了出汗坐垫，可以模拟驾驶动作对座椅的水分传递、湿阻、水汽缓冲能力进行动态测量。出汗坐垫是一种最为先进的测试模型，可以对驾驶过程中座椅的运动进行模拟，另外，还有一些针对臀部和大腿部位的特殊设计。

2.3.5 作战鞋袜与手套

性能优异的鞋袜系统可以防止脚部过热，预防细菌和真菌感染，有助于提高士兵的战斗表现。作战靴、手套和袜子的隔热性能、透湿性能可以采用具有热调节模型的“出汗脚”进行评估。该模型可以真实地模拟人体四肢的热特性，并在隔热性和透湿性方面提供可靠与差异化的测试结果。

2.4 军用服装的合体性

2.4.1 服装的合体性

在日常生活中，服装的合体性是决定其美观性的主要因素之一。对于士兵而言，不合体以及舒适性不佳的服装将影响士兵的心情，甚至可能会对他们的生命安全造成严重威胁。士兵在爬行时穿着过于肥大的服装会增加被敌军逮住的风险；而另一方面，过紧的服装会降低他们的活动灵活性。此外，在过去几十年中，人体的平均体型发生了较大改变，人们的身高增加、体重增大，因此，有必要根据具有代表性的人体尺寸数据，重新对军用服装进行设计。军队、警察和消防队等公共服务部门所面临的另一特殊挑战是女性职员人数正在不断上升。到目前为止，公共服务部门的制服和防护服大多是针对男性而设计。关于女性消防人员的研究表明，不合体的消防服降低了对女性的防护程度。

针对该问题，海恩斯坦研究院与 Human Solutions 有限责任公司于 2007 年启动了一个名为 Size GERMANY 的联合项目。项目执行期间所收集的人体测量数据为“海恩斯坦尺寸图谱”提供了基础，同时这些数据也用于计算新型的标准男性与女性体型。将这些数据与高加索地区的人口数据相结合，还可以确定女性士兵等目标群体比例及目标群体中任何体型的比例。

获取标准体型士兵信息以及特殊体型群体的信息，有助于降低军事部门的采购成本，同时由于特种作战服或个体防护装备并非每个士兵都需配备，因此，详细的人体体型数据有助于降低对这两类服装的采购数量。此外，所采集数据对于座椅的人体工效学设计也有帮助，为缓解进入战区时士兵的压力，可以对驾驶员与飞行员的不同姿态进行扫描，从而进一步提升座椅的舒适性。

2.4.2　头部合体性与防护

头盔仍是士兵个体防护装备的重要组成。统计数据表明，目前军事行动中创伤性脑损伤是造成士兵死亡和伤残的原因之一。针对阿富汗士兵开展的调查显示，大多数士兵的头盔都存在舒适性欠佳与不合体问题，因此，巡逻、护航作战部队会为了减轻疼痛而脱下头盔或松开下颚皮带，从而增加了士兵的受伤风险。

个体头部具有差异性，因此，同一头盔并不适应于每位士兵。众所周知，人类头部的形状和周长因人而异，头盔制造商深知这点，但他们只能利用可用的头部尺寸信息进行生产。即使是安全级别最高的头盔，若不能与佩戴者头部尺寸与性状相契合，便不能发挥最佳的防护作用。尽管当前对合适的头部防护系统具有很大需求，但截至目前尚未有可靠的人体头部测量数据。海恩斯坦研究院针对这一课题开展了研究，其结果可在未来为头盔制造商提供更为合适的测量数据。海恩斯坦研究院收集了具有代表性的男性与女性受试者的原始扫描数据，将其作为定义三维头部形态特征、创建标准头部形态模型的基础，并获得了头部保护系统的所有相关参数。该项研究的测量结果对于警察、军人、建筑工人以及运动爱好者等各类人群的头部防护系统开发均具有指导意义。

该项目除对人体工效学标准中所规定的头部关键尺寸进行测量外，还对其他的头部数据进行了测量，以获得更具细节特征的头部形态。此外，该项目还研究面部测量技术，并提供了面部尺寸的描述信息，这也意味着人的眼睛、鼻子、嘴部和耳部的尺寸可能存在关联性。将这些头部形态分类整理成具有代表性的标准头部形态十分重要。感兴趣的头盔制造商可以获得本项目的头部及面部尺寸信息，以设计更为合适的头部防护系统。此外，标准化、逼真的虚拟三维头部形态也可供商业机构使用。

头盔除了需要具备合体性之外，其与人体生理舒适性相关的吸湿性也十分重要。头盔材质对其内部的微气候环境产生了影响，因此，优化头盔的内饰对于其生理卫生也具有重要意义。

2.5　结论

军用纺织品正面临着一系列复杂的挑战，它们必须在各种恶劣环境中持续发挥防护作用，要求其具备耐久性与舒适性。军用服装系统的开发目标是在不牺牲人体工效学和作战能力的基础上，使其更轻便、更透气及更舒适。军队需要在各类环境中开展高强度的体力活动，因此，军用服装系统必须保护穿戴者免受作战环境的影响，同时还需确保人体产热与排汗能够顺利排出。为了在快速变化的国际环境及战场中保持竞争优势，士兵装备需要进行不断改进与完善。除军用服装之外，所有其他军用纺织品也需为士兵提供必要的舒适性。军服和头盔等头部保护系统的合体性对于军事任务的成功完成也至关重要。

参考文献

［1］ Huang, J. , Qian, X. 2008. Comparison of test methods for measuring water vapor permeability of fabrics. Text. Res. J. 78（4）, 342–352.

第3章　服装套装热舒适性的测试与评估

*G. Song**，*S. Mandal*†
*爱荷华州立大学，美国，艾姆斯；
†阿尔伯塔大学，加拿大，埃德蒙顿

3.1　前言

服装是生活中不可分割的一部分，人们每天都穿着不同类型的服装。服装大致可以分为普通服装和特种服装。普通服装一般适合温和的环境，可分为正装和休闲服。特种服装主要提供对危险、高温、极寒等环境的防护，可分为热防护服、化学防护服等。一般来说，人们穿着服装是为了满足心理需求，然而，服装也可以满足人们在特定环境下的生理需求[1-2]。生理需求内涵广泛，如减少发痒、完美的合体性、热舒适性，但主要是要满足着装者在不同环境下的热舒适性[3]。

为了理解服装在维持着装者热舒适性方面的作用，首先必须掌握人类生理学的基本原理[4-6]。人类通过摄入各种营养素，如碳水化合物、蛋白质和脂肪，维持生命活动；通过呼吸过程吸入氧气，通过喝水保持身体的水分。这些营养素、水和吸入的氧气通过血液被输送到肌肉组织。在肌纤维的线粒体中，氧在酶的作用下氧化营养素，主要产生二氧化碳、水、热量和三磷酸腺苷（ATP）。在休息和运动状态下，ATP都是肌肉能量的来源[7-8]。在细胞呼吸产生ATP的过程中，营养素中储存的能量约有80%可转化为热能。如果代谢热不能通过服装向周围环境散失，人体的体核温度会从标准值37℃开始增加[9]。如果人体中枢神经或外周感受器感受到体温增加0.1~0.5℃，皮肤汗腺将被激活。汗液主要由水组成，也含有少量的盐、乳酸和尿素。累积在人体皮肤表面的汗液蒸发到周围环境中，使体温保持在37℃左右。据观察，代谢热和汗液一般通过辐射、对流、传导、蒸发的过程散失。在某些情况下，服装可能会阻碍代谢热和汗液的散失，尤其是当消防员、登山者和运动员等在极端环境中穿着特种服装，如热防护服、防寒服、运动服等。在这些情况下，着装者可能会遭受极大的热不适。

考虑到服装对人体热舒适的作用，许多研究者研究了影响服装热舒适性的因素[10-13]。一般来说，服装的批量生产包括纤维加工、纺纱、织布、服装生产等一系列步骤[14-15]。可以推测，服装的热舒适性与纤维、纱线、面料和制作方法密切相关。

研究发现，服装的热舒适性主要取决于服装的面料。因此，织物样品的热舒适性可以通过诸如出汗热板仪等试验进行评估，旨在模拟织物与人体皮肤接触时的传热过程[16-17]。此外，可以使用出汗暖体假人试验和人体着装试验[18-20]两种方法直接评估服装的热舒适性。在出汗暖体假人试验中，全尺寸的出汗暖体假人（如芬兰的 Coppelius、日本的 Taro、香港的 Walter、美国的 Newton）能够评估服装的热舒适性[21-24]，通过控制出汗暖体假人的周围环境条件和姿势，评估不同的环境条件下服装的热阻和湿阻，进而了解服装的热舒适性能。尽管各个组织研制的标准化暖体假人已被广泛用于评估服装舒适性，但仍很难精确模拟人体的生理现象，如出汗、代谢产热（ASTM F 1291；ASTM F 2370；ISO 9920）。因此，近年来，通过人体着装试验来了解服装热舒适的方法越来越流行。事实上，ASTM 也研发了一种标准化的人体着装试验方法。在该试验中，一组志愿者穿着衣服运动，通过测量被试者的心率、最大耗氧量和体温等生理参数，了解服装的热舒适性。

通过使用出汗暖体假人试验和人体着装试验，许多研究者评估了不同类型的普通服装和特种服装的热舒适性能[24-30]。研究发现，采用不同的科学方法可以优化服装的热舒适性能，例如，为服装选择合适的面料、为着装者设计合适的服装、控制环境条件等。研究者还发现很有必要制定最先进的测试标准，准确评估服装的热舒适性能。此外，研究者还断言，有必要开发能为着装者提供最佳舒适度的服装。

本章首先研究了影响服装热舒适性的各种因素；其次，探讨了评价服装热舒适性的各种方法，建议严格评估不同类型服装的热舒适性能，进而提出不同的方法来提高服装的性能；最后，着重分析了与服装隔热材料相关的各种问题，指明了未来的研究方向。这些问题主要是针对服装热舒适性能最先进的测试方法的开发，以及生产可以为着装者提供更好的热舒适性的新型服装面料。

总体来说，本章包含的信息能帮助纺织和材料工程师设计开发具有最佳热舒适性的服装，适用于各种不同条件下的着装者。

3.2 影响服装热舒适性的因素

通常，将吸湿或不吸湿的多孔织物（机织、针织、非织造织物）裁剪后制成衣服，覆盖在呈复杂几何体的人体上。与纺织工程有关的许多因素，如纤维、纱线、织物、服装的性能等，可能会影响服装的热舒适性能。实际上，这些因素通过影响织物和服装的隔热性能，从而改变织物和服装的热舒适性。如果服装的隔热性能较低，空气和水蒸气的渗透性较高，人体的代谢热和汗液将会适当扩散，为着装者提供舒适的环境。值得注意的是，高隔热性、低透气性和低透湿性对于某些类型的特种服装（消防员或工业工人用的热防护服、防寒服等）至关重要，有利于在危险环境中为着装者提供保护[31-32]。纤维、纱线、织物、服装的性能对服装隔热性能的影响将在下一节中讨论。

3.2.1 纤维性能的影响

纤维是织物加工的基本元素。纤维性能对纺织品的隔热性能有显著影响，主要包括细度或线密度、长度、横截面和卷曲等[12,33-34]。

（1）细度或线密度。纤维细度影响隔热性能，对于给定质量的纤维，与细纤维相比，粗纤维的比表面积比较小。当纤维表面截留空气时，给定重量的粗纤维截留的空气比同等重量的细纤维少，因此，粗纤维的隔热性能通常比细纤维低[35]。

（2）长度。短纤维比长纤维覆盖的表面积小。这意味着短纤维在其表面截留的空气量比长纤维少。因此，较短的纤维比较长的纤维具有更低的隔热性能[36-37]。

（3）横截面。纤维的横截面可以用显微镜观察。目前已经发现，纤维的横截面形态对其隔热性能有显著影响。与圆柱形的纤维相比，能滞留更多空气的异形纤维具有更高的隔热性能。例如，中空纤维比实心圆形纤维在其结构上能吸附更多的空气，这就是中空纤维织物比实心圆形纤维织物具有更高隔热性能的原因。同样地，非圆形纤维，如三叶形、扇形、椭圆形横截面，由于其形状可以比圆形纤维截留更多的空气。大量的空气被非圆形纤维截留，最终增强了隔热性能[33-34]。

（4）卷曲。卷曲是影响隔热性能的另一个重要因素[38]。研究发现，具有高度卷曲结构的纤维在其表面包含许多环路，这些环路有助于在纤维表面截留空气。因此，高卷曲纤维的隔热性能通常高于未卷曲或低卷曲纤维。

3.2.2 纱线性能的影响

当纤维被制成纱线并织造为织物时，纱线性能（类型、捻度和结构）也会影响织物的隔热性能[39-42]。

（1）类型。比较变形纱、短纤纱、转杯纱和长丝纱，发现变形纱、短纤纱和转杯纱的表面都有毛羽。这些毛羽会截留空气，从而增加纱线的隔热性能。相比之下，长丝纱表面光滑，不会在其表面截留太多空气。因此，长丝纱的隔热性能低于变形纱、短纤纱和转杯纱[40,42-43]。

（2）捻度。研究表明，低捻纱的结构比高捻纱的结构疏松。由于这种疏松的结构，低捻纱比高捻纱在其表面能截留更多的空气，这种情况导致高捻纱的隔热性能低于低捻纱[43]。

（3）结构。当纤维被加捻形成纱线时，纱线中纤维的排列会影响其隔热性能[39,41]。如果纤维在加捻形成纱线时彼此不平行，则这种结构会比平行纤维加捻形成纱线的隔热性能更低[44]，纱线中残存的空气较少会降低其隔热性能。

3.2.3 织物性能的影响

织物的各种性能会影响其隔热性能。这些性能与织物的表面特性、结构、设计、多孔性、单位面积质量、厚度、密度、导热性、热容和水分积聚等特性有关[45-49]。

（1）表面特性。织物的表面特性是影响隔热性能的最重要的因素之一。一般来说，纤维表面（如颜色）的光学特性控制着它的发射率。如果织物表面的颜色为黑色，其发射率最大（$\varepsilon=1$）；如果织物表面的颜色为白色，其发射率最小（$\varepsilon=0$）。高发射率的织物从周围环境中吸收热能并重新发射能量，其中一些能量会流向人体[31,47,50]。

此外，表面粗糙度是有效隔热的另一个考虑因素。根据边界层理论，当运动的空气与固体表面接触时，空气可能被困在表面上，如果表面粗糙度较低，则会截留较少的空气，并降低隔热性能[51-52]。

（2）结构。一般来说，织物结构可分为三类：机织物、针织物和非织造布。在这些类型的织物中，非织造布在其结构中可以包含最大量的空气，因此，具有最佳的隔热性能。虽然非织造布不适合普通服装，但它们通常用作特种服装的热衬布。针织物的线圈结构，使其比机织物包含更多的空气；相比之下，经纬纱交织的机织物，与同平方米克重的针织物相比，能截留的空气较少。因此，机织物的隔热性能比针织物稍差[53-54]。

（3）设计。隔热性能可能取决于机织物和针织物的设计[2,45]。例如，在平纹织物中，经纱和纬纱之间经常发生交织，而五枚缎纹织物有很多浮线，平纹织物的交织次数多，因此，平纹织物比缎纹织物能阻挡更多的空气，隔热性能优于缎纹织物。

（4）多孔性。织物理学的多孔性也会影响其隔热性能[55]，一般来说，具有高度多孔结构的织物比具有较低或无孔结构的织物能截留更多的空气，残存在织物内部的空气提高了织物的隔热性能。

（5）单位面积质量。织物单位面积质量以平方米克重（g/m^2）表示。研究发现，单位面积质量较轻的织物通常比单位面积质量较高的织物能够截留较少的空气，特别是当纤维直径、编织结构和厚度相同时[46,48-49]。这是因为，当编织结构和厚度相同时，通过减少单位长度内的纱线根数（经纬密度）降低织物单位面积质量，此时织物中残存的空气较少，从而降低了隔热性能。

（6）厚度。厚度是影响织物隔热性能的一个最重要的因素，因为较厚的织物比较薄的织物更容易存储空气[56-58]。另外，较厚的织物可以储存更多的热能。一般来说，多层厚织物比同样厚度的非多层织物具有更高的隔热性能，这是因为具有多层结构的织物可以截留更多空气，同时提供了更大的空间来储存吸收的热能。

（7）密度。密度也是织物的一个重要特性，用g/m^3表示。与高密度织物相比，低密度织物单位体积的纤维含量较少[47,57]。因此，低密度织物比高密度织物能截留更多的空气，拥有较高的隔热性能。

（8）热导率。热导率是指在稳态条件下，以单位温度梯度沿垂直于织物表面的方向，通过单位厚度织物传递的热能量。织物的热导率高，则其隔热性能较低。最终，这种织物会将更多的代谢热从人体传递到周围环境中，这种情况会给着装者带来更大的舒适度。织物的“热导率”一词没有确切的物理意义，因为热能传递方式有对流、辐射和传导[59]。研究者建议，适当的术语应该是“热传递率”，而不是“热导率”。此外，热导率或热传递率等术语仅适用于热平衡条件；在非热平衡条件下，需要评估热容量，以了解织物的隔热性能。

（9）热容。织物的热容是一个物理量，它表征了将织物温度改变一定量所需的热量[60]。如果织物的比热容很高，则必须吸收或散失更多的热量才能使织物的温度改变一定的度数。因此，具有高热容的织物也应具有良好的隔热性能。在这里，有必要指出，织物的热容量也随温度变化，这可能会改变织物的隔热性能。例如，当温度从500K（226.85℃）上升到1000K（726.85℃）时，任何合成织物的热容量都会增加50%[61]。

（10）含湿量。一些纺织纤维（如棉花、羊毛）是亲水的，因此，织物会吸收来自人体或其结构中积聚的水分，如汗液。水分的导热系数远高于空气或纤维的导热系数，这会导致代谢热从着装者快速传递到环境中，从而在某些条件下为着装者带来更好的热舒适性[48,62]。棉和羊毛中吸收的水分不会总是增加织物内部的间隙自由水的量，这种情况不会导致代谢热从着装者体内快速传递。此外，代谢热的快速散失并不总是能为着装者提供热舒适。

3.2.4 服装性能的影响

尽管纤维、纱线和织物性能对服装隔热性能有显著影响，但许多研究人员认为，服装性能同样影响服装隔热性能[63-65]。通过各种测试，研究者发现服装的接缝、合身度、封口和扣合件的位置以及服装小气候都会影响其隔热性能。

（1）缝线和接缝。服装通常使用裁剪和缝合技术制造生产[15]。这涉及二维衣片的裁剪，然后将裁片缝合在一起，形成三维服装。在缝合过程中，线通过针插入，将裁片固定在一起。当缝纫针进入织物时，它可能会撞击到纤维集合体，改变织物的结构。由于这种结构的变化，服装的隔热性能会降低[14]。采用不同缝线的类型（如链式缝、锁式缝、之字形缝）和接缝的种类（如平缝、绷缝、搭缝），服装的隔热性能也会有所不同[15]。

（2）服装微气候。当服装和人体之间形成一个微气候区域时，该微气候直接有助于将热能从着装者传递到环境中。近几年，Lu 等人提出代谢热和人体皮肤产生的汗蒸汽通过对流、传导、辐射、蒸发、水分吸收和扩散从微气候区域传递到服装[51-52,66-71]。最终，微气候区会含有大量水分，这种湿气可以吸收人体的热能。由于水的热导率和比热很高，汗液可以加强代谢热从人体向周围环境的传递。通过控制服装微气候区的湿度，可以改变服装的隔热性能[64-65,72]。

许多研究人员试图客观地评估微气候区，主要通过计算微气候区域内空气的平均体积来描述，这可以使用三维人体扫描技术来测量[65,73-74]。在这项技术中，将一个标准尺寸的人体模型保持相同的位置和状态，分别扫描其裸体状态和着装状态。对于特定身体部位的扫描，如胸部、腹部和大腿，着装下的轮廓横截面减去裸体轮廓横截面，该值被视为特定人体和服装组合的孔隙大小。

（3）合身度。合身度是影响服装隔热性能的一个重要因素[65,69,75-76]。如果服装的尺寸相对于人体来说太小，这样就没有空间在服装和人体之间建立一个微气候区[63]。另外，过松的服装会在服装和人体之间形成一个无效的封闭微气候区，并且会降低服装的隔热性能。虽然在某些情况下，较低的隔热性能可以为着装者提供更好的防护，但也可能会影响特种服装的防护性能，如热防护服或防寒服。

（4）封口和扣合件的位置。封口（如口袋、袖口、领口）和扣合件（如钩、环、纽扣）的位置很重要，它们有助于将空气截留在服装内，并在服装和人体之间形成一个微气候区。大量的封口和扣合件或密封不良的封口可能会干扰小气候环境，降低服装的隔热性能[68,75]。

3.3　服装热舒适性能的测试

服用织物的热舒适性通常是通过出汗热平板测试仪进行客观测定。利用该仪器可以通过测量织物的热阻、湿阻和总散热量（THL）评估织物的热舒适性能。在这种情况下，织物的热阻是织物对从人体到周围环境的干态热传递所提供的阻力；织物的湿阻是织物对从人体到周围环境的汗液蒸发所提供的阻力；THL 是织物通过干热交换和蒸发热交换传递的热总量[76-77]。具有低热阻和湿阻以及高的总散热量会降低着装者的热刺激，从而提高生理舒适度。在这种情况下，值得注意的一点是，在不考虑服装覆盖的体表面积、织物和空气层在着装者身体上的分布、服装的松紧度以及散热表面积增加的情况下，织物的测定结果不能直接应用于任何相应的服装。在这方面，一些研究人员根据织物出汗热平板试验的数据建立了预测服装热阻和湿阻的模型[78-80]。例如，美国堪萨斯州立大学的研究人员使用出汗热平板试验数据和测量服装围度来预测不同身体部位的衣服层和空气层的热阻和湿阻。德国海恩斯坦研究所的研究人员进行了几项研究，他们利用出汗热平板试验数据和每种织物覆盖体表面积的比例预测服装的固有湿阻，然而，这些预测模型没有提供与服装设计、剪裁和结构相关的信息；此外，这些模型不能证实在不同的环境中人们实际穿着的服装的热阻和湿阻的相关性[81]。在这种情况下，可以假设服装属性（如合身、设计）和环境条件对服装热阻和湿阻具有显著的影响。

由于出汗热平板试验的局限性，研究者通过出汗暖体假人进行了大量的实验来评估服装的热舒适性能[22,30,82]。假人试验得出的热阻和湿阻的结果可用于预测在各种环境和代谢条件下，穿着不同服装套装的人体热舒适性[60,83-84]。这些模型的优点在于，可以输入各种不同的变量进行预测，如服装的组合和不同的环境条件。然而，这些模型是基于这样一个假设：所有人都有统一或恒定的代谢率。事实上，人体的代谢率不是恒定的，因为在身高、体重和耗氧量上存在个体差异；

此外，由于肌肉在工作时有更大的能量需求，在动态而非静态工作状态下能观察到较高的代谢率。因此，根据从出汗暖体假人试验中获得的热阻值和湿阻值，来预测着装者的热舒适性并不总是准确的。

为了应对出汗暖体假人模型试验的局限性，许多研究人员提出了一种直接的方法，即通过受试者直接参与来评估服装的热舒适性[19-20,82,85]。值得注意的是，与出汗暖体假人模型试验相比，医疗、成本和时间因素以及生物差异性也会对人体着装试验带来限制，然而，在实验室进行人体着装试验的优势是：从真实人体采集的数据是更加真实可靠和有效的。

下面描述了使用出汗热平板试验、出汗暖体假人模型试验和人体着装试验方法评估服装热舒适性能的过程。讨论了评估热舒适性能的各种国际公认标准，并阐述了这些标准的局限性。本节将有助于改进现有标准或制定新标准来评估热舒适性。

3.3.1 出汗热平板试验

为了采用出汗热平板试验评估织物的热阻和湿阻，德国海恩斯坦研究所的科学家于 1993 年制定了 ISO 11092 标准[86]。然后，NFPA（美国国家消防协会）研究了一种方法，使用热防护织物或织物系统，根据标准 ISO 11092 测定总散热量（THL）。后来，该 THL 评估方法被添加到几个 NFPA 标准中：NFPA 1971、NFPA 1977、NFPA 1951 和 NFPA 1999[87-91]。接下来，ASTM F23 委员会成员决定编制测量热阻、湿阻和总散热量的过程，从而得出 ASTM F1868 标准[81,87,92]。通过使用这些标准，研究人员试图客观地将织物的热阻、湿阻和总散热量与人体的热舒适性联系起来。例如，德国海恩斯坦研究所建议，湿阻小于 $6m^2 \cdot Pa/W$ 的雨衣织物为着装者提供非常好的舒适性；同样，使用欧洲标准 EN 469，消防服所用织物的湿阻应小于 $30m^2 \cdot Pa/W$[93]；此外，根据 NFPA 1971 标准，建议用于热防护服的织物的总散热量至少应为 205 W/m^2，以便为消防员提供生理舒适性。

ASTM F 1868 标准广泛用于评估和计算热阻、湿阻和总散热量。然而，该标准存在一些局限性。例如，在评估热阻和湿阻时，某些织物达到稳定状态是相当困难的；织物样品可能会从板上脱落，尤其是在 1m/s 的空气速度下进行测试时，这可能导致异常高的热阻值和湿阻值（因为总散热量降低）。该标准评估热阻和湿阻时未规定环境空气流动方向或空气波动水平，总散热量的计算过程非常繁琐和耗时。此外，尽管 ASTM F 1868 标准是单独评估热阻和湿阻的最佳方法，但一些研究人员认为这是不现实的，因为从人体到周围环境的干态散热和蒸发散热同时发生，并且干散热和蒸发热流之间可能存在相互作用，而该试验并未考虑到这种相互作用[16]。此外，ASTM F 1868 中用于确定服装性能的设备忽略了着装者的生理状态，不足以评估服装的瞬时热性能。Psikuta 等人研发了一种热生理人体模拟器，可以提供更真实的服装舒适性评估等级[17]。通过使用该人体模拟器，国际标准化组织目前正在制定标准（ISO CD 18640-1：消防员防护服　生理影响　第1部分：与出汗躯干耦合的热量和质量传递的测量），该标准可用于评估服装的生理舒适性。

3.3.2 出汗暖体假人模型试验

为了能使用全尺寸暖体假人评估服装的热阻和湿阻，1995年制定了 ISO 9920 标准，后来在2007年进行了修改。2010年，相继制定了 ASTM F 1291 和 ASTM F 2370 标准并随后进行了修改，采用了全尺寸暖体假人评估服装的热阻和湿阻[30,82,94-96]。值得注意的是，还有一些其他标准可用于评估热阻，如 ISO 15831、EN 342、ASTM F 1720、ASTM F 1291[94,97-99]。虽然 ISO 15831、EN 342 和 ASTM F 1720 标准使用与 ASTM F 1291 标准中描述的相同的热阻测量技术，但这四个标准在如下四个方面有不同的参数范围：暖体假人特征、试验条件、计算热阻的方法、试验结果的参数[92]。在 ASTM F 1291 和 ASTM F 2370 标准中，以成年男性或女性的身材和体型建造的站立式暖体假人穿着服装，通过控制暖体假人的周围环境条件（温度、风速）和出汗模拟，服装的热阻和湿阻就可以根据这些标准中描述的方法测量出来。值得注意的是，ASTM F 1291 和 ASTM F 2370 标准中服装热阻和湿阻是在正常的周围环境下（相对平静且比暖体假人更冷）评估的。因此，这些方法可能无法准确地应用于评估着装者处于极端热环境中的特种服装的热舒适性。

ASTM F 1291 和 ASTM F 2370 标准被广泛用于量化和比较具有不同的设计、面料、服装层、开口和合体性的服装套装所提供的热阻和湿阻。从这些标准中获得的服装套装的热阻和湿阻可以进一步用于经验模型，以预测不同环境条件下人们的生理反应[66,83]。然而，ASTM F 1291 和 ASTM F 2370 标准具有一定局限性。例如，只能为站立的暖体假人提供基础服装测量的静态测试，无法解决身体位置和运动的影响；所获得的热阻和湿阻仅适用于每次测试的特定服装评价和特定环境条件，特别是环境风速和出汗模拟；服装套装提供的热阻和湿阻的测量是一个复杂的过程，取决于所使用的设备和技术。有关传热理论、温度和风速测量以及测试实践的技术知识，对操作人员评估热阻和湿阻至关重要。此外，ASTM F 2370 标准的研发基于暖体假人皮肤表面的蒸气压为100%且出汗率应足够高以使皮肤达到饱和的前提。然而，这个前提在未分阶段的情况下并不成立，其中人类的最佳出汗率可能由于许多因素而产生变化，如周围环境条件、所进行的活动和所穿服装的类型。据观察，如果出汗率低且服装很薄，所有水蒸气都会透过服装散发到周围环境中。在这种情况下，不能达到皮肤表面100%的水蒸气压。尽管这非常困难，但 ASTM F 2370 标准似乎应测量皮肤表面附近准确的水蒸气压。此外，值得注意的是，ASTM F 1291 和 ASTM F 2370 标准指定了用于确定服装热阻和湿阻的测试方案。然而，这些标准没有具体说明暖体假人的姿势。另外，ASTM F 2370 标准没有规定出汗模拟的具体设计，因此，出汗机制仍有待说明。有趣的是，这种不明确的规定促进了不同实验室中暖体假人的开发和使用，它们具有不同的出汗系统、出汗率评估技术、动作等。其中一些典型暖体假人是：芬兰出汗热暖体假人 Coppelius；日本出汗暖体假人 Taro；瑞士出汗暖体假人 SAM；香港出汗暖体假人 Walter；美国出汗暖体假人 ADAM 和 Newton；日本出汗暖体假人 KEM[18,21-23,100]。

3.3.3 人体着装试验

ASTM F 2668 标准可用于在受控实验室环境中通过人体着装试验评估服装的热舒适性[101]，但实际情况由调查人员决定。此外，可以根据研究者的要求和目的进行现场试验。ASTM F 2668 标准被认为适用于评估大多数特种服装套装，特别是在着装者需要走路或进行类似活动的情况下。因此，该标准设计着装者的运动方案时使用了跑步机。在某些情况下，当穿着特种服装套装的用户在执行诸如坐姿或站立仅需要手臂运动的功能时，确定服装的热舒适性应考虑可替代的运动设备（如臂循环测力计）或方案。根据 ASTM F 2668 标准，一组健康的、医学上适合的受试者（根据筛选测试选择）需要穿着待测试的服装，然后，在特定的周围环境中（固定的温度和空气速度），着装者需要在跑步机上跑步（在预定的速度和倾斜角度下）。在跑步时，着装者的生理参数，如最大心率反应、最大耗氧量、核心体温（食道、直肠和肠壁）和平均皮肤温度（额头、右肩胛骨、左上胸、右上臂、左下臂、左手、右大腿前侧和左小腿），可使用代谢率测定仪、热敏电阻、心率计等在固定的时间间隔后进行测量，核心温度和皮肤温度可根据 ISO 9886 标准[102]测量。参与者的“全身出汗率”取决于从试验前裸体体重减去试验后裸体体重（如果在测试过程中发生排尿，则将尿液质量加入到试验后裸体体重中，如果在测试过程中发生液体消耗，则流体质量必须从试验后裸体体重中减去）。并且，该出汗率可用于评估在测试条件下由热刺激引起的脱水水平。或者，可以使用 Likert 评定量表[103]在一定时间间隔后记录参与者舒适性的主观感受。为了避免对其主观感受产生任何影响，不应告知参与者研究的细节，例如，服装的选择和周围环境（如温度、气流速度）。如果心率在基础评估期间达到测量最大值的 90%，发生热应激迹象（如晕、寒战或恶心），可自愿退出；或者核心温度超过 39℃，或任何位置的皮肤温度测量值超过 38℃，也应终止测试。所有参与者必须尽可能长时间地坚持试验，以使生理反应变得足够明显。该测试应持续最长 2h。在每个测试条件完成后为参与者提供恢复期，在恢复期结束时，核心温度和心率应分别低于 38℃ 和 100 次/min。

在人体着装试验中，应仔细考虑适当的测试方法，因为从试验中获得的结果通常用于向服装使用者提供更真实的信息。即使是同质的人体，测试对象组也显示出相当大的个体差异，因此，必须尽一切努力考虑研究者控制范围内的变量，以便收集有意义的热舒适性数据。调查人员还必须遵守适当的法规保护研究对象，并遵从其机构公共道德审查委员会的建议。此外，尽管人体着装试验最好在受控的实验室环境中进行，但为体现真实性和服装使用者的接受程度，人体着装试验也可以在实际工作现场环境中进行。在这里，非常重要的是，要记住道德上不可以让受试者参与评估着装者（如消防员、工业工人）在执勤时实际面临的危险热环境中的特种服装的热舒适性能。因此，研究人员应该使用一个温度环境室来评估特种服装的舒适性。在实验室控制的环境中的所有人体试验期间，医生应该随时待命。对于现场环境中的人体试验，除医生外，还应提供救护车服务。总之，在试验期间和试验之后，广泛的预防措施和试验设计都是十分必要的，因为要对这类试验中涉及的受试者负有安全责任。此外，招聘研究参与者时会涉及道德问题，尤其是要同意运动到筋疲力尽。这就是使用人体试验评估服装热舒适性研究较少的原因[19-20,82,104]。

3.4　服装热舒适性能的关键性评估

Black、Matthew 以及 Rees 研究了环境空气相对湿度对织物热阻的影响[105-106]。结果发现，热阻高度依赖于相对湿度。他们发现在不同的湿度条件下，织物会获得不同程度的水分，这种水分会影响热阻。Black 和 Matthew 通过实验证明，当水分含量从织物干重的 0 增加到 75%时，热阻显著降低。Barker 和 Heniford[107] 评估了各种固有阻燃性的机织或非织造织物或多层织物系统的热阻。在这些研究中，已发现织物重量和厚度肯定会影响热阻。然而，一些其他织物特征（如透气性、孔隙率、表面积）对于热阻也同样重要[51-52]。Shekar 等发现环境风速可能降低织物系统的热阻[108]。然而，织物系统中的不透水外层有助于减少在高风速条件下的热阻损失。他们还发现，在正常环境条件下，织物系统的热阻与外层的性能（透水性或不透水性）无关。另外，与织物相比，非织造织物蓬松、压缩可回弹和孔隙率高而具有高的热阻[48-49]。然而，湿态非织造织物具有比干燥非织造织物较低的热阻，这是因为湿态织物的导热率远高于干态织物。Barker 和 Heniford 指出，阻燃非织造织物的结构和厚度主要影响热阻，该研究表明，在非织造织物中纤维网的分层是提高热阻的潜在手段，因为它有助于产生空气层及增加厚度而不增加其重量。Wu 等人使用不同姿势（站立、久坐、仰卧）的暖体出汗假人“Walter”评估了各种类型服装的热阻[109]。在这项研究中，久坐姿势的服装热阻显著高于站立姿势。由于久坐姿势中的辐射体表面积减小，从暖体假人到周围环境的辐射热传递系数低于站立姿势，这种较低的辐射热传递系数增加了服装的热阻。同时，久坐姿势也在暖体假人的水平膝盖和大腿上形成了一个空腔。因此，暖体假人在久坐姿势与站姿相比减少了自然对流，这种自然对流的减少也增加了服装的热阻。此外，仰卧姿势的热阻显著高于站立姿势。这是因为暖体假人在仰卧姿势下平躺在木床上，这种木床增加了热阻。在所有姿势中，较厚的服装总是比较薄的服装具有更高的热阻。然而，由于暖体假人的压迫，服装的厚度可能在仰卧姿势中显著减小，厚度的减少显著降低了服装的热阻。

Gibson 探索了各种机织物和非织造织物的湿阻[110]。这些材料包括可渗透和不渗透型的单层、多层和复合材料。研究发现，渗透性材料的湿阻非常低，而不渗透材料的湿阻明显较高。这是因为不渗透材料不允许水蒸气通过它们的结构进行传递，而渗透材料允许水蒸气以高速率通过它们的结构进行传递。此外，在各种条件下评估渗透性材料的湿阻：①对材料使用不同方向和速度的气流；②在材料样品和出汗皮肤刺激热板之间提供一定的空气层。据发现，气流条件对湿阻具有显著影响，并且材料的开放结构对于湿阻特别重要，特别是当材料样品和出汗皮肤刺激热板之间存在空气层时。Gibson 得知在空气速度为 1~2m/s 情况下，开放结构和湿阻之间的相关性可以通过改变材料的厚度来实现。Wu 等人评估了不同姿势（站立、久坐、仰卧）下的出汗暖体假人 Walter 所穿的各种服装的湿阻[109]。他们发现在站立姿势和久坐姿势中测量的湿阻之间存在高度相关性。观察到久坐姿势的湿阻比站立姿势的湿阻高 20%~97%。Havenith 等人同样提到久坐姿势的湿阻比站立姿势的湿阻高 16%~38%[66]。在 Wu 和 Havenith 的研究中久坐和站立姿势的湿阻差异具有不同的范围。尽管如此，Wu 的研究可能更为现实，因为他们使用了一种高度可靠的测试方法，即出汗暖体假人 Walter。Wu 等人还指出，暖体假人的仰卧姿势的湿阻显著高于站立或久坐姿势。这是因为在仰卧姿势下产生了大量的凝结水（服装内、服装和床之间等），这种凝结水增加了湿阻。在该研究中，站立和久坐姿势时，在非等温条件下的湿阻通常低于等温条件。这是因为在等温条件下由温度梯度引起的自然对流比非等温条件下低得多。此外，还观察到暖体假人与周围环境之间较高的温度梯度导致了暖体假人服装内水的积聚，这种情况彻底改变了湿阻。事实上，等温条件下的水分积累约为1%，或接近于零，这远低于非等温条件下的水分积聚。在非等温条件下，一些水蒸气积聚在服装整体中而不是完全蒸发。因此，在非等温条件下测得的湿阻明显低于等温条件下的湿阻。

许多研究人员证实织物的散热可能通过传导、对流、辐射、蒸发、散热和水分或水蒸气传递而发生[27,48,82-83,111]。Farnworth 通过模拟多层织物的热量和水蒸气传递模型来研究散热[27]。传导和辐射散热通过热传递完成，而水蒸气传递是通过扩散发生的。在这项研究中，吸湿性和非吸湿性织物以不同方式传递热量和水蒸气。较厚的织物不允许热量和水蒸气通过其结构传递，这最终减少了散热。另外，吸湿性织物吸收水蒸气并将其转移到周围环境中，这种现象最终增加了织物的散热。还发现，不透水但透气的织物在高环境温度下具有优异的散热特性。然而，这种特性在低环境温度下并不突出。Farnworth 认为，层状织物可能不允许热量和水蒸气通过其结构传递，从而减少散热。最近，Tian 等人分析了特种服装中使用的多层织物系统的散热行为[111]。在该研究中，多层织物系统由三种不同的织物组成，织物以不同的分层顺序排列。在这项研究中，使用不同的堆叠次序制备了六种不同的三层织物系统，发现三层织物系统的堆叠顺序在散热中起重要作用。接触热源层的体积热容是确定通过三层织物系统的散热的主要参数。

Wu 等人使用人体着装试验研究了不同类型的 T 恤（由 10 种吸湿纤维制成：棉、羊毛、莱赛尔、莫代尔、大豆纤维、竹纤维及其混合物）的热舒适性[30]。实验结果表明，T 恤的热湿舒适性因纤维类型而异，主要受运动时的热湿传递影响。研究发现，天然吸湿纤维（如棉和羊毛）是潮湿的，并且提供比其他纤维（如再生纤维素纤维、竹纤维、大豆纤维和莫代尔纤维）更好的热舒适性。此外，发现莫代尔纤维对人体黏性较大；竹纤维的触感非常凉爽；莱赛尔具有适度的潮湿和黏性，显示出比其他再生纤维素纤维更高的热感。研究还发现，在运动期间，着装者的不同身体部位的舒适感非常不同，需要设计 T 恤以便为着装者提供更好的舒适感。Hostler 等人基于消防员在意志疲劳测试期间的生理参数（如水合作用和最大耗氧量）比较了热防护服和普通服装的舒适性[112]。研究发现，热防护服比普通服装具有更低的舒适度，因为它会导致消防员脱水。这种脱水意味着消防员迅速达到其最大耗氧量，使其在工作期间产生高热应激。

总的来说，先前的研究已经确定了织物特征（如纤维类型、编织、设计、重量、厚度、孔隙度）、服装属性（如合体性、设计、结构）和周围环境变量（如空气、温度、相对湿度）主要影响服装的代谢热和汗蒸气传递（对流、传导、辐射、扩散）。这种情况最终会影响服装的热阻、湿阻和总散热量。在这种情况下，很难在各个织物特征、服装属性和热阻、湿阻、总散热量之间找到明确的关系。这是因为大多数这些特征或属性是相互关联的，以至于不可能将它们分开。

3.5 与服装热舒适性有关的关键问题

本节将讨论与热舒适性能评估和新型面料开发相关的一些关键问题。这些关键问题需要彻底研究和解决，以便开发出能够为着装者提供更好舒适度的高性能且低成本的服装。

3.5.1 最先进测试方法的开发

基于前面的讨论，ISO 9920、ASTM F 1291 和 ASTM F 2370 标准指定了使用出汗暖体假人的服装热舒适性能（热阻和湿阻）测试方案。但是，这些标准没有具体说明暖体假人的姿势。此外，ISO 9920 和 ASTM F 2370 标准没有规定出汗模拟的特定方法，因此出汗机制有待明确。为了真实地评估服装的热阻和湿阻，预计这些标准方法应该通过明确指定暖体假人的姿势和出汗机制来改善。此外，目前可用的出汗暖体假人（Coppelius、Taro、SAM、Walter、Newton、ADAM、KEM）的出汗率与一些着装者（如消防员、登山者）在其实际工作条件下的出汗率相比非常有限。因此，使用出汗暖体假人评估特种服装的湿阻可能与实际情况不一致。应当增加现有暖体假人的出汗率，以便在穿着特种服装时准确地模拟着装者的生理。

此外，织物或服装的热舒适性能（热阻、湿阻、总散热量）主要通过基于出汗热平板试验、出汗暖体假人试验和人体着装试验的测试标准来评估。然而，这些测试非常昂贵、繁琐，并且需要熟练的技术人员来进行测试。许多研究人员采用数字模型模拟织物或服装的热阻和湿阻[21,24,27,113-115]。这些研究获得了有关织物属性和热阻、湿阻之间相互作用的信息。然而，这些用于计算热阻和湿阻的数学模型的实际应用可能由于其本身的复杂性而受到限制。建议通过使用织物和服装特性开发具有成本效益和用户友好型的经验模型（如多元线性回归、人工神经网络），以便有效地评估服装的热舒适性能[116]。

3.5.2　新织物的开发

虽然许多创新方法已被应用于开发不同类型的服装，但特种服装仍可能通过对其施加高负荷、不适当的代谢热散热方式和水蒸气扩散而对着装者造成显著的热应激。在特种服装中，存在重且厚的隔热层（用于隔热）或者不透水和部分透气的防水透气层（用于阻碍水分传递），也会对人体产生显著的热应激[49,117]。尽管为了给着装者提供防止职业危害（如火焰、辐射热、蒸汽）的保护而使用隔热层、防水透气层是不可避免的，但现代设计理念要求特种服装的开发能够提供最佳热舒适性，以减少着装者的热应激。考虑到这一问题，研究人员开发出了新的面料，可以为着装者提供良好的舒适性和防护性。例如，Hocke 等人通过在防水透气层上使用泡沫硅开发了一种非织隔热层，可以提高着装者的热舒适性和防护性[118]。Holme 在黏胶基非织造织物中使用宏观封装纳米多孔凝胶，生产出轻质的隔热层，能够为着装者提供足够的热舒适性[119]。Jin 等人在分散在丙酮中的气凝胶上填充 5%针刺非织造隔热层[120]。由于气凝胶含有 99.8%的纳米孔，因此，它们增强了隔热层的绝缘特性，而不会使其更重[121]。类似地，发现纳米黏土加固树脂涂层在隔热层中的应用增强了它们的绝缘特性而不增加它们的重量。Dadi[122]还建议在传统纤维或织物上应用轻质纳米纤维织物，纳米纤维、相变材料（PCM）可以减少着装者的热应激[123-124]。PCM 可以在纤维纺丝或化学整理（涂布、层压）过程中加入。在这种情况下，使用理论传热模型研究了暴露在热辐射下时，使用或不使用 PCM 的特种服装的防护性能，并且发现在特种服装中应用 PCM 在减少服装厚度、重量的情况下将提供相同的防护性能[125]。同样，英国国防服装和纺织机构证明，形状记忆材料（SMM）的应用还可以增强某些类型特种服装的防护性和舒适性。这是因为 SMM（合金、聚合物）可以根据热环境将其当前形状改变为规定的晶体结构形状[126]。例如，涉及多层织物的形状记忆镍—钛合金后整理的应用可以在高温时增加层间的空隙，增加的空隙有助于为着装者提供更好的热防护，避免受到极端热危害，而不会给着装者增加任何热应激[127]。

研究人员建议进一步开发高性能织物，可以被动地控制着装者的热舒适性和防护性能[124]。他们建议将冷却资源（如冰、冷冻凝胶）应用于特种服装，以积极缓解服装引起的热应激。Chitrphiromsri 等[128]开发了一种智能特种服装，其中将液态水注入服装的外表面，并且通过嵌入服装中的温度传感器激活注射过程，注入的水吸收了大量的热能，并且在存在热危害时蒸发。因此，该机制可以通过为着装者提供更好的烧伤保护和热舒适性来积极提高服装的性能。

此外，新兴技术在特种服装中的应用还可以通过监控其工作情况被动地控制着装者的热舒适度[121,129]。例如，将电线和传感器编织到织物中，可以为着装者提供遇到的危险信息。将热传感器集成到特种服装的内部和外部，可用于控制着装者、服装内部和靠近人体的温度。结合圆形极化天线（带宽超过 180MHz），与服装内的双向便携式通信设备相连，可用于监控着装者的工作情况。在特种服装中增加气体检测器，可以监测着装者周围环境中危及生命的热气体，并且，当着装者经历极端热或冷情况时，连接在服装中的个人警报安全系统可以触发警报。

许多研发可以为着装者提供最佳的热舒适性和防护性能。然而，其中有许多尚未考虑成本效益，并且仅限于实验室环境或仅适用于高度特殊化的环境（如航空航天、军事、国防）。在大众市场中，这些技术的发展应该得益于新型纳米纤维和纳米后整理的成本效益和革命性应用，以及基于 PCM 或 SMM、冷却装置的智能纺织品[130-131]。由于纳米纤维比传统粗纤维更轻更细，因此，纳米纤维的使用可以减少服装的重量和厚度，并显著改善着装者的热舒适性。此外，能够感知着装者的生理条件、姿势和周围环境的智能纺织品可以为大规模生产特种舒适服装提供机遇[132]。

参考文献

[1] Gilligan, I., 2010. The prehistoric development of clothing: archaeological implications of a thermal model. J. Archeol. Method Theory 17 (1), 15-80.

[2] Li, Y., 2001. The science of clothing comfort. Text. Prog. 31 (1/2), 1-135.

[3] Fourt, L., Hollies, N. R. S., 1970. Clothing: comfort and function. Martin Dekker, New York.

[4] Poehlman, E. T., 1992. Energy expenditure and requirements in aging humans. J. Nutr. 122 (11), 2057-2065.

[5] Poehlman, E. T., Horton, E. S., 1989. The impact of food intake and exercise on energy expenditure. Nutr. Rev. 47 (5), 129-137.

[6] Saris, W. H. M., Vanerpbaart, M. A., Brouns, F., et al., 1989. Study on food intake and energy expenditure during extreme sustained exercise: the Tour de

France. Int. J. Sports Med. 10 (1), 26-31.

[7] Copper, J. A., Nguyen, D. D., Ruby, B. C., et al., 2011. Maximal sustained levels of energy expenditure in humans during exercise. Med. Sci. Sports Exerc. 43 (12), 2359-2367.

[8] Manore, M. M., Berry, T. E., Skinner, J. S., Carroll, S. S., 1991. Energy expenditure at rest and during exercise in nonobese female cyclical dieters and in nondieting control subjects. Am. J. Clin. Nutr. 54 (1), 41-46.

[9] Katch, V. L., McArdle, W. D., Katch, F. I., 2006. Essentials of exercise physiology: fourth ed. Lippincott Williams & Wilkins, Baltimore, MD.

[10] Hosseini Ravandi, S. A., Valizadeh, M., 2011. Properties of fibers and fabrics that contribute to human comfort. In: Song, G. (Ed.), Improving Comfort in Clothing. Woodhead Publishing Limited, Cambridge, pp. 61-68.

[11] Karaca, E., Kahraman, N., Omeroglu, S., et al., 2012. Effects of fiber cross sectional shape and weave pattern on thermal comfort properties of polyester woven fabrics. Fibres Text. East. Eur. 20 (3), 67-72.

[12] Varshney, R. K., Kothari, V. K., Dhamija, S., 2011. A study on thermophysiological comfort properties of fabrics in relation to constituent fiber fineness and cross-sectional shape. J. Text. Inst. 101 (6), 495-505.

[13] Yoo, S., Barker, R. L., 2005. Comfort properties of heat-resistant protective workwear in varying conditions of physical activity and environment. Part I: thermophysical and sensorial properties of fabrics. Text. Res. J. 75 (7), 523-530.

[14] Glock, R. E., Kunz, G. I., 2005. Apparel manufacturing: sewn product analysis. Pearson Prentice Hall, Upper Saddle River, NJ.

[15] Mandal, S., Abraham, N., 2010. An overview of sewing threads mechanical properties on seam quality. Pak. Text. J. 59 (1), 40-43.

[16] McCullough, E., Huang, J., Kim, C. S., 2004. An explanation and comparison of sweating hot plate standards. J. ASTM Int. 1 (7), 121-133.

[17] Psikuta, A., Wang, L. C., Rossi, R. M. J., 2013. Prediction of the physiological response of humans wearing protective clothing using a thermophysiological human simulator. J. Occup. Environ. Hyg. 10 (4), 222-232.

[18] Dozen, Y., Aratani, Y., Saitoh, T., et al., 1992. Modeling of sweating manikin. J. Text. Mach. Soc. Jpn. 38 (4), 101-112.

[19] Huck, J., McCullough, E. A., 1988. Firefighter turnout clothing, physiological and subjective evaluation. In: Mansdrof, S. Z., Sagar, R., Nielson, A. P. (Eds.), Performance of Protective Clothing—ASTM STP 989. ASTM International, West Conshohocken, PA, pp. 439-451.

[20] Mountain, S. J., Sawka, M. N., Cadarette, B. S., et al., 1994. Physiological tolerance to uncompensable heat stress: effects of exercise intensity, protective clothing and climate. J. Appl. Physiol. 77 (1), 216-222.

[21] Fan, J. T., Chen, Y. S., 2002. Measurement of clothing thermal insulation and moisture vapor resistance using a novel perspiring fabric thermal manikin. Meas. Sci. Technol. 13 (2), 1115-1123.

[22] Meinander, H., 1999. Extraction of data from sweating manikin test. In: 3rd International Meeting on Thermal Manikin Testing, Sweden.

[23] Richards, M. G., Mattle, N. G., 2001. Development of a sweating agile thermal manikin (SAM). In: 4th International Meeting on Thermal Manikins, Switzerland.

[24] Wu, Y. S., Fan, J. T., 2009. Measuring the thermal resistance and evaporative resistance using a sweating manikin. Meas. Sci. Technol. 20 (2), 95-108.

[25] Barker, R. L., 2008. Multilevel approach to evaluating the comfort of functional clothing. J. Fiber Bioeng. Inf. 1 (3), 173-176.

[26] Bhattacharjee, D., Kothari, V. K., 2009. Heat transfer through woven fabrics. Int. J. Heat Mass Transf. 52 (7-8), 2155-2160.

[27] Farnworth, B., 1986. A numerical model of the combined diffusion of heat and water vapour through clothing. Text. Res. J. 56 (11), 653-665.

[28] Hes, L., Araujo, M., Djulay, V., 1996. Effect of mutual bonding of textile layers on thermal insulation and thermal - contact properties of fabric assemblies. Text. Res. J. 66, 245-250.

[29] Matusiak, M., 2006. Investigation of the thermal insulation properties of multilayer textiles. Fibres Text. East. Eur. 14 (5), 98-102.

[30] Wu, H. Y., Zhang, W. Y., Li, J., 2009. Study on improving the thermal-wet comfort of clothing during exercise with an assembly of fabrics. Fibres Text. East. Eur. 17 (4), 46-51.

[31] Mandal, S., Song, G., Ackerman, M., et al., 2013. Characterization of textile fabrics under various thermal exposures. Text. Res. J. 83 (10), 1005-1019.

[32] Mandal, S., Song, G., 2015. Thermal sensors for performance evaluation of protective clothing against heat and fire: a review. Text. Res. J. 85 (1), 101-112.

[33] Matsudaira, M., Tan, Y., Kondo, Y., 1993. Effect of fibre cross-sectional shape on mechanical properties and handle. J. Text. Inst. 84 (3), 376-386.

[34] Murakami, H., Hegemier, G., Maewal, A., 1978. Mixture theory for thermal-diffusion in direc tional composites with cylindrical fibers of arbitrary cross-section. Int. J. Solids Struct. 14 (9), 723-737.

[35] Wu, H. J., Fan, J., Qin, X. H., et al., 2008. Thermal radiative properties of electrospun superfine fibrous PVA. Mater. Lett. 62 (6/7), 828-831.

[36] Marom, G., Weinberg, A., 1975. Effect of fiber critical length on thermal expansion of composite-materials. J. Mater. Sci. 10 (6), 23-127.

[37] Rao, D. R., Gupta, V. B., 1992. Thermal characteristic of wool fiber. J. Macromol. Sci., Phys. 31 (2), 149-162.

[38] Bozkurt, E., Kaya, E., Tanoglu, M., 2007. Mechanical and thermal behavior of non-crimp glass fiber reinforced layered clay/epoxy nanocomposites. Compos. Sci. Technol. 67 (15-16), 3394-3403.

[39] Bogaty, H., Hollies, N. R. S., et al., 1957. Some thermal properties of fabrics. Part I: the effect of fiber arrangement. Text. Res. J. 27 (6), 445-449.

[40] Ghassemi, A., Mojtahedi, M. R. M., Rahbar, R. S., 2011. Investigation on the physical and structural properties of melt-spun multifilament yarns, drawn yarns and textured yarns produced from blend of PP and oxidized PP. Fibers Polym. 12 (6), 789-794.

[41] Hatch, K. L., 1993. Textile Science. West Publishing Company, New York.

[42] Ramachandran, T., Manonmani, G., Vigneswaran, C., 2010. Thermal behaviour of ring-and compact-spun yarn single jersey, rib and interlock knitted fabrics. Indian J. Fibre Text. Res. 35 (3), 250-257.

[43] Rengasamy, R. S., Kawabata, S., 2002. Computation of thermal conductivity of fibre from thermal conductivity of twisted yarn. Indian J. Fibre Text. Res. 27 (4), 342-345.

[44] Song, G., 2009. Thermal insulation properties of textiles and clothing. In: Williams, J. T. (Ed.), Textiles for Cold Weather Apparel. Woodhead Publishing, Cambridge, pp. 19-32.

[45] Greenwood, K., Rees, W. H., Lord, J., 1970. Studies in Modern Fabric. The Textile Institute, Manchester.

[46] Perkins, R. M., 1979. Insulative values of single-layer fabrics for thermal protective clothing. Text. Res. J. 49 (4), 202-205.

[47] Shalev, I., Barker, R. L., 1984. A comparison of laboratory methods for evaluating thermal protective performance in convective/radiant exposures. Text. Res. J. 54 (10), 648-654.

[48] Song, G., Paskaluk, S., Sati, R., et al., 2011. Thermal protective performance of protective clothing used for low radiant heat protection. Text. Res. J. 81 (3), 311-323.

[49] Sun, G., Yoo, H. S., Zhang, X. S., et al., 2000. Radiant protective and transport properties of fabric used by wildland firefighters. Text. Res. J. 70 (7), 567-573.

[50] Mandal, S., Song, G., 2011. Characterization of protective textile material for thermal hazard. In: Fiber Society Spring Conference, Hong Kong.

[51] Ding, D., Tang, T., Song, G., et al., 2011a. Characterizing the performance of a single-layer fabric system through a heat and mass transfer model. Part I: heat and mass transfer model. Text. Res. J. 81 (4), 398-411.

[52] Ding, D., Tang, T., Song, G., et al., 2011b. Characterizing the performance of a single-layer fabric system through a heat and mass transfer model. Part II: thermal and evaporative resistance. Text. Res. J. 81 (9), 945-958.

[53] Celcar, D., Meinander, H., Gersak, J., 2008. A study of the influence of different clothing materials on heat and moisture transmission through clothing materials, evaluate using sweating cylinder. Int. J. Clothing Sci. Technol. 20 (2), 119-130.

[54] Frydrych, I., Dziworska, G., Bilska, J., 2002. Comparative analysis of the thermal insulation properties of the fabrics made of natural and man-made cellulose fibres. Fibres Text. East. Eur. 10 (4), 40-44.

[55] Fan, J. T., Luo, Z., Li, Y., 2000. Heat and moisture transfer with sorption and condensation in porous clothing assemblies and numerical simulation. Int. J. Heat Mass Transf. 43 (12), 2989-3000.

[56] Behnke, W. P., 1984. Predicting flash fire protection of clothing from laboratory tests using second-degree burn to rate performance. Fire Mater. 8 (2), 57-63.

[57] Shalev, I., Barker, R. L., 1983. Analysis of heat transfer characteristics of

fabrics in an open flame exposure. Text. Res. J. 53 (8), 475-482.

[58] Lee, Y. M., Barker, R. L., 1986. Effect of moisture on the thermal protective performance of heat-resistant fabrics. J. Fire Sci. 4 (5), 315-330.

[59] Speakman, J. B., Chamberlain, N. H., 1930. The thermal conductivity of textile materials and fabrics. J. Text. Inst. 21 (2), T29-T56.

[60] Torvi, D. A., Threlfall, T. G., 2006. Heat transfer model of flame resistant fabrics during cooling after exposure to fire. Fire. Technol 42 (1), 27-48.

[61] Freeston, W. D., 1971. Flammability and heat transfer of cotton, Nomex, and PBI fabric. J. Fire Flammab. 2 (1), 57-76.

[62] Barker, R. L., Guerth-Schacher, C., Grimes, R. V., et al., 2006. Effects of moisture on the thermal protective performance of firefighter protective clothing in low level radiant heat exposures. Text. Res. J. 76 (1), 27-31.

[63] Chen, Y. S., Fan, J. T., Qian, X., et al., 2004. Effect of garment fit on clothing thermal insulation. Text. Res. J. 74 (8), 742-748.

[64] Crockford, G. W., Crowder, M., Prestidge, S. P., 1972. A trace gas technique for measuring clothing microclimate air exchange rates. Br. J. Ind. Med. 29 (4), 378-386.

[65] Song, G., 2007. Clothing air gap layers and thermal protective performance in single layer garment. J. Ind. Text. 36 (3), 193-205.

[66] Havenith, G., Heus, R., Lotens, W. A., 1990. Clothing ventilation, vapour resistance and permeability index: changes due to posture, movements and wind. Ergonomics 33 (8), 989-1005.

[67] Keiser, C., Becker, C., Rossi, R. M., 2008. Moisture transport and absorption in multilayer protective clothing fabrics. Text. Res. J. 78 (7), 604-613.

[68] Lawson, L. K., Crown, E. M., Ackerman, E. Y., et al., 2004. Moisture effect in heat transfer through clothing systems for wildland firefighters. Int. J. Occup. Saf. Ergon. 10 (3), 227-238.

[69] Lu, Y., Song, G., Li, J., 2013a. Analyzing performance of protective clothing upon hot liquid exposure using instrumented spray manikin. Ann. Occup. Hyg. 57 (6), 793-804.

[70] Lu, Y., Li, J., Li, X., et al., 2013b. The effect of air gaps in moist protective clothing on protection from heat and flame. J. Fire Sci. 31 (2), 99-111.

[71] Morozumi, Y., Akaki, K., Tanabe, N., 2012. Heat and moisture transfer in gaps between sweating imitation skin and nonwoven cloth: effect of gap space and alignment of skin and clothing on the moisture transfer. Heat Mass Transf. 48 (7), 1235-1245.

[72] Li, X. H., Lu, Y. H., Li, J., et al., 2012. A new approach to evaluate the effect of moisture on heat transfer of thermal protective clothing under flashover. Fibers Polym. 13 (4), 549-554.

[73] Mah, T., Song, G., 2010a. Investigation of the contribution of the garment design to thermal protection. Part 2: instrumented female mannequin flash fire evaluation system. Text. Res. J. 80 (14), 1473-1487.

[74] Mandal, S., Song, G., 2014. An empirical analysis of thermal protective performance of fabrics used in protective clothing. Ann. Occup. Hyg. 58 (8), 1065-1077.

[75] Crown, E. M., Ackerman, M. Y., Dale, J. D., et al., 1998. Design and evaluation of thermal protective flightsuits. Part II: instrumented mannequin evaluation. Clothing Text. Res. J. 16 (2), 79-87.

[76] Holmer, I., Nilsson, H., 1995. Heated manikin as a tool for evaluating clothing. Ann. Occup. Hyg. 39 (6), 809-818.

[77] Hes, L., Williams, J., 2011. Laboratory measurement of thermophysiological Comfort. In: Song, G. (Ed.), Improving Comfort in Clothing. Woodhead Publishing Limited, Cambridge, pp. 114-137.

[78] McCullough, E., Jones, B., Tamura, T., 1989. A data base for determining the evaporative resistance of clothing. ASHRAE Trans. 95 (2), 316-328.

[79] Mecheels, J., Umbach, K. H., 1976. Thermophysiological properties of clothing systems. Melliand Textilber. 57 (12), 1029-1032.

[80] Mecheels, J., Umbach, K. H., 1977. Thermophysiological properties of clothing systems. Melliand Textilber. 58 (11), 76-85.

[81] ASTM F 1868, 2014. Standard test method for thermal and evaporative resistance of clothing materials using a sweating hot plate.

[82] Wang, F., Kuklane, K., Gao, C., et al., 2011. Can the PHS model (ISO 7933) predict reasonable thermophysiological responses while wearing protective clothing in hot environments? Physiol. Meas. 32 (2), 239-249.

[83] Ghaddar, N., Ghali, K., Jones, B., 2003. Integrated human-clothing

system model for estimating the effect of walking on clothing insulation. Int. J. Therm. Sci. 42 (6), 605-619.

[84] ISO 7933: 2004. Ergonomics of the thermal environment—analytical determination and interpretation of heat stress using calculation of the predicted heat strain.

[85] Ayogi, Y., McLellan, T. M., Shephard, R. J., 1994. Effects of training on heat tolerance in exercising men wearing protective clothing. Eur. J. Appl. Physiol. Occup. Physiol. 68 (3), 234-245.

[86] ISO 11092: 2014. Measurement of thermal and water vapor resistance under steady-state condition using sweating guarded hot plate.

[87] Godhlke, D. J., 1997. History of the development of the total heat loss test method. In: Stull, J. O., Schwope, A. D. (Eds.), Performance of Protective Clothing: 6th Volume. ASTM International, Orlando, FL, pp. 109-226.

[88] NFPA 1971: 2007. Standard on protective ensembles for structural firefighting and proximity firefighting.

[89] NFPA 1977: 2011. Standard on protective clothing and equipment for wildland fire fighting.

[90] NFPA 1951: 2013. Standard on protective ensembles for technical rescue incidents.

[91] NFPA 1999: 2013. Standard on protective clothing and ensembles for emergency medical operations.

[92] Huang, J. H., 2006. Sweating guarded hot plate test method. Polym. Test. 25 (5), 709-716.

[93] EN 469: 2005. Protective clothing for firefighters: performance requirements for protective clothing for firefighting.

[94] ASTM F 1291-2010. Standard test method for measuring the thermal insulation of clothing using a heated manikin.

[95] ASTM F 2370-2010. Standard test method for measuring the evaporative resistance of clothing using a sweating manikin.

[96] ISO 9920: 2007. Ergonomics of the thermal environment—estimation of thermal insulation and water vapour resistance of a clothing ensemble.

[97] ASTM F 1720-2014. Standard test method for measuring thermal insulation of sleeping bags using a heated manikin.

[98] EN 342：2004. Protection against cold.

[99] ISO 15831：2004. Clothing—physiological effects—measurement of thermal insulation by means of a thermal manikin.

[100] Rehn, B., 2004. ADAM advanced automotive thermal manikin. http://www.zyn.com/flc/meeting/presentations/Rehn-Comfort.pdf (accessed 15. 12. 14.).

[101] ASTM F 2668-2011. Standard practice for determining the physiological responses of the wearer to protective clothing ensembles.

[102] ISO 9886：2004. Ergonomics—evaluation of thermal strain by physiological measurements.

[103] Likert, R., 1932. A technique for the measurement of attitudes. Arch. Psychol. 22 (140), 1-55.

[104] Semenniuk, K. M., Dionne, J. P., Makris, A., et al., 2005. Evaluating the physiological performance of a liquid cooling garment used to control heat stress in hazmat protective clothing ensembles. J. ASTM Int. 2 (2), 1-9.

[105] Black, C. P., Matthew, J. A., 1934. The physical properties of fabrics in relation to clothing. Part II—water vapour permeability of fabrics. J. Text. Inst. 25 (7), T225-T240.

[106] Rees, W. H., 1946. The protective value of clothing. J. Text. Inst. 37 (7), 132-153.

[107] Barker, R. L., Heniford, R. C., 2011. Factors affecting the thermal insulation and abrasion resistance of heat resistant hydro-entangled nonwoven batting materials for use in firefighter turnout suit thermal liner systems. J. Eng. Fibers Fabr. 6 (1), 1-10.

[108] Shekar, R. I., Kotresh, T. M., Subbulakshmi, M. S., et al., 2009. Thermal resistance properties of paratrooper clothing. J. Ind. Text. 39 (2), 123-148.

[109] Wu, Y. S., Fan, J. T., Yu, W. M., 2011. Effect of posture positions on the evaporative resistance and thermal insulation of clothing. Ergonomics 54 (3), 301-313.

[110] Gibson, P. W., 1993. Factors influencing steady-state heat and water vapour transfer measurement for clothing material. Text. Res. J. 63 (12), 749-764.

[111] Tian, M. W., Zhu, S. K., Pan, N., 2012. Measuring the thermophysical properties of porous fibrous materials with a new unsteady-state method. J. Therm. Anal. Calorim. 107 (1), 395-405.

[112] Hostler, D., Reis, S. E., Bednez, J. C., et al., 2010. Comparison of

active cooling devices with passive cooling for rehabilitation of firefighters performing exercise in thermal protective clothing: a report from the fireground rehab evaluation (FIRE) trial. Prehosp. Emerg. Care 14 (3), 300-309.

[113] Fan, J., Cheng, X. Y., 2005. Heat and moisture transfer with sorption and phase change through clothing assemblies. Part II: theoretical modeling, simulation, and comparison with experimental results. Text. Res. J. 75 (3), 87-196.

[114] Li, Y., Holcombe, B. V., 1998. Mathematical simulation of heat and moisture transfer in a human-clothing-environment system. Text. Res. J. 68 (6), 389-397.

[115] Ogniewicz, Y., Tien, C. L., 1981. Analysis of condensation in porous insulation. Int. J. Heat Mass Transf. 24 (4), 421-429.

[116] Mandal, S., Lu, Y., Wang, F., et al., 2014. Characterization of thermal protective clothing under hot water and pressurized steam exposure. AATCC J. Res. 1 (5), 7-16.

[117] Bernard, T., Ashley, C., Trentacosta, J., et al., 2010. Critical heat stress evaluation of clothing ensembles with different levels of porosity. Ergonomics 53 (8), 1048-1058.

[118] Hocke, M., Strauss, L., Nocker, W., 2000. Firefighter garment with non textile insulation. In: Kuklane, K., Holmer, I. (Eds.), Proceedings of NOKOBETEF 6 and 1st European Conference on Protective Clothing, Stockholm, Sweden. European Society for Protective Clothing, Denmark, pp. 293-295.

[119] Holme, I., 2004. Innovations in performance clothing and microporous film. Tech. Text. Int. 13 (4), 26-30.

[120] Jin, L., Hong, K. A., Nam, H. D., et al., 2011. Effect of the thermal barrier on the thermal protective performance of firefighter garment. In: Li, Y., Luo, X. N., Liu, Y. F. (Eds.), Proceedings of TBIS2011, Beijing, China. Textile Bioengineering and Informatics Symposium Society, Hong Kong, pp. 1010-1014.

[121] Song, G., Lu, Y., 2013. Structural and proximity firefighting protective clothing: textiles and issues. In: Kilinc, F. S. (Ed.), Handbook of Fire Resistant Textiles. Woodhead Publishing, Cambridge, pp. 520-548.

[122] Dadi, H. H., 2010. Literature Overview of Smart Textiles (M. Sc. thesis). University of Borås, Borås.

[123] Carter, J. M., Rayson, M. P., Wilkinson, D. M., et al., 2007. Strategies

to combat heat strain during and after firefighting. J. Therm. Biol. 32 (2), 109-116.

[124] Chou, C., Tochihara, Y., Kim, T., 2008. Physiological and subjective responses to cooling devices on firefighting protective clothing. Eur. J. Appl. Physiol. 104 (2), 369-374.

[125] McCarthy, L. K., Marzo, M., 2011. The application of phase change material in fire fighter protective clothing. Fire. Technol 48 (4), 841-864.

[126] Otsuka, K., Wayman, C. M., 1998. Shape Memory Materials. Cambridge University Press, Cambridge.

[127] Lee, J., Kim, E., Yoo, S., et al., 2007. Development of an intelligent turnout gear for dynamic thermal protection using two-way shape memory alloy. In: 4th International Avantex Symposium for Innovative Apparel Textiles, Germany.

[128] Chitrphiromsri, P., Kuznetsov, A. V., Song, G., et al., 2006. Investigation of feasibility of developing intelligent firefighter-protective garments based on the utilization of a water-injection system. Numer. Heat Transfer Part A Appl. 49 (5), 427-450.

[129] Donnelly, M. K., Davis, W. D., Lawson, J. R., et al., 2006. Thermal Environment for Electronic Equipment Used by First Responders, National Institute of Standards and Technology—Technical Note 1474, National Institute of Standards and Technology, USA, 1-36.

[130] Gibson, P. W., Lee, C., Ko, F., et al., 2007. Application of nanotechnology to nonwoven thermal insulation. J. Eng. Fibers Fabr. 2 (2), 32-40.

[131] Grafe, T., Graham, K., 2002. Polymeric nanofibers and nanofiber webs: a new class of nonwovens. In: International Nonwovens Technical Conference, Atlanta, USA.

[132] Shin, Y., Yoo, D. I., Son, K., 2005. Development of thermoregulating textile materials with microencapsulated phase change materials. J. Appl. Polym. Sci. 96 (6), 910-915.

第4章　可穿戴智能纺织品的测试和评价

M. Stoppa，*A. Chiolerio*
意大利理工学院，意大利，托里诺

4.1　引言

通常，智能纺织品被定义为能与周围环境进行相互作用的纺织品，这类纺织材料可以利用电子装置或智能材料等进行自我思考[1]。

智能纺织品根据功能[2-3]可分为以下三种不同的类型。

第Ⅰ代：能够利用传感器感知环境或用户（被动型智能纺织品）。

第Ⅱ代：通过集成执行装置和传感装置（主动型智能纺织品），能够感知环境的刺激并做出响应。执行装置直接或通过中央控制单元对检测到的信号进行响应。

第Ⅲ代：能够在特定情况下感知、反应和调整自己的行为（超智能纺织品，UST）。

电子纺织品（e-textiles）是智能纺织品的一个分支，指的是一种兼具类似电子产品的电学功能和纺织品物理结构特征的纺织品。一般来说，电子纺织品的发展支持了可穿戴计算或将电子装置与服装设计相结合的想法[4]。电子纺织品通常包括以下组件：①检测身体或环境参数的传感器；②数据处理单元，用于收集和处理获得的数据；③可向佩戴者发出信号的执行装置；④能源供应装置；⑤与电源和信号的互连装置；⑥可以与附近基站建立无线通信连接的通信装置。

一些与临床康复相关的生理和行为测量装置能够将传感器植入织物基底[5]。例如，织物传感器可用于感应心电图（ECG）[6]、肌电图（EMG）[7]以及脑电图（EEG）[8]。在这些应用中，信号质量通常是首要考虑因素，而用户舒适度和传感器集成已成为次要因素。

除了感知生物信号，基于纺织品的几种传感器还可以用于其他目的，例如，温度传感[9]，将导电纤维加入织物中以响应温度变化；生物光子传感[10]，将发光元件与普通织物相结合；运动传感[11]或应变传感，使用形状敏感织物；气体检测[12]，采用当传感器附近出现特定化学试剂时能够改变其电学性能的纤维。

主动功能包括能量存储、人机界面单元、射频（RF）功能或辅助技术[13-15]。此类别还包括通过压电元件[16]实现发电功能的智能纺织品，这些压电元件可以从运动或光伏元件中获取能量[17]。

超智能纺织品（UST）是该领域极具创新性的前沿纺织品，它将纺织技术与材料科学、力学、生物学、传感器和驱动器等技术进行融合。例如，具有嵌入式刺激响应聚合物的纺织品能够根据环境刺激而改变它们的性质，同时还可以产生一种动作，如药物释放。将这些智能纺织品与电子设备和/或计算机相结合，可以得到完全集成和自动化的系统[18]。

这种智能纱线将在不久的将来形成真正灵活、可悬垂和可清洗的纺织计算机的组织模块，实现第三代可穿戴式计算机运算。

本章是电子纺织品的概述，主要介绍可穿戴系统最新的研究和开发进展，报告可穿戴系统的显著特征、制造方法以及与不同层级结构相对应的功能的表征和评价。

4.2 电子纺织品制造方法和表征

织物呈现基于纤维材料的分级结构，这种特殊的结构使电子纺织品可以从不同层级结构开发电子纺织品。近年来，多家公司和研究人员致力于研究最高效的制造过程。

为了理解纺织品的分级结构，图 4.1 给出了织物的层级结构示意图以及常用的加工技术。

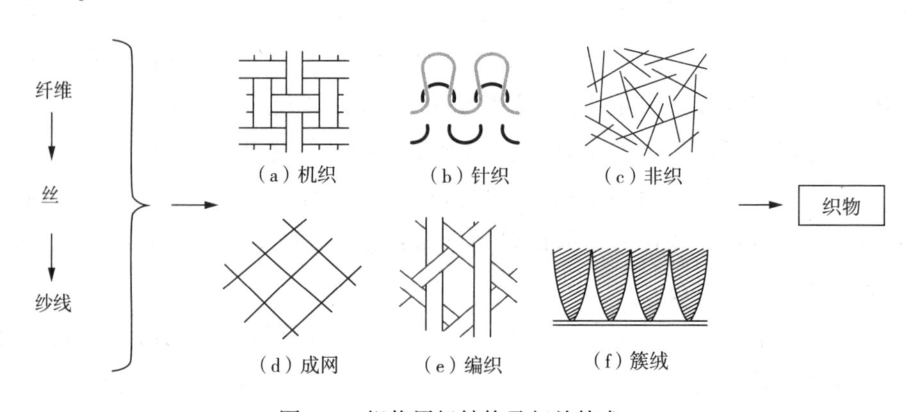

图 4.1　织物层级结构及相关技术

纤维是纺织品分级结构的第一层次。纤维的特征在于其具有较高的长径比[19]。纱线是第二层次，通过不同的制造工艺，纱线变成织物，成为第三层次。把不同层的织物进行整合，还可以开发其他层级产品（如3D纺织品）[20]。

基于纺织品的这些层级结构，可以研究开发许多不同的电子纺织品制造技术。同时，根据最终的应用领域，测试不同的基体材料以获得接近传统电子设备的最佳电学性能。

4.2.1 导电纤维

导电纤维是电线与纺织品的结合，同时又兼具各自特征。这些纤维主要由不导电或导电性较差的基体和在基体上涂覆或嵌入的导电元件组成[21]。跨越纺织品和电线领域，导电纤维按重量或长度销售，其尺寸/密度采用旦尼尔和AWG测量[22]。

最初，导电纤维主要用于科技领域，如洁净室服装、军用服装、医疗应用和电子元件的制造等[23]。它们具有多种功能，如抗静电、电磁干扰屏蔽、电子应用、红外吸收或爆炸区域的防护服等[24-26]。

为了适应上述这些应用领域，导电纤维应具有强力高、柔韧性好、耐候性好并且耐化学腐蚀等性能。

对于服装而言，拉伸、剪切和手感等触觉特性非常重要。触觉舒适性与服装材料和人体相互之间的机械作用有关，是服装内在和固有的性能要求。织物手感与材料的手感有关，取决于专家对触觉的主观评价[27]。

从这个角度来看，纤维细度应该比较小，织物单位面积质量应该比较低（不超过300g/m^2）[28]。这些要求与导电材料所要求的材料和几何形状是矛盾的。图4.2显示出了导电纤维不同类型的导电（黑色）和绝缘（白色）结构。每种结构都有不同的应用场合，例如，壳型导电纤维最适用于不需要大量信号传输的场合（即低频率和高功率的场合，当频率增大时，由于所谓的集肤效应，传导仍然保持在导体的浅表层）；全导电纤维应尽量避免表面改性或氧化，芯型导电纤维通常可以有效避免表面改性或氧化等。

目前的导电纤维制造方法包括熔体纺丝、湿法纺丝[29]、电化学处理[30]，或利用导电材料在传统绝缘材料上涂层等方法[31]。

根据不同的制造工艺，导电纤维可以分为固有的或非固有的[32]。这些制造工艺所体现出的优点和缺点总结于表4.1。

固有导电纤维是由高导电材料制成的，具体示例如下。

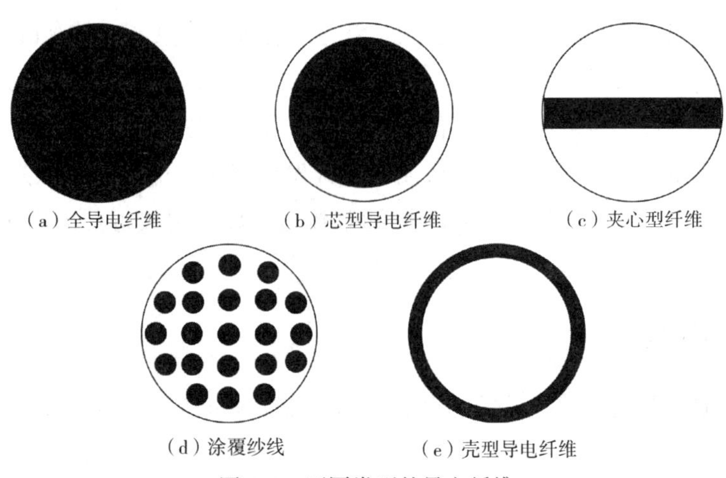

（a）全导电纤维　（b）芯型导电纤维　（c）夹心型纤维

（d）涂覆纱线　（e）壳型导电纤维

图 4.2　不同类型的导电纤维

①金属和金属合金纤维：非常细的金属丝，直径从 1~80μm。它们是通过集束拉伸或剃齿工艺制成的[33]。服用金属丝的加工难度很大，同时也会降低最终产品的舒适性。它们的稳定性，即它们对洗涤或出汗是否敏感主要取决于制造长丝所用的金属。金属丝无法提供均匀传热，而且其脆性特征在长时间使用时会损坏纺纱机械[34]。

②碳纤维：具有类似石墨的结构，其电导率可以与金属材料（10^4~10^6 S/cm）媲美[35]。

③自导电聚合物（ICPs）：基于聚苯胺的有机导电材料（PANI）、聚（3，4-乙烯基二氧噻吩）聚苯乙烯磺酸盐（PEDOT：PSS）或聚吡咯（PPy）[44-45]。

表 4.1　基于不同基础材料制备的固有和非固有导电纤维的工艺优缺点

加工过程	材料	优点	缺点
固有	金属和金属合金纤维	高电导率（$\times 10^6$ S/cm），机械性能[36]	柔性差，刚性强，重量大，机织加工性差[33]
	碳纤维	高电导率，强度好，刚性好，重量轻，抗疲劳[37]	难以采用针织和机织结构，对健康有害[37]
	自导电聚合物（ICP_S）	中等导电性（~200 S/cm），质量轻[38]	机械强度低，脆性大，加工困难[39]
非固有	导电填充纤维	高电导率[40]	加工费用高[41]
	导电涂覆纤维	高电导率（10^6 S/cm），机械性能佳[42]	加工费用高，刚性大，脆性大，重量大[43]

非固有导电纤维是由导电和非导电材料组合而成的，加工方法包括共混、复合或涂层工艺，这些加工工艺使最终产品具有良好的电学和力学性能。非固有导电纤维具体如下。

①导电填充纤维：将导电填料，如金属粉末、金属纳米线、碳纳米管（CNTs、或 ICPs）等，添加到非导电聚合物中，如聚丙烯、聚苯乙烯或聚乙烯[46]。熔体纺丝和溶液纺丝是开发这种纤维的常用方法。相比熔体纺丝方法，溶液纺丝工艺制备的纤维具有更好的电学和力学性能。

②导电涂覆纤维：将导电材料（如炭黑、金属、CNTs 或 ICPs）涂覆在绝缘材料表面[42]。这些纤维的性能取决于导电材料的类型和相应的制造方法。金属涂层、喷溅涂覆、真空沉积以及填充或负载纤维是最常采用的方法。采用溶液铸造、喷墨印花、化学气相沉积或气相聚合的方法[47]，将炭黑、CNTs 和 ICPs 制作成薄层涂覆在纤维表面，可以提高导电纤维的质量。

导电纤维的电学和力学性能是相互关联的，其电阻的变化取决于所施加的张力。柔性的定义是在应力作用（如折叠或弯曲）下，抵抗永久变形的能力。它可以通过纺纱或加捻等纺织工艺得到改善，因为纱线的整体几何形状比单根纤维的几何形状更重要。通常采用 ASTM D 1388（或美国联邦测试方法标准 191A-5200）挂环测试来评价织物弯曲性能[48]。Taber 织物刚度测试仪是一种典型的测量仪器，它利用悬臂弯曲的原理，提供了一种快速准确测试抗弯刚度的方法[49]。这种方法适用于含有金属纤维和金属化聚酯屏蔽材料的纺织品，因为这种材料的刚度比任何传统纺织品都要高。弯曲刚度的表征参数——总线刚度 K_b（N/英寸）等于施加的力 F 和相对位移 Δl 的比值，即：

$$K_b = \frac{F}{\Delta l} \tag{4.1}$$

另一个评价弯曲性能的指标是多条导电纤维的可缝合性。这种评价所采用的方法为前面提到的卷曲试验（无国际标准），可以评价相比传统的缝纫线，导电线残余的卷曲[50]。如前所述，通过添加金属材料会影响导电丝的力学性能，通过卷曲试验可以了解导电丝是否适合机械缝制。

可洗涤性是另一个需要考虑的相关特性，它不仅与材料在潮湿和洗涤剂存在条件下的化学稳定性相关，还与材料在机械应力和高温条件下的物理稳定性有关。一般来说，洗涤试验是为了加速传统电子产品的老化[51]。该试验包括使用标准立式搅拌器（如 GE Spacemaker 式）和标准洗涤剂模拟普通洗涤。目前，许多导电纤维已经用这种方法进行测试，结果表明洗涤后电阻可能增加三个数量级（如由尺寸为 40 22/7 的 Shieldex 纤维制成的 30cm 导电条，电阻由 3kΩ 增加到 3MΩ)。

目前，有几家公司采用不同方法生产导电纤维。纺织品可以简单地与不锈钢或其他金属的细丝缠绕在一起，也可以用铝和镁等金属涂层。通常在文献中，金属丝和金属纤维之间没有区别。然而，斯普林特金属公司[52]用直径区分金属纤维和金属丝。金属丝直径在 30μm 到 1.4mm 之间，而金属纤维的直径在 2~40μm 之间[53]。

Canshielding 公司开发了基于碳[54]和银纤维[55]的轻型围裙，可以为 X 射线技术人员提供保护的同时，提高穿着舒适性和耐磨性[56]。这种纤维还可以织成部分吸收雷达信号的织物。

瑞士 Elektrisola Feindraht AG 公司[57]制造的金属单丝可以与各种纤维混纺，也可以直接用于机织和针织，更重要的是该材料具有不同的电学性能[1]。该系列产品包括铜和镀银铜丝、黄铜和镀银黄铜丝、铝丝、铜包铝丝[57]。

瑞士 Shield®公司专业生产可以嵌入普通纱线中的金属单丝，如棉、聚酯纤维、尼龙、芳纶等纱线。图 4.3（a）为典型的金属单丝缠绕在普通纱线上构成导电纱的结构示意图[58]。

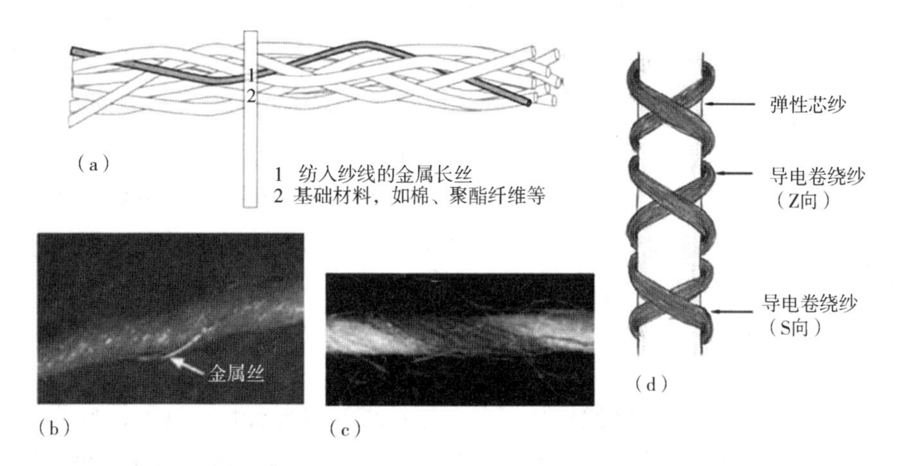

图 4.3 （a）导电金属纤维与天然或合成纤维共同加捻的示意图，来自瑞士 Shield®公司；（b）加捻的金属丝：金属丝缠绕在聚酯纱线上[59]；（c）金属纤维：包含金属复丝导电纱[59]；（d）采用 S 向和 Z 向将导电缠绕纱绕在弹性芯纱外部[60]

4.2.2 导电织物

了解导电纤维的电学性能和制造方法后，要开发导电织物就需要制备导电纱线。

导电纱线既可以基于非金属导电材料，如碳纤维，也可以基于金属材料，如金属纤维。这种纱线可以包括一组金属细丝，如可以相互缠绕的不锈钢细丝，通过在纤维复丝周围缠绕细金属丝，就可以使纱线具有导电性，同时力学稳定性也会改善［图4.3（b）和（c）］。

螺旋状金属丝使整个纱线具有更好的挠性，特别是当纱线拉伸时，金属丝能更好地适应纱线变形。如果织物中采用导电纱线，织物在织造后不需额外处理就可以具有导电性。这些导电纱线的电导率是10~500Ω/m[59]。

通常使用应变测试仪测量拉伸试验过程中电阻的变化，如Zwick/Z010。对于模拟测量，将样纱相互连接起来并同时连接数字万用表；如果是数字测量，则与单片机/读出电路连接[60]。Oh等测试了电导率（S/cm）与伸长率的关系曲线来分析电学性能，并采用标准试验方法（ASTM D 751）和数字万用表，在拉伸试验机上对导电纱线力学性能的变化进行了研究。研究还对材料的老化和磁滞性能进行了表征[61-62]。

将短纤维材料与一定数量的导电短纤维混纺成纱线，也可以达到要求的导电性能。根据金属含量的不同，这些纱线或多或少同时具有纺织品和金属材料的性能。加入少量导电纤维，就可以制成具有低导电性的防静电服[63]。

Blum介绍了一种采用粗纱和单金属丝制备复合纱的方法。在环锭纺纱过程中，在粗纱的中心加一根涂层的金属丝[64]。在纺纱后的热处理过程中，涂层发生熔融将芯层的金属丝与外层包覆纱黏结起来。这一工艺的主要问题是纱线的刚度。此外，在导电织物的织造过程中，导电纱线在织物中的精确位置是不可预测的。导电纱线围绕着纱线形成的螺旋路径会影响导电纱的精确位置。这种方法制得的面料电导率约为17.8Ω/m[65]。

另一种获得导电性的方法是在纱线上涂金属层。采用电化学方法，可以在纤维表面沉积如铜、银或金等形成的薄金属层[66]。这种技术的优点是电阻低，约50Ω/m。另一方面，由于金属涂层在纱线变形或纺织生产过程中容易发生断裂，导致这种纱线的力学性能不佳。为了解决这一问题，Schwarz等采用空心纺锤技术生产了导电弹性纱，经循环拉伸和洗涤后，弹性增强，电—力学性能稳定。图4.3（d）为采用中空纺锤工艺生产的可用于洗涤和拉伸试验的导电纱设计图[60]。

伸长量高达100%时电阻保持不变（铜导电纱线的电阻< 4Ω/ m），且25次洗涤后，银导电纱可以保持电阻不变，而采用铜和不锈钢制成的结构相同的纱线，水洗后电阻增大[67]。采用四点探针技术对不锈钢和铜制成的导电纱在洗涤前后的电阻稳定性进行了定量评价。该方法通常用于测量涂覆在绝缘材料上的薄膜或扩散层的电阻[68]，实验装置主要包括：电压表（Keithley 195A数字万用表，分辨率

0.001mV）、安培表（Solartron Schlumberger 7150 + 0.1mA 分辨率数字万用表）和直流电源（RS PL-系列）。

根据国际标准 ISO 6330：2000[69]，使用 Wascator FOM71 CLS 洗衣机进行洗涤试验。

由于纳米技术的发展以及纳米技术在电子纺织品领域的应用，还可以将银纳米线（AgNWs）涂覆在纤维（棉、涤纶和尼龙）表面，也就是制备大长径比的单晶银长丝（如长度 15μm，纤维直径 35nm）。通过适当工艺将纳米线以网状方式覆盖在纺织纤维上，然后在 150℃下退火处理 15min，可得到一个部分烧结的网状结构并在纳米线交叉处形成导电桥。这种结构尽管部分透明但具有一定保形性，柔性涂层可以传递电信号或电能，电导率达 8Ω/m，耐弯折达到 200 次并且 5 次洗涤后保持性能不变（图 4.4）[70]。

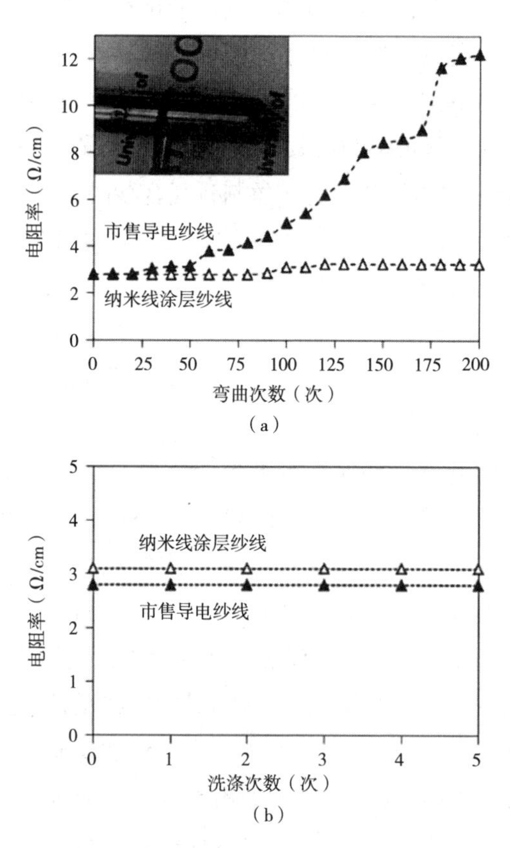

图 4.4　经 6mm 曲率半径反复弯曲（a）和反复洗涤（b）后，纳米线涂层线和市售导电线的电阻

数据来自 Atwa, Y., Maheshwari, N., Goldthorpe, I. A., 2015. Silver nanowire coated threads for electrically conductive textiles. J. Mater. Chem. C3, 3908.

在下一个集成层次上，可以在织物上或织物内将导电纱线以编织、缝纫和刺绣的方式实现其导电性能。原则上，可采用标准加工方法将导电纱嵌入纺织品，例如：①手工粘接传统电线或缝入导电纱线，用针引导导电纱线穿过织物。②采用导电纱线的机器绣花[71]，其中导电纱线用一根单独的线固定在织物表。③采用导电纤维代替不导电纤维[72]。

上述方法中，导电纱线是在纺织品制成后，甚至是在产品已经成形后才加进去的，还可以在织造过程中将导电纱线同步织入纺织品中。

纺织品原则上是需要穿着、洗涤、储存、折叠的，因此，电子纺织品的改进应不影响其原有性能，特别要考虑电学元件与导电纱线之间的断裂点，或导电纱线在机械应力作用下电学性能的变化。图4.5描述了单导电纱线与织物样品（采用聚酯非导电复丝制备而成的）的电学和力学性能随着应变的变化规律，其中De Vries和Peerlings的研究表明，力学性能的降低先于导电性的降低。此外，研究人员还发现，织造方式的改变也会导致应变响应特征的改变[73]。

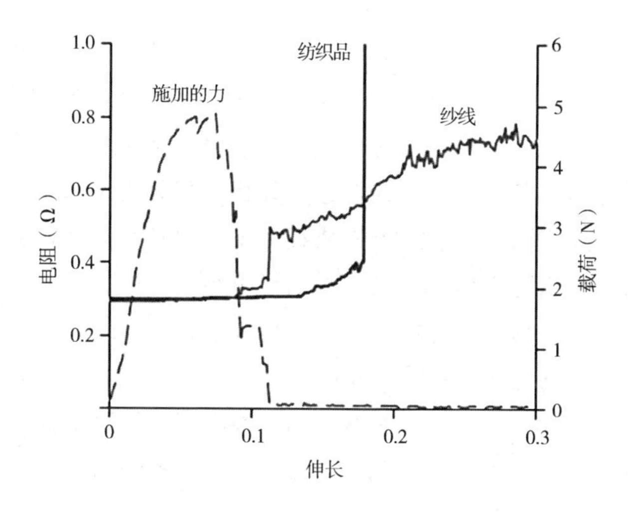

图4.5 导电纱线和织物样品的电阻—伸长曲线的对比

数据来自De Vries，H.，Peerlings，R.，2014. Predicting conducting yarn failure in woven electronic textiles. Microelectron. Reliab. 54（12），2956-2960.

英国Baltex公司采用针织工艺将金属丝织造到织物中，织物的商品名为Feratec®，主要用于名为heatable纺织品和电磁屏蔽材料[74]。

丹麦Ohmatex公司开发的导电产品包括将电子器件织造进织物、服装中加入电子导体、纺织品中添加操作面板（软键盘、显示器等）和微型传感器，使用的导电纱线是铜线，在铜线表面镀银层和聚酯涂层[75]。

4.2.3 导电油墨

导电涂层是对织物基材的外在改变，可以通过导电油墨实现。

导电油墨中必须含有适当的高导电金属前驱体，如银、铜或金纳米颗粒、采用金属的合金、核/壳体系和载体。大部分导电油墨是水基的，这些专用油墨可以印刷在各种材料上，包括纺织品，形成具有电学活性的图案[1]。

在制造工艺方面，基于片材的喷墨技术和丝网印花技术是针对低容量、高精度工艺的最佳选择，它们可以在不同基材上印刷导电材料，如天然或合成纤维织物。

喷墨技术具有很好的灵活性、通用性，设备搭建也相对简单[76]。该技术需要消耗的材料最少，无需佩戴口罩，是一种不具有化学腐蚀和污染物的上色工艺。

然而，为了通过喷墨印花技术获得高性能导电条，需要考虑一些技术方面的问题。导电层非常薄（约 1μm），通常需要使用扫描电子显微镜（SEM）进行测量，而简单的糙度仪或表面光度仪无法进行测量，因此，织物的粗糙度、不均匀度和多孔表面可能是问题[77]。墨水通过液滴沉积，其黏度也是需要考虑的重要参数，因为含有电介质或金属颗粒的有机或无机墨水会堵塞喷嘴。为了解决这个问题，可以采用具有多喷嘴系统和预先构造的基板，其分辨率和生产效率将得到提高[78]。同样为了防止堵塞，分散的颗粒直径应小于喷嘴直径的十分之一。

导电油墨可以在织物上形成均匀平整的导电涂层，然而由于涂层后纱线可移动性的变化，涂层会影响织物的拉伸、剪切和弯曲等力学性能[79]。这些变化取决于导电材料的黏度、均匀性、孔隙率和抗弯刚度[80]。油墨中可能还含有用于调节或添加特定功能的添加剂[81]，从而提高了与最终应用相关的性能[82]。

与标准的用于制作导电材料的基板（如 FR4、聚酰亚胺等）相比，织物的粗糙表面会影响通过喷墨印花制成的导电涂层的电学性能。Chauraya 等人采用喷墨印花技术开发了一种可穿戴天线，目的是克服织物表面不平整的问题[83]。他们在可拉伸织物上印刷两层厚度为 3μm 的银层，然后进行固化处理。选择两个导电银层中的一个作为与聚酯棉织物的“界面层”，另一个用于改善导电性和形成花纹。图 4.6 显示的是纱线的横截面，从图中可以看出层分离。中间的一层比较薄且比较均匀，可以解决织物表面不匀的问题，这一中间层就成为原来织物的新表面。

通常，使用喷墨印花技术，油墨应符合以下要求[84]：①高导电率；②抗氧化；③在打印过程中不会由于变干而堵塞喷嘴；④对基材有良好的附着力；⑤较低的

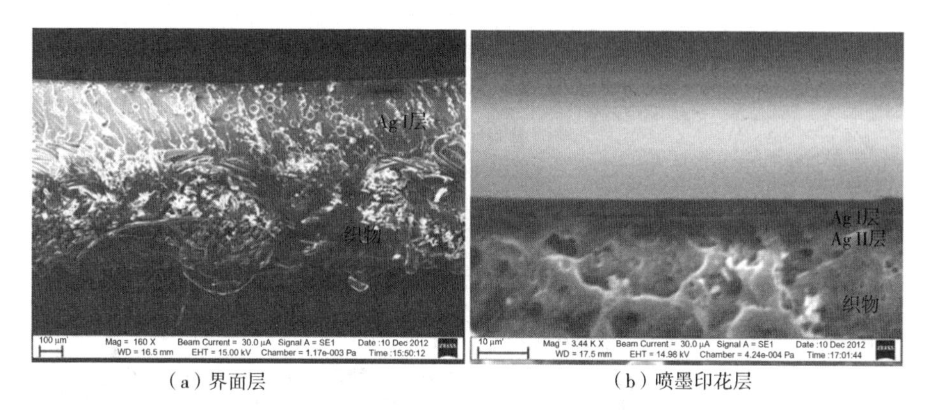

(a) 界面层　　(b) 喷墨印花层

图4.6　印花层的SEM图像

数据来自 Chauraya, A., et al., 2013. Inkjet printed dipole antennas on textiles for wearable communications. Microw. Antennas Propag. 7 (9), 760-767.

颗粒聚集；⑥合适的黏度和表面张力。

使用含有金属纳米颗粒的油墨进行喷墨印花之后，为了形成导电印花图案，必须烧结颗粒让它们之间产生连续连通性并获得电渗流[85]。烧结是在低于相应的金属熔点的温度下将颗粒焊接在一起的过程，涉及表面扩散现象，而不是固体和液体之间的相变。例如，使用含金纳米颗粒（直径约1.5nm）的油墨，实验发现熔化温度低至380℃；对于银纳米颗粒（直径15~20nm）的油墨，可以在低至180℃的温度下完全烧结[86]。

丝网印花是使用导电油墨开发电子纺织品的另一种有效技术。如图4.7 (a) 所示，基于模版工艺的丝网印花技术包括通过图案化的织物丝网将黏性浆料印刷在基底材料上，随后干燥处理。这一过程让油墨从糊状材料形成图案和具有一定厚度的涂层。与采用导电纱线制备导电织物技术相比，丝网印花使织物与平面电子器件的集成变得更简单。该方法可以应用于平面或圆柱形基板，其导电线的分辨率低于100μm。通过优化工艺、条件和材料，薄柔性基板上的分辨率可降至30μm[87]。此外，丝网印花还可以使用基于有机半导体的油墨，并且可以在100℃的固化温度下印刷在PEDOT：PSS基底上[88]。

虽然喷墨印花和丝网印花通用性较强，但也都有局限性。在印花过程中，厚度是银浆的一个限制因素。为了实现印刷线的高导电性和均匀性，必须进行多次印刷（套印）降低电阻率，如图4.8所示。使用时域反射仪（TDR）测量每次通印的电导率，研究结果发现，经过五次通印后，油墨对织物的渗透性更好。

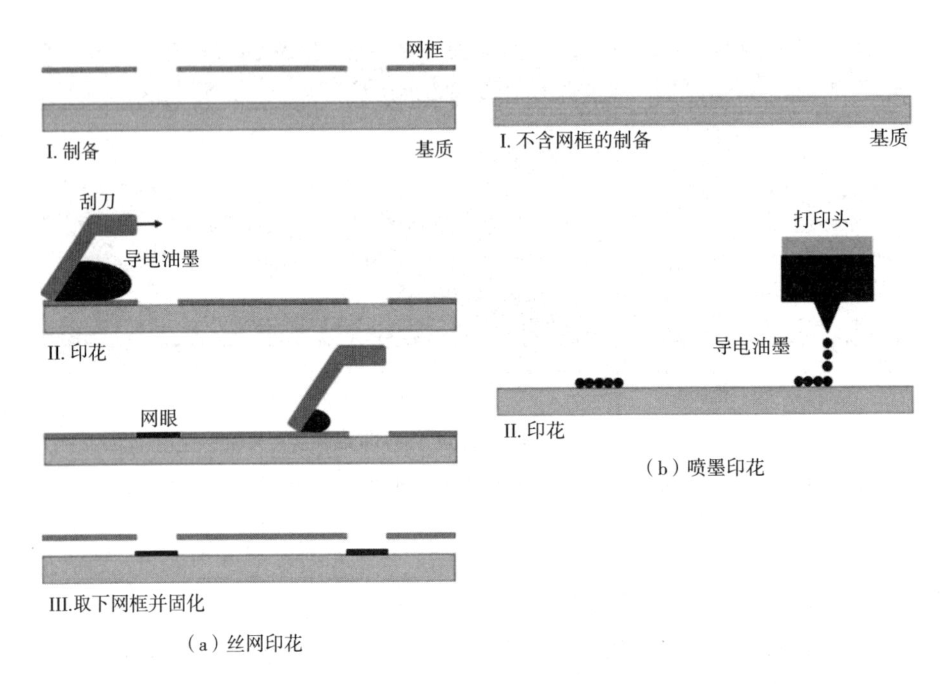

（a）丝网印花

（b）喷墨印花

图 4.7　丝网印花和喷墨印花工艺之间的比较

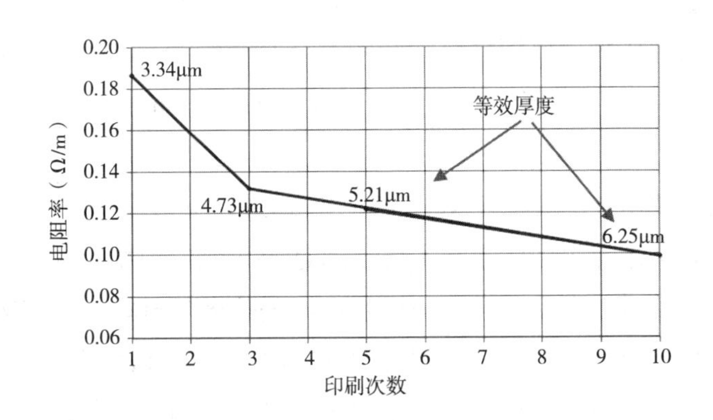

图 4.8　电阻率与印刷次数的关系曲线（得到的厚度着重标注）

数据来自 Locher，I.，2006. Technologies for System-on-Textile Integration.

此外，多次印刷会影响力学性能，并且可能会因织物的褶皱而破坏导电性。图 4.9 显示了两种不同厚度织物的弯折次数与电阻率的相互关系曲线[59]。

意大利理工学院空间人体机器人研究中心，都灵理工大学应用科学与技术部的研究人员与 Politronica 喷墨印花公司的子公司合作开发了一种高密度表面肌电图

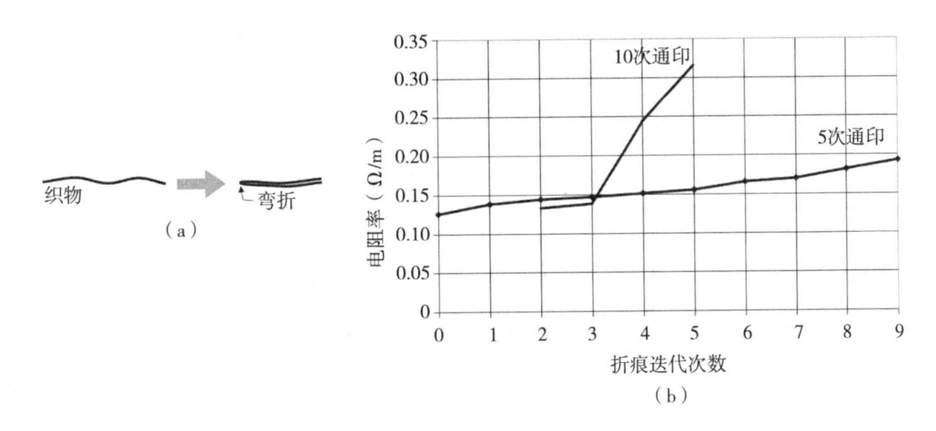

图4.9　(a) 弯折已印刷传输线的织物；(b) 直流电阻与折痕迭代次数的关系

数据来自 Locher, I., 2006. Technologies for System-on-Textile Integration.

(HD-sEMG) 传感器矩阵，它是通过喷墨印花技术，将含有银纳米颗粒的油墨印刷在柔性聚酰亚胺基底上。电极—皮肤的接触阻抗与商业电极相当[89]。图4.10中的HD-sEMG矩阵显示了所制造的电极矩阵（8×8）的灵活性，单个电极的直径约

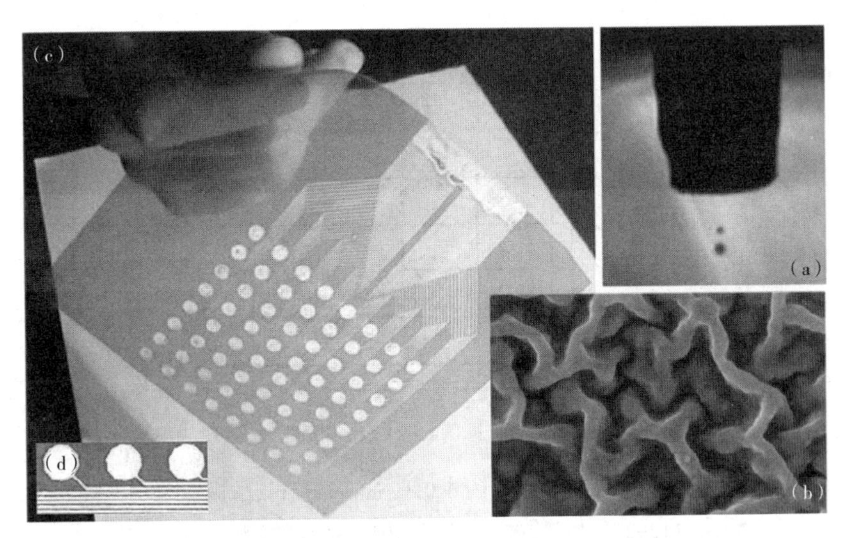

图4.10　图案的喷墨打印：(a) 含银纳米颗粒的油墨滴从喷嘴中滴出；

(b) 除去溶剂后的纳米复合油墨的表面，显示出高比表面积；

(c) 经热处理和绝缘处理之后，在聚酰亚胺箔上印刷的柔性电极8×8矩阵；

(d) 一些银线（宽度约0.5mm）和电极（直径8mm）的光学显微照片

数据来自 Scalisi, R.G., et al., 2015. Inkjet printed flexible electrodes for surface electromyography. Org. Electron. 18, 89-94.

为 8mm；使用纳米复合材料油墨实现了高表面积。结果表明，新印制的电极内阻约为 20Ω，而商业电极内阻约为 2Ω。采用恒电位仪 700D CH 对干燥条件下八个不同电极样品的阻抗进行了测试。电阻阻抗的测试范围为 10～1000Hz 之间。

北卡罗来纳州立大学的国家纺织中心也开展了关于生理监测的研究，开发了一种能够测量心电图、心率、呼吸和体温的服装。他们采用导电油墨开发用于普通服装的传感器和导线。将电路印刷在非织造织物上并测试不同的导电油墨在洗涤实验中的性能，采用的油墨包括 Freudenberg KG 的 Evolon®、DuPont™的 Tyvek®和来自 BBA FiberWeb™、Precisia LLC 和 Creative Materials 公司的 FiberWeb Resolution™印花媒介[90]。

图 4.11 描述了三种不同导电性油墨经过 5 次洗涤后的阻抗值。图中曲线是采用 Tektronix 11801 B 数字采样示波器在 TDR 模式下测定导电线在水洗前后的电学性能，得到 10cm 长的共面波导线（CPW）的特性阻抗。探针放置在 CPW 上，而另一端在测量时保持打开状态，采用数字 Fluke 77/BN 万用表测量输电线路的直流电阻。

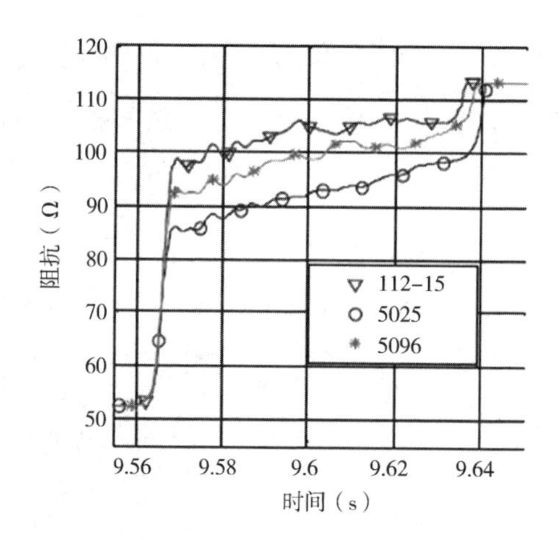

图 4.11　三种表面电阻率（约 0.01Ω/m²/mil）相近的不同导电油墨（CMI 112-15，杜邦 5025，杜邦 5096）经 5 次洗涤后的阻抗值

数据来自 Karaguzel，B.，et al.，2009. Flexible，durable printed electrical circuits. J. Text. Inst. 100（1），1-9.

4.2.4　平面织物电路板（P-FCB）

一些研究成果中已经报道了电子器件与纺织品的集成，因此，集成的下一步就要考虑集成电路组件与织物的结合。例如，Jung 等[91]和 Post 等[71]在织物上放置柔性塑料板上，再在柔性塑料板上放置硅片。柔性硅板（如 Kapton®）的存在使集成周期长、耐久性好，还会使衣物具有硬朗感。

将平面薄膜技术直接应用于织物上来研制 FCB。这种技术允许在平面织物贴片上安装电路板，应用于可穿戴电子设备，特点是柔软、易弯曲，就像普通衣服一样。

导电环氧树脂的丝印技术或金溅射技术可以在织物贴片上直接沉积平面导电线。首先将电路板采用丝网印花技术印刷在织物上，然后将电线连接到图案电极或其他组件上构成集成电路，最后，采用不导电环氧树脂对集成电路进行模塑成型，提高焊点的力学性能[92]。为检测织物组装的完整性，沿 x、y、对角线方向对平面织物电路板（P-FCB）进行拉伸实验。在 x 方向最大载荷为 85.1N/cm，y 方向最大载荷为 85.2N/cm，对角线方向最大载荷为 99.3N/cm，超过这个载荷就会导致焊点或黏合点断裂。

采用标准四点探针测量发现：丝网印花织物（棉）表面电阻值在 0.01～60mΩ/m 之间，这个值在 50 次洗涤后仍保持不变[93]。输出的结果包括采用标准四点探针方法、导电胶黏剂方法测得的电阻值以及 P-FCB 传输线（长度为 15cm，宽度为 1mm）的频率响应。该频率响应的带宽是 80MHz，这足以对生物信号进行加工处理。使用矢量网络分析仪分析[94]测试结果。为了得到一个平均值，需要形成和测量多达 100 个连接。采用标准四点探针法和导电胶黏剂法测量电阻的条件分别为 0.24W 和 0.34W[93]。

瑞士苏黎世联邦理工学院（ETH）电子系和可穿戴计算实验室（Wearable Computing Laboratory）的研究人员提出了另一种构建织物电路板的方法。他们首先将涤纶（PET）单丝与铜线缠绕制成平纹机织物，开发了一种名为 PETEX 的混合织物[59]。其中，涤纶的直径 42μm，铜合金导线的直径约 50μm［图 4.12（a）］。

他们开发了一个特殊的结构，能够设计一个定制的纺织电路，如图 4.12（b）所示。一般情况下，织物具有规整的结构（经纱和纬纱），但在微观上无法获得导电纤维之间接触点位置的几何重复性，如图 4.13 所示。是否能够使用普通光学显微镜将电子元件焊接在电子纺织品上，这个问题至关重要。

4.2.5 织物传感器

近几十年来，纺织品应对环境刺激的能力取得了重大突破[95]。

能够根据环境变化改变自身电学性能的导电纺织品可以用作传感器。智能纺织品既具有传统纺织材料的特性，又具有附加功能，典型例子是可以对形变做出

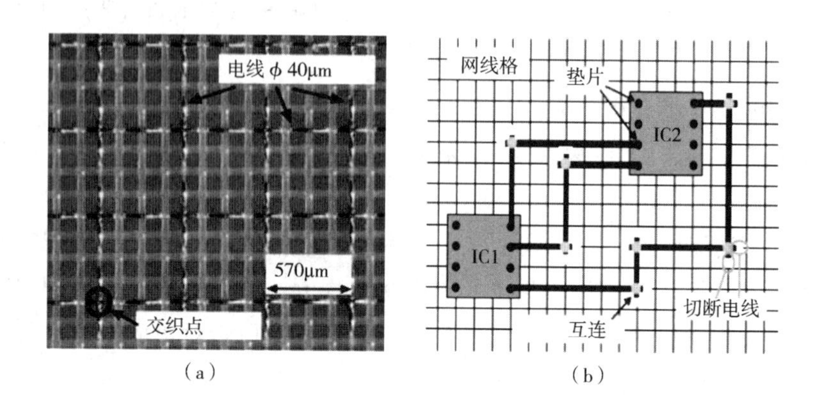

（a）　　　　（b）

图 4.12　（a）PETEX 和（b）在 PETEX 结构中集成电路的方法

数据来自 Locher，I.，2006. Technologies for System-on-Textile Integration.

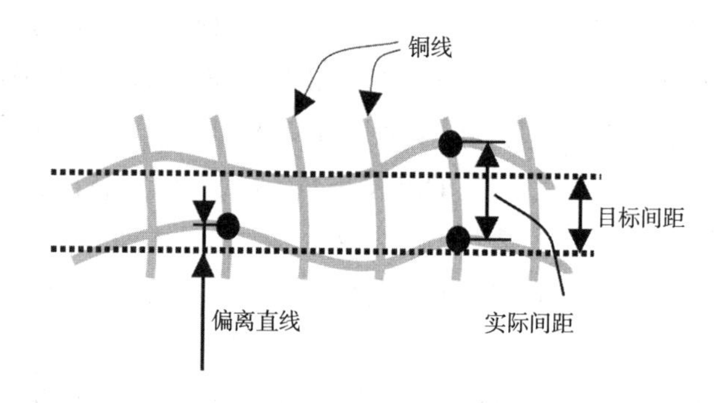

图 4.13　接触点与目标间距的错位

数据来自 Locher，I.，2006. Technologies for System-on-Textile Integration.

反应，可以制作压力传感器、拉伸传感器和呼吸传感器等，可以采用不同的物理原理达到相同的目的，如纺织传感器的电容或电阻的变化。另外，生物化学、光学、温度、湿度和生物电势等传感器也可以用于制造智能纺织品。

（1）压力传感器。将局部感应或分布压力装置集成到纺织品和服装中，已经在不同领域得到了应用[96]。在医疗和运动领域，鞋内的压力传感器可以分析步态。压阻式传感器也被应用于汽车安全带，可以监测受试者的心肺模式[97]。例如，中风后的康复需要控制四肢的运动；附着在相应肌肉上的压力传感器监测肌肉的活动和行为[98]。为了防止压疮（褥疮），压力传感器可以监测身体易感染区域，让佩戴者得到及时的反馈[99]。一般来说，这些传感器是在针织物上涂覆由 CP、

PDMS 和硅树脂组成的复合材料涂层[100]。

触觉传感通常应用于电容织物。它们的电学行为取决于材料的传感组成和所使用的读出电路。一般来说，织物电容器是由介电材料将两个不同的电极板分离，如图 4.14 所示[101]。导电材料，也就是通常的电极材料可以通过缝纫[102]、织造[103]等工艺制备；如果是导电线还可以采用刺绣[103]工艺；如果导电材料是墨水，则可以进行印花[104]。介电材料通常是合成泡沫、织物垫片或聚合物。原则上，施加在传感部分上的压力会产生电容变化或压电谐振频率的变化。对于电容式传感器，寄生电容和电阻的变化可以由电子器件来补偿，因此，线路对感测信号的影响很小。此外，该传感电容器可以放置在阵列中，形成矩阵和分散的压力传感器。例如，Meyer 等人将几个电容式压力传感器形成矩阵并集成到衣服中，以检测上臂的肌肉活动[105]。而 Xu 等人利用压力传感器阵列分析临床坐姿[106]。

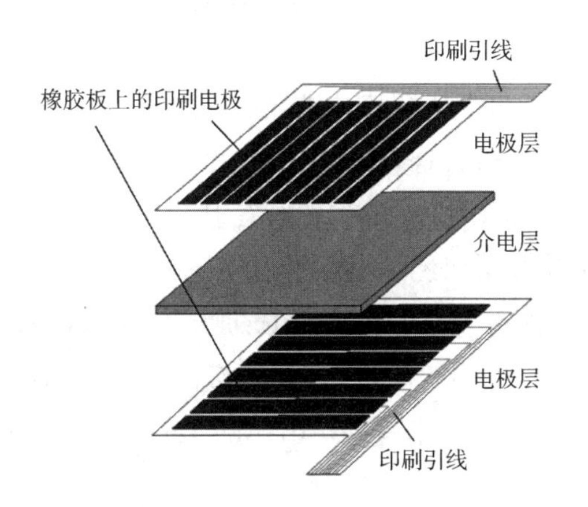

图 4.14 两个电极层上的电极呈正交排列，两个相互垂直的电极阵列交点构成了薄层上的电容传感器单元

数据来自 Guo, S. , et al. , 2014. A two-ply polymer-based flexible tactile sensor sheet using electric capacitance. Sensors 14 (2), 2225-2238.

压力传感器采用电阻法，由交叉编织的导电纱线网格构成，在施加压力时改变交叉纱线的接触电阻。导电弹性纱线也可以达到同样的效果[107]，它们被集成在一个“纺织室”中，加压后传感材料的几何形状会发生变化，从而导致电阻发生变化。压力灵敏度约为 3Pa，压力范围 0~2MPa。图 4.15 为上下两层的齿形结构，使传感织物变形并改变其固有电学性能的工作原理。

这种传感器可以在不同的层次下制造，如纤维、纱线或涂层。另外，泡沫也

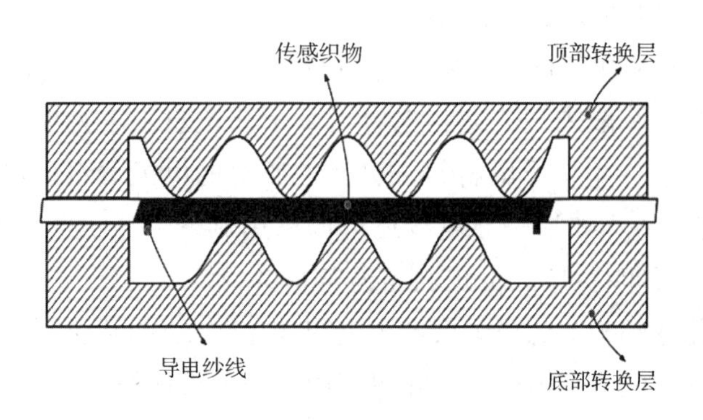

图 4.15　齿式电阻织物压力传感器

数据来自 Wang，Y.，et al.，2011. Novel fabric pressure sensors：design，fabrication and characterization. Smart Mater. Struct. 20（6），65015.

可以作为压敏材料，可以使用导电油墨在泡沫表面涂层，这种导电油墨可以在接触时改变其电导率[108]。

意大利理工学院微生物机器人研究中心的研究团队开发了一种完全基于商用导电织物的复合电容三轴传感器，操作过程中其表现出高顺应性和稳定性[109]。

表征方式如下：采用 JEOL JSM-7001F 场发射 SEM 检测材料的表面形貌；采用 Bruker Vertex 70 FT-IR 光谱仪测量材料的红外光谱；采用热重分析（Q50，TA 仪器）评价导电纤维中银的重量分数；采用 USTER TENSORAPID 4 进行力学强度测试；使用 Agilent E4980A 系列高精度 3 LCR 测量仪，在 300kHz 频率，1V 交流信号条件下进行电容测量。采用分辨率为 0.01N 的 Teraleader 万能机械手控制力和频率。

Lee 等人提出了一种高灵敏度（0.21~1kPa）、高稳定性（抗 3000 次弯曲试验）、响应速度快的织物压力传感器，通过分辨率为 0.01N 的 Teraleader 通用机械手和 Agilent E4980A（300kHz，1V 交流信号）测定了该传感器的松弛时间[110]。织物是由涂层的高导电纤维（0.00015Ω/m）与绝缘橡胶材料组成的。导电纤维是将聚苯乙烯—丁二烯—苯乙烯（SBS）聚合物涂覆在聚对苯二甲酰对苯二胺（Kevlar）纤维表面得到的，然后将大量银离子（80wt%）直接在 SBS 聚合物中转化为银纳米颗粒（图 4.16）。

（2）应变传感器。织物应变传感器是一种能够在机械应变后产生电学响应的纺织结构。可以在不同结构层次上设计织物应变传感器，如传感纤维与非传感纤维重叠[34]、在织物中加入传感纱线[111]或者在织物上涂上应变传感器材料[112]等。

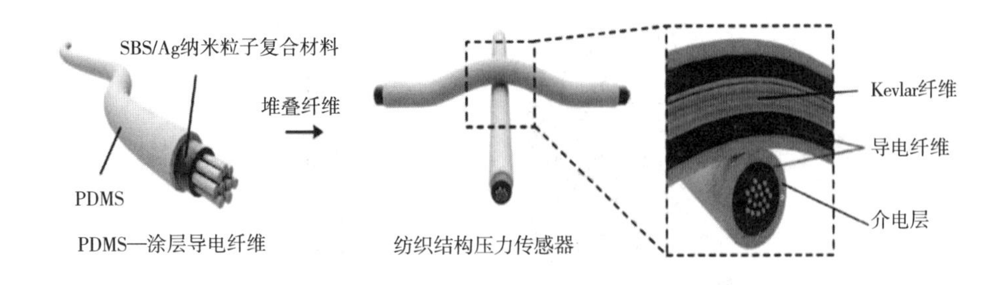

图 4.16　压力传感器从单根传感纤维到最终产品的配置示意图

数据来自 Lee, J., et al., 2015. Conductive fiber-based ultrasensitive textile pressure sensor for wearable electronics. Adv. Mater. 27 (15), 2433-2439.

跟压力传感器一样，必须设计一个特殊的读出电路。

由于纺织品与身体有大面积的直接接触，因此可穿戴式应变传感器主要用于感应和监测身体数据，而且可以监测身体的不同位置[113]。纺织传感器的特殊结构可以将具有压阻、压电或压电电容[111,114-115]特性的纤维集成起来，用作应变或变形传感器。

根据所选用的工艺，将导电纱线采用针织工艺而成的织物应变可达 65%[116]。织物电阻应变仪由导电弹性纤维（如碳填充聚合物纤维）和非导电纤维（也可以是弹性体）制成。由非导电纤维形成基体结构，将导电纤维沿基体结构纵向排列，这样的配置使织物拉伸时会导致电阻变化。当采用平面载荷将应变仪在 Y（纵向）方向拉伸时，由于复合弹性体的压阻行为，电阻会增加[117]。然而，当应变仪在 X（横向）方向上拉伸时，由于弯曲区域的曲率减小，电阻发生显著变化。为测量这一指标，将纤维经机织工艺制成应变传感器并夹持在拉伸试验机（INSTRON 5500）的上下夹头之间，上夹头按照设定的程序对该传感器进行动态拉伸。

另一方面，Zhang 等人采用碳纤维通过针织工艺开发了一种应变传感器，在比较大的温度范围内（从 50~200℃）最大变形达到 30%，考虑到应变计通常对温度变化非常敏感，因此，需要进行电子补偿[118]。在惰性气体（氮气）、最高温度 1000℃的条件下对碳纤维织物进行碳化并稳定。织物的直径约为 5mm，包含 12 个线圈。与单经编结构相比，管状结构由于纱线的相互接触而具有更多的接触点和更大的内部摩擦力，这使织物拉伸后可以恢复针织物的原始结构（图 4.17）。

测试应变和电阻的实验装置是将 Instron 万能材料测试仪 4466 和 Keithley 万用表结合起来。研究人员采用了循环测试，设计夹头运动速度以达到给定的最大

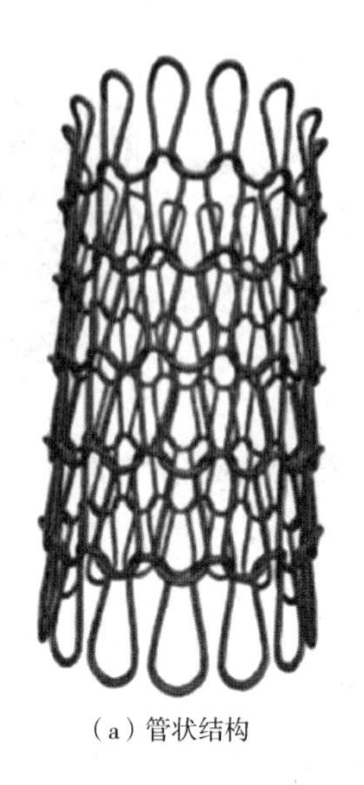

（a）管状结构

（b）单经编结构

图 4.17 针织物的结构示意图

数据来自 Zhang，H.，et al.，2006. Conductive knitted fabric as large-strain gauge under high temperature. Sensors Actuators A：Phys. 126（1），129-140.

应变。

图 4.18 由 Stretchsense 制成的柔软弹性织物

数据来自 Stretch Sense™.

Stretchsense®开发了一种柔性弹性织物，在传感带末端嵌入电子设备（图 4.18），通过蓝牙装置传递织物受到的拉伸程度的信息。

Ohmatex 公司将一种非常细的康铜丝（由 55%铜和 45%镍组成的铜—镍合金[119]）织入织物条带。该条带已应用于水肿医疗袜中，测量心力衰竭患者腿部容积的变化，还可用于测量大型结构（如风力涡轮机叶片）中的振动[75]。

（3）化学和气体传感器。能够在化学变化后起反应的织物可用作化学和气体传感器。这些传感器可以应用于安全设备和环境质量分析（如监测是否存在有害气体或水污染物）。为了达到这一目的，可以将小型化学/气体传感器通过缝合或缝纫的方式集成到织物结构中。另外，在涤纶（PET）上使用聚吡咯（PPy）或聚苯胺（PANI）等聚合物涂层可以制造有毒气体传感器[120]。采用这种方式可以让织物传感器通过电阻变化对化学环境的变化做出响应。所能监测的化学变化取决于选用的传感膜性质。例如，聚乙撑二氧噻吩（PEDOT）纳米管适用于监测一氧化氮（NO）的浓度[121]。图4.19中显示了湿度传感器的电学性能与湿度的关系，图中显示了使用不同厚度的敏感聚合物油墨的电容变化与相对湿度之间的关系[122]。

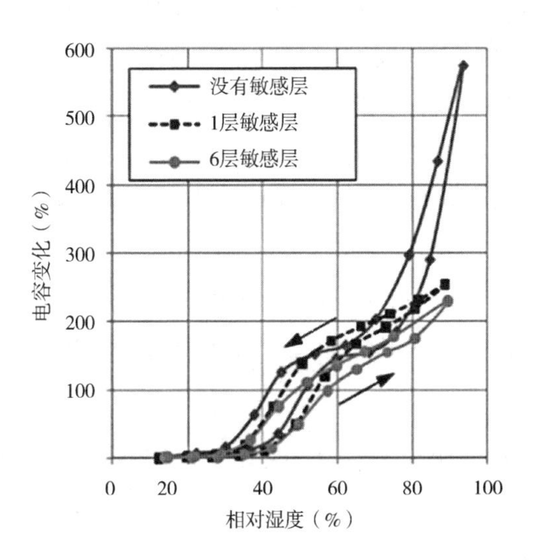

图4.19　使用不同厚度的敏感聚合物油墨和未改性聚酰亚胺基板（无敏感层）的电容变化与相对湿度之间的关系

数据来自 Daoud，W. A.，Xin，J. H.，Szeto，Y. S.，2005. Polyethylenedioxythiophene coatings for humidity，temperature and strain sensing polyamide fibers. Sensors Actuators B：Chem. 109（2），329-333.

在生物传感方面，新型制造方法和电化学技术的研究成果表明：化学传感器能够放大传统的物理测量量（即心率、脑电图、心电图等）[12]。

BIOTEX是一个由欧盟资助的项目，旨在开发与纺织品兼容的专用生化传感技术，目标是通过分布在纺织品基体上的传感器监测体液并进行生化指标的测量。这种方法需要开发适用于监测不同体液和生物物种的传感贴片，其中纺织品本身就是传感器[123]。

都柏林城市大学（爱尔兰）国家传感器研究中心的研究人员开发出能够实时测量和分析身体汗液的化学传感器。他们设计了测试平台的微芯片版本来测量汗液pH的变化。通过在芯片的任一表面贴装与织物呈直线排列的LED和光电二极管模块来检测 pH 敏感织物的颜色变化。此装置（厚度为 180μm）灵活性较好，可以很好适应身体[124]。

4.2.6 纺织能量收集系统

通常，电子纺织技术包括若干电子组件，如传感器、读出电路和嵌入式通信系统。所有这些都需要动力、电池或外部电源，这极大限制了可穿戴系统的发展，像力学稳定性、体积和寿命等，虽然它们只是使用外部能源本身消极因素中的一部分[125]。由于这些原因，可穿戴系统应该能够收集人体消耗的能量，如运动、肌肉拉伸、热流量或生化指标的变化。

人体是可穿戴设备的完美能源，特别是一些日常行为，如身体运动可以产生足够的能量为传感器和可穿戴电子元件供电。表 4.2 列出了人体运动所产生的可用功率平均值[126]。由于所需的能量非常低，在微电子机械系统（MEMS）和纳米电子机械系统（NEMS）中的可穿戴电子设备中可以由人体供电。例如，Infineon 公司目前正试图通过身体动作来补充能量，给使用压电材料并集成在夹克内的 Mp3 播放器供电[127]。

表 4.2 68kg 成年人每日身体运动所产生的可用功率

能量来源	可用功率（W）
步行	67
手臂动作	60
身体热量	2.4~4.8
呼气	1
血压	0.93
呼吸	0.83
手指动作	（6.9~19）$\times10^{-3}$

压电效应是将机械能从振动能转换为电能的技术[16]，纺织品中的纤维功率约 0.7mW。这种压电效应还可以采用聚合物压电材料，如聚偏二氟乙烯及其共聚物，因为它们自身非常柔软、重量轻、生物相容好且适用于能量收集[128]。人体交互作用的主要问题是机械运动的频率较低（<10Hz），导致了低功率收集。

另一方面，体温是另一种可利用的能源。Feinaeugle 等将薄镍—银（Ni—Ag）薄膜蒸发在柔性织物基底上制造基于纤维的热电发电机，该发电机采集的最大功率为2nW[129]。半导体纳米线具有良好的热电性能，但需要开发新型、先进的制造技术。

另一项技术以太阳能服装为代表，通过新一代柔性太阳能电池来收集太阳能[17]。将柔性太阳能电池集成到服装中就可以为便携式电子设备供电。

如今，便携式设备的能源需求很低，所以集成到服装里的太阳能电池可以为大多数移动电子设备供电[130]。

实现纺织品储能需要纺织品具有良好的导电性。近年来，柔性储能装置引起了人们广泛的关注[131]，这主要是由于其与可拉伸和可穿戴电子设备有良好的可集成性。超级电容器作为能量存储设备引起人们极大的兴趣，这主要是由于其功率密度高、循环寿命长和充电时间短[132]。最近，研究人员开发了一种溶液法，将碳纳米管CNTs[133]或石墨烯[134]薄膜涂覆在纤维素纤维表面，使棉织物转化为导电纺织品。这种纺织品的三维高比表面积特性有利于电解质的进入，从而实现纺织超级电容器的高电化学性能。Bao和Li将棉织物直接转变为高导电的柔性活性炭纺织品（ACTs）[135]，主要的步骤如下。

①将棉织物浸入1M氟化钠（NaF）溶液中；②在120℃条件下干燥3h；③在800~1000℃的真空和惰性气氛条件下，在水平管式炉中将干燥的织物固化退火处理1h。

SEM分析表明棉织物由直径为5~10μm的纤维素纤维交织而成，通过Keysight数字万用表的测量结果显示，其在折叠状态下具有高导电性（表面电阻为1~2Ω/m^2）。此外，对负载MnO_2的织物进行循环伏安法（CV）测试（一种动电位电化学测量），结果表明，比电容相比ACTs增加了三倍。在2mV/s的扫描速率下，负载MnO_2的织物比电容达到269.5F/g[134]，可以与溶液法制备的石墨烯/MnO_2织物相媲美。

Jost等人开发了基于针织碳纤维和活性炭墨水的纺织超级电容器，在扫描速率为10mV/s时电容为0.51F/cm。他们用固态电解质代替液态电解质，以减少任何可能的泄漏[136]。研究人员还展示了器件从弯曲90°至弯曲180°时的性能（图4.20），结果表明弯曲测试后电容泄漏量较小，约为20%，这通常也是超级电容器存在的主要问题。所有实验均采用Biologic VMP3稳压器—恒流器（BioLogic，USA）进行。将电子器件放置在双电极对称装置中，并按照前述的步骤分别进行循环伏安法测试、恒电流循环和电化学阻抗频谱测量。所有电子器件都在20mV/s条件下进行100次预循环，循环结束后再测量电容和ESR值。

研究人员还在50%拉伸条件下测试了纺织超级电容器的性能，结果表明，器

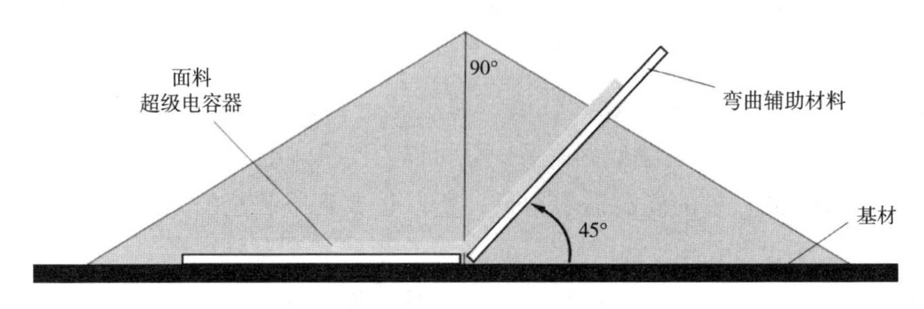

图 4.20　弯曲实验装置

件尺寸的改变引起碳颗粒之间的导电网络断裂，使电容出现少量损失。

另一方面，锂离子电池单位重量的能量密度比超级电容器要高得多。3D 电池电极的概念已被用于提高电容[137]。近年来，胡等人开发了一种基于导电纺织品的锂离子电池，将电极材料加载到导电纺织品的 3D 孔中[138]。研究确定了有机电解质中导电纺织品的稳定电位范围，并得到锂离子电池在工作状态下的质量负载约为 168mg/cm^2，厚度约为 600μm。导电纺织品（表面电阻约为 8Ω/sq.）由普通聚酯纤维织物和导电油墨组成，其中导电油墨由分散良好的单壁 CNT 和 1%十二烷基苯磺酸钠制成。导电纺织品在 0.9～3.7V 的电压范围内电化学性能稳定。使用 Bio-Logic VMP3 电池测试仪或 MTI 电池分析仪测试纺织品电池。组装完整的电池在进行自放电测试之前，首先在 1.4～2.6V 之间循环 5 次。随后，将电池充电至 2.6V，然后断电一段时间直至放电完全，电压降至 1.4V。

南安普顿大学电子与计算机科学学院（ECS）的研究人员正在开发一种与纺织品结合的能量收集薄膜，该薄膜是采用快速印花技术和活性印花墨水制成的[139]。

UNITIKA 公司的 Thermotron 是一种能够将太阳光转化为热能，同时储存热量而不是浪费热量的特殊织物。在 Thermotron 内部有碳化锆微粒，使织物能够吸收和过滤太阳光。织物的内层能够保留产生的热量并防止其消散，从而对人体产生有益的影响[140]。

最后，Cetemmsa 技术中心正在执行关于在运动服和配件中使用传感器的研究项目。作为欧盟资助的 Dephotex 项目[141]的一部分，该技术中心正在开发用于增加电子器件功能的集成电源，如有机光伏电池。

4.2.7　可穿戴天线

近年来，可穿戴设备的快速发展带动了可穿戴天线的发展，可穿戴天线可以输送可穿戴传感器收集到的身体数据信息并制造自主可穿戴系统。无线人体局域网（WBAN）是该技术的典型代表，或者说是可穿戴计算设备的无线网络。WBAN在医学领域有许多潜在的应用，因为传感器与人体直接接触，并且它们能够实时地输送生理数据，如传输到互联网。这样无论患者身在何处，专业医疗人员都可以访问患者数据[142]。

基于导电纺织品的可穿戴天线应开发新型柔性和智能结构，而不影响原生纺织品的性能[143]。为了实现这一目的，通常使用导电纺织品，如Zelt、Flectron和纯铜聚酯织物作为辐射元件，而非导电纺织品用作基材[144]。图4.21为应用于身体可穿戴天线的几何结构。包括一个薄导电织物贴在非导电织物基底上并同时放置在一个导电织物底面上。

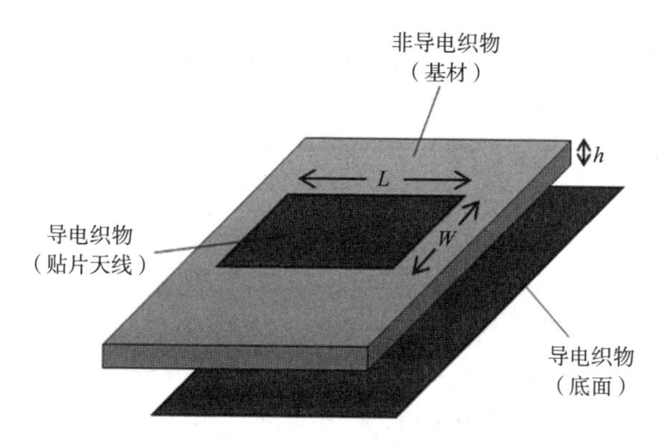

图4.21　可穿戴天线几何结构

身体可穿戴天线通常在500MHz至5GHz的频率范围内工作，使它们在结构上体积小，容易实现隐形佩戴。然而，高频带波（>1GHz）的传播范围和频率都受限。高频天线的优点是重量轻、体积小、结构坚固[145]。另一方面，当使用宽频带作为调频（FM）广播频带（81～130MHz）时，应该设计可穿戴FM天线，使其不会因人体而导致解谐[146]。

微带贴片是可穿戴式集成的典型代表，因为它厚度薄、质量轻、易保养、强度高、易于集成到服装，与射频（RF）电路相结合[147]。此外，用做天线的导电织物必须具有低且稳定的电阻（<1Ω/sq.），以使损失最小化[148]。材料的多种性能会影响天线的特性，例如，基底材料的介电常数和厚度会改变平面微带天线的带宽和效率[149]。通常来说，由于纤维密度不同以及由于纤维密度不同而导致的空气体积和孔径尺寸的不同，使织物呈现复杂的结构，介电常数通常很低，同时导致表面波损失的减小和阻抗带宽的增加。

非导电材料的介电特性起着重要作用，材料选择不当会影响天线的性能。材料介电特性受几个物理参数的影响，如温度、水分含量、表面粗糙度、纯度、材料均匀性和信号频率。介电常数 ε 是电介质的本构参数，通常由式（4.2）表示，其中 ε_0 是真空介电常数，为 8.854×10^{-12}F/m[150]，ε_r 用来表示相对位移。

$$\varepsilon_r:\ \varepsilon = \varepsilon_0 \cdot \varepsilon_r = \varepsilon_0 \cdot (\varepsilon_r' - j \cdot \varepsilon_r'') \tag{4.2}$$

介电常数较低时，表面波损耗降低，这与基底材料内的导行波传播有关。因此，较低的 ε_r 可以增加天线的空间波和阻抗带宽[151]。

通常，织物的介电性能通常由介电常数 ε_r' 以及虚部与实部的比值表示，$\tan\delta = \varepsilon_r''/\varepsilon_r'$ [1]。

此外，纺织品由纤维组成，每根纤维都会从环境中吸收少量的水而增加纺织品的介电常数。为了抵消这种影响，天线介电基材通常需经涂覆或表面处理，以保护纺织品免受湿度或不同气候条件的影响[152]。

另一个问题是身体运动会改变天线的几何形状，进而影响天线的性能。在可穿戴系统中，很难始终保持天线平整，特别是利用纺织材料制作的天线。而且，由于人体运动使天线经常弯曲，改变了天线的电磁特性并影响数据传输。Sankaralingam 和 Gupta 研究了天线弯曲时的性能特征，结果表明，由于弯曲，天线的谐振长度发生了变化，因此，也发生了谐振频率的偏移。弯曲试验是通过将聚酯天线绕在具有不同半径的圆柱形 PVC 管表面进行测试，PVC 管的直径有 50.8mm、63.5mm、76.2mm 和 88.9mm 四种规格[153]。这些尺寸与人体不同部位（如手臂、腿部和肩部）的尺寸相当，还应考虑到其他参数（输入阻抗带宽和谐振频率下的输入—反射系数）在不同半径的弯曲过程中不发生相应变化，如图 4.22 所示。显然，这些纺织微带贴片天线可以应用于多个领域，并最终替代标准印刷电路基板上的贴片天线。

从导电织物的角度来看，合适的天线设计中必须考虑织物的电导率 σ。电导率用西门子每米（S/m）表示，如式（4.3）所示：

$$\sigma = 1/(\rho_s \cdot t) \tag{4.3}$$

式中，ρ_s 为表面电阻率；t 为织物的厚度。

如前所述，纺织品结构在微观尺度上呈现出几个层次上的不连续性，这些不连续性将影响电流和相对电导率值[154]。

坦佩雷理工大学开发了一种强大的纺织天线，能够在恶劣的环境条件下运行。他们设计的天线采用不同功能性织物层提高天线对水分和其他不利环境因素的抵抗能力[155]。

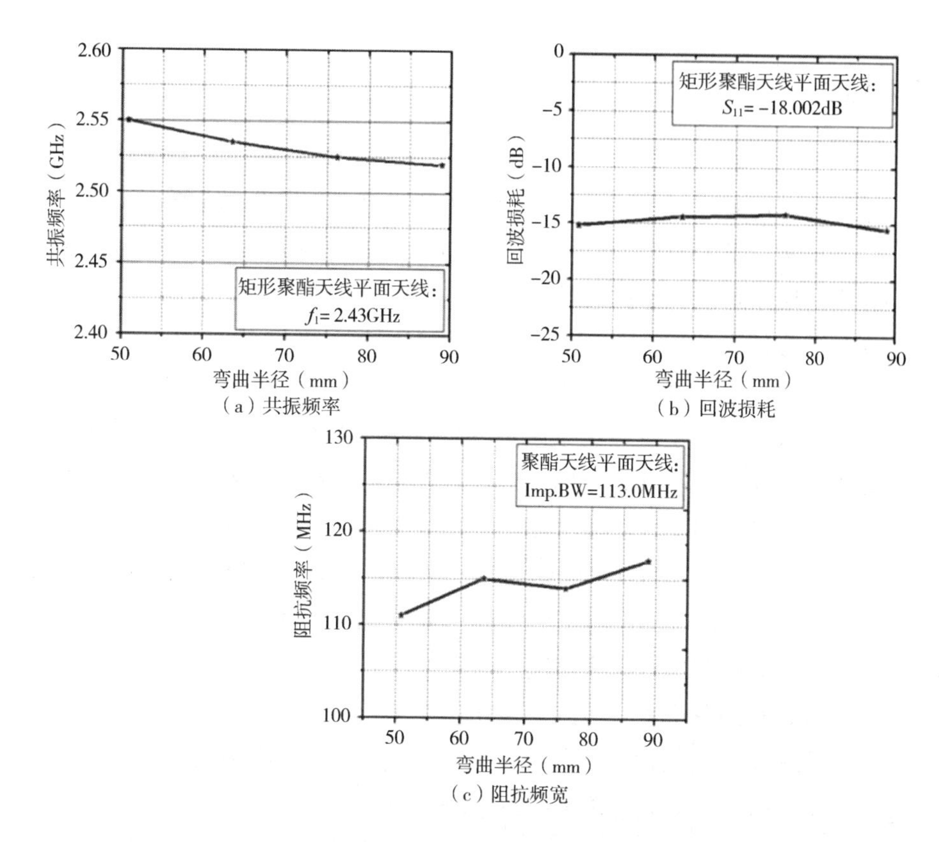

（a）共振频率　（b）回波损耗

（c）阻抗频宽

图 4.22　采用聚酯制作的纺织天线在不同弯曲半径条件下的三个特征参数

数据来自 Sankaralingam, S. , Gupta, B. , 2010. Development of textile antennas for body wearable applications and investigations on their performance under bent conditions. Prog. Electromagn. Res. B 22, 53-71.

Monarch Antenna 公司为士兵开发了一种可穿戴天线，在背心里附着柔性基板，该天线可以在 2.4~2.48GHz 的未经许可 ISM 频段工作。目前该公司正在重新设计天线，使其可以印刷在柔性聚合物基板上。此外，他们基于 Monarch 的授权专利——SSA 技术[156]与 NASA 合作，为宇航员开发了多波束自适应可穿戴天线。

Pharad 公司是可穿戴天线产品的供应商，采用 Pharad 的专利技术——Flextenna®开发了灵活的天线，为急救人员、士兵、海军陆战队员和安全/情报人员的可穿戴设备提供解决方案。Pharad 公司提供各种可配置结构和标准连接器，使这些天线可以轻松连接到大多数无线电设备上。Pharad 公司开发的可穿戴天线根据不同的应用，具有从 2~30MHz 和 3~10GHz 两种不同的带宽[157]。

4.3 结论

电子纺织品是电子器件和面料融合的织物，这些织物能够感知、计算、交流和驱动。本章从制造和性能评价的角度，综合描述了当前最先进的电子纺织品。纺织品在不同层面采用的不同的整合方法之间是有相关性的，共同的目标就是开发效率高、性能优良的电子纺织品结构。要想制备具有电学或传感性能的纤维、纱线或织物，原料选择是至关重要的。目前纺织技术、新材料、纳米技术和小型化电子产品领域的进步使可穿戴系统更具可行性。然而，用户接受可穿戴设备的最关键因素是合身的舒适性。总的来说，最理想的结果是寻找适当的材料能与纺织品结构相结合，增加其电学/传感特征而不影响织物的原始特性，如柔韧性、耐磨性、舒适性和可洗性。目前电子纺织品仍然存在一些待解决的问题，包括弯曲、拉伸、洗涤造成的性能损失，这仍然需要上面提到的一些学科领域（特别是材料科学和纳米技术）的研究成果来解决。

从穿戴式计算的角度来说，未来电子系统将成为日常服装中不可或缺的一部分，可以作为智能个人助理。因此，这种可穿戴传感器必须在正常穿着情况下保持其感测能力，这会对衬底的衣服/基底造成严重的机械变形。

电子纺织技术潜在应用很多，可以与人体监测直接相关。智能材料、可穿戴电子产品和传感器与织物的结合为许多应用打开了大门，特别是在临床监测领域。纺织品和服装可以在合理的成本范围内在快速、高效的机器上生产，健康和美容行业也在利用这些创新技术。

最后，从可穿戴计算的角度可以预见未来的电子系统将成为日常服装的一个组成部分，要想实现新一代纺织品的制造，必须整合电路设计、智能材料、微电子和化学等相关领域的知识。

参考文献

[1] Stoppa, M., Chiolerio, A., 2014. Wearable electronics and smart textiles: a critical review. Sensors 14 (7), 11957-11992.

[2] Sinclair, R., 2014. Textiles and Fashion: Materials, Design and Technology. Elsevier, Cambridge.

[3] Van Langenhove, L., Hertleer, C., 2004. Smart clothing: a new life. Int. J. Cloth. Sci. Technol. 16 (1/2), 63-72.

[4] Van Langenhove, L., 2007. Smart Textiles for Medicine and Healthcare: Materials, Systems and Applications. Elsevier, New York.

[5] Fleury, A., Sugar, M., Chau, T., 2015. E-textiles in clinical rehabilitation: a scoping review. Electronics 4 (1), 173-203. Available at: http://www.mdpi.com/2079-9292/4/1/173/ (accessed 05.05.15).

[6] Alzaidi, A., Zhang, L., Bajwa, H., 2012. Smart textiles based wireless ECG system. In: Systems, Applications and Technology Conference (LISAT), 2012 IEEE Long Island, pp. 1-5.

[7] Benatti, S., Benini, L., Farella, E., 2014. Towards EMG control interface for smart garments. In: Proceedings of the 2014 ACM International Symposium on Wearable Computers: Adjunct Program, pp. 163-170.

[8] Löfhede, J., Seoane, F., Thordstein, M., 2012. Textile electrodes for EEG recording-a pilot study. Sensors 12 (12), 16907-16919.

[9] Laukhina, E., et al., 2014. Conductive fabric responding to extremely small temperature changes. Proc. Eng. 87, 144-147.

[10] Omenetto, F., et al., 2011. Silk based biophotonic sensors. US Patent Application Number 13/813, 288, December 12, 2013. Filed on July 30, 2011.

[11] Grillet, A., et al., 2008. Optical fiber sensors embedded into medical textiles for healthcare monitoring. IEEE Sens. J. 8 (7), 1215-1222.

[12] Windmiller, J. R., Wang, J., 2013. Wearable electrochemical sensors and biosensors: a review. Electroanalysis 25 (1), 29-46.

[13] Vatansever, D., et al., 2011. Smart Woven Fabrics in Renewable Energy Generation. INTECH Open Access Publisher, United Kingdom.

[14] Schneegass, S., et al., 2014. Workshop on smart garments: sensing, actuation, interaction, and applications in garments. In: Proceedings of the 2014 ACM International Symposium on Wearable Computers: Adjunct Program, pp. 225-229.

[15] Black, S., 2007. Trends in smart medical textiles. In: Smart Textiles for Medicine and Healthcare - Materials, Systems and Application. Woodhead Publishing Ltd, Cambridge, pp. 3 - 26. Available at: http://www.woodheadpublishing.com/en/book.aspx?bookID=888.

[16] Nilsson, E., et al., 2014. Energy harvesting from piezoelectric textile fibers. Proc. Eng. 87, 1569-1572.

[17] Lee, Y. H., et al., 2013. Wearable textile battery rechargeable by solar energy. Nano Lett. 13 (11), 5753-5761.

[18] Hu, J., et al., 2012b. A review of stimuli-responsive polymers for smart textile applications. Smart Mater. Struct. 21 (5), 53001.

[19] Needles, H. L., 1981. Handbook of Textile Fibers, Dyes and Finishes. Garland STPM Press, New York.

[20] Ansar, M., Xinwei, W., Chouwei, Z., 2011. Modeling strategies of 3D woven composites: a review. Compos. Struct. 93 (8), 1947-1963.

[21] Kallmayer, C., Simon, E., 2012. Large area sensor integration in textiles. In: 2012 9th International Multi-Conference on Systems, Signals and Devices.

[22] Winterhalter, C. A., et al., 2005. Development of electronic textiles to support networks, communications, and medical applications in future US Military protective clothing systems. IEEE Trans. Inf. Technol. Biomed. 9 (3), 402-406.

[23] Resistat, 2015. Resistat Fiber Collection. Available at: http://www.resistat.com (accessed 10.06.15).

[24] Sophitex, 2015. Sophitex. Available at: http://www.sophitex.com/ (accessed 10.06.15).

[25] LessEMF, 2015. LessEMF. Available at: http://www.lessemf.com/fabric.html.

[26] Mcfarland, E. G., et al., 1999. Effects of moisture and fiber type on infrared absorption of fabrics. Text. Res. J. 69, 607-615.

[27] Sülar, V., Okur, A., 2008. Objective evaluation of fabric handle by simple measurement methods. Text. Res. J. 78 (10), 856-868.

[28] Statex, 2015. Statex. Available at: http://www.statex.de/index.php/en/ (accessed 10.06.15).

[29] Pereira, C. C., Nobrega, R., Borges, C. P., 2000. Spinning process variables and polymer solution effects in the die-swell phenomenon during hollow fiber membranes formation. Braz. J. Chem. Eng. 17 (4-7), 599-606.

[30] Araki, T., et al., 2011. Printable and stretchable conductive wirings comprising silver flakes and elastomers. IEEE Electron Device Lett. 32 (10), 1424-1426.

[31] Yamashita, T., Miyake, K., Itoh, T., 2012. Conductive polymer coated elastomer contact structure for woven electronic textile. In: 2012 IEEE 25th International Conference on Micro Electro Mechanical Systems (MEMS), pp. 408-411.

[32] Bashir, T., 2013. Conjugated Polymer-Based Conductive Fibers for Smart Textile Applications. University of Boras, Sweden.

[33] Meoli, D., May-Plumlee, T., 2002. Interactive electronic textile development: a review of technologies. JTATM 2 (2), 1-12.

[34] Araki, T., et al., 2012. Experimental investigation of surface identification ability of a low-profile fabric tactile sensor. In: 2012 IEEE/RSJ International Conference on Intelligent Robots and Systems (IROS), pp. 4497-4504.

[35] Dalmas, F., et al., 2006. Carbon nanotube-filled polymer composites. Numerical simulation of electrical conductivity in three-dimensional entangled fibrous networks. Acta Mater. 54 (11), 2923-2931.

[36] Tibtech, 2015. Tibtech. Available at: http://www.tibtech.com/metal_fiber_composition.php (accessed 11.06.15).

[37] Hunt, M. A., et al., 2012. Patterned functional carbon fibers from polyethylene. Adv. Mater. 24 (18), 2386-2389.

[38] Baik, W., et al., 2009. Synthesis of highly conductive poly (3, 4-ethylenedioxythiophene) fiber by simple chemical polymerization. Synth. Met. 159 (13), 1244-1246.

[39] Pomfret, S. J., et al., 2000. Electrical and mechanical properties of polyaniline fibres produced by a one-step wet spinning process. Polymer 41 (6), 2265-2269.

[40] Bigg Battelle, D. M., 1977. Conductive polymeric compositions. Polym. Eng. Sci. 17 (12), 842-847.

[41] Shirakawa, H., et al., 1977. Synthesis of electrically conducting organic polymers: halogen derivatives of polyacetylene, (CH) x. J. Chem. Soc. Chem. Commun. 16, 578-580.

[42] Xue, P., et al., 2004. Electromechanical behavior of fibers coated with an electrically conductive polymer. Text. Res. J. 74 (10), 929-936.

[43] Sen, A. K., 2007. Coated Textiles: Principles and Applications, second ed. CRC Press, Boca Raton.

[44] Ding, Y., Invernale, M. A., Sotzing, G. A., 2010. Conductivity trends of

PEDOT-PSS impregnated fabric and the effect of conductivity on electrochromic textile. ACS Appl. Mater. Interfaces 2 (6), 1588-1593.

[45] Bocchini, S., Chiolerio, A., Porro, S., et al., 2013. Synthesis of polyaniline-based inks, doping thereof and test device printing towards electronic applications. J. Mater. Chem. C1, 5101-5109.

[46] Thongruang, W., Spontak, R. J., Balik, C. M., 2002. Correlated electrical conductivity and mechanical property analysis of high-density polyethylene filled with graphite and carbon fiber. Polymer 43 (8), 2279-2286.

[47] Im, S. G., Gleason, K. K., 2007. Systematic control of the electrical conductivity of poly (3, 4-ethylenedioxythiophene) via oxidative chemical vapor deposition. Macromolecules 40 (18), 6552-6556.

[48] Materials, A. S., 2012. Annual Book of ASTM Standards * Section 7 * Textiles, Vol. 07. 01-07. 02: Textiles-Yarns, Fabrics, and General Test Methods. American Society for Testing and Materials, West Conshohocken. Available at: https://books.google.co.uk/books? id=8YA9MwEACAAJ.

[49] Industries, T., 2015. Taber Industries. Available at: http://www.taberindustries.com/ (accessed 04. 06. 15).

[50] Orth, M., 2002. Defining flexibility and sewability in conductive yarns. In: MRS Proceedings, pp. D1-D4.

[51] Zeagler, C., et al., 2013. Can I wash it? The effect of washing conductive materials used in making textile based wearable electronic interfaces. In: Proceedings of the 2013 International Symposium on Wearable Computers, pp. 143-144.

[52] Sprint Metal, 2015. Sprint Metal. Available at: http://sprintmetal.schmolz-bickenbach.com/ (accessed 01. 06. 15).

[53] Ugitech, 2015. Ugitech. Available at: http://www.ugitech.com/ (accessed 01. 06. 15).

[54] Fujimori, T., et al., 2011. Enhanced X-ray shielding effects of carbon nanotubes. Mater. Express 1 (4), 273-278.

[55] Dordevic, Z., 1992. Textile fabric shielding electromagnetic radiation, and clothing made thereof. Available at: https://www.google.com/patents/US5103504.

[56] Canshielding, 2015. JP Canshielding Corporation. Available at: www.canshielding.com (accessed 01. 06. 15).

[57] Elektrisola, 2015. Elektrisola Feindraht AG. Available at: http: //www. elektrisola. com/ (accessed 15. 05. 15) .

[58] Swiss Shield, 2015. Swiss Shield. Available at: http: //www. swiss - shield. ch/ (accessed 15. 05. 15) .

[59] Locher, I. , 2006. Technologies for System-on-Textile Integration. Available at: http: //e-collection. library. ethz. ch/view/eth: 28457 (accessed 20. 01. 14) .

[60] Schwarz, A. , Kazani, I. , et al. , 2011b. Electro-conductive and elastic hybrid yarns—the effects of stretching, cyclic straining and washing on their electro-conductive properties. Mater. Des. 32 (8), 4247-4256.

[61] Oh, K. W. , Park, H. J. , Kim, S. H. , 2003. Stretchable conductive fabric for electrotherapy. J. Appl. Polym. Sci. 88 (5), 1225-1229.

[62] Guo, L. , Berglin, L. , 2009. Test and evaluation of textile based stretch sensors. In: AUTEX 2009 World Textile Conference, Izmir, Turkey, p. 8.

[63] McCann, J. , 2013. Smart protective textiles for older people. In: A Smart Textiles for Protection. Woodhead Publishing Ltd, Cambridge, pp. 224-275.

[64] Blum, F. , 2000. Method for producing an electrically conductive yarn, the electrically conductive yarn and use of the electrically conductive yarn. US Patent Number 6032450, March 7. Filed on June 30, 1997.

[65] Cottet, D. , et al. , 2003. Electrical characterization of textile transmission lines. IEEE Trans. Adv. Pack. 26 (2), 182-190.

[66] Schwarz, A. , et al. , 2009. How to equip para-aramide yarns with electro-conductive properties. In: Sixth International Workshop on Wearable and Implantable Body Sensor Networks, 2009. BSN 2009, pp. 278-281.

[67] Schwarz, A. , Cuny, L. , et al. , 2011a. Electrical circuit model of elastic and conductive yarns produced by hollow spindle spinning. Mater. Sci. Technol. 26 (3), 121-127.

[68] Schroder, D. K. , 2006. Semiconductor Material and Device Characterization. John Wiley & Sons, New Jersey.

[69] Washing, T. D. , 2000. Drying Procedures for Textile Testing. ISO 6330: 2000.

[70] Atwa, Y. , Maheshwari, N. , Goldthorpe, I. A. , 2015. Silver nanowire coated threads for electrically conductive textiles. J. Mater. Chem. C3, 3908.

[71] Post, E. R., et al., 2000. E-broidery: design and fabrication of textile-based computing. IBM Syst. J. 39 (3.4), 840-860. Available at: http://dl.acm.org/citation.cfm? id=1011416.1011448 (accessed 14.01.14).

[72] Nakad, Z. S., 2003. Architectures for e-Textiles. Virginia Tech, Blacksburg, VA. Available at: https://vtechworks.lib.vt.edu/bitstream/handle/10919/11084/Dissertation.pdf? sequence=1&isAllowed=y.

[73] De Vries, H., Peerlings, R., 2014. Predicting conducting yarn failure in woven electronic textiles. Microelectron. Reliab. 54 (12), 2956-2960.

[74] Baltex, 2014. Available at: http://www.baltex.co.uk/home/ (accessed 14.05.15).

[75] Ohmatex, 2015. Ohmatex. Available at: http://www.ohmatex.dk/ (accessed 10.05.15).

[76] Parashkov, R., et al., 2005. Large area electronics using printing methods. Proc. IEEE 93 (7), 1321-1329.

[77] Merilampi, S., et al., 2010. Analysis of electrically conductive silver ink on stretchable substrates under tensile load. Microelectron. Reliab. 50 (12), 2001-2011.

[78] Blayo, A., Pineaux, B., 2005. Printing processes and their potential for RFID printing. In: Proceedings of the 2005 Joint Conference on Smart Objects and Ambient Intelligence: Innovative Context-Aware Services: Usages and Technologies, pp. 27-30.

[79] Farboodmanesh, S., et al., 2005. Effect of coating thickness and penetration on shear behavior of coated fabrics. J. Elastom. Plast. 37 (3), 197-227.

[80] Dubrovski, P. D., Cebasek, P. F., 2005. Analysis of the mechanical properties of woven and nonwoven fabrics as an integral part of compound fabrics. Fibres Text. East. Eur. 13 (3), 50.

[81] Tiberto, P., et al., 2013. Magnetic properties of jet-printer inks containing dispersed magnetite nanoparticles. Eur. Phys. J. B 86 (4), 1-6.

[82] Perelshtein, I., et al., 2008. Sonochemical coating of silver nanoparticles on textile fabrics (nylon, polyester and cotton) and their antibacterial activity. Nanotechnology 19 (24), 245705.

[83] Chauraya, A., et al., 2013. Inkjet printed dipole antennas on textiles for wearable communications. IET Microw. Antenna Propag. 7 (9), 760-767.

[84] Stassi, S., et al., 2014. Nanosized gold and silver spherical, spiky, and multi-branched particles. Handbook of Nanomaterials Properties. Springer, Berlin, Heidelberg, pp. 179-212.

[85] Chiolerio, A., Cotto, M., Pandolfi, P., et al., 2012. Ag nanoparticle-based inkjet printed planar transmission lines for RF and microwave applications: considerations on ink composition, nanoparticle size distribution and sintering time. Microelectron. Eng. 97, 8-15.

[86] Camarchia, V., et al., 2014. Demonstration of inkjet-printed silver nanoparticle microstrip lines on alumina for RF power modules. Org. Electron. 15 (1), 91-98.

[87] Numakura, D., 2008. Advanced screen printing "Practical approaches for printable & flexible electronics". In: Microsystems, Packaging, Assembly & Circuits Technology Conference, 2008. IMPACT 2008. 3rd International, pp. 205-208.

[88] Ionescu, C., et al., 2012. Investigations on current capabilities of PEDOT: PSS conductors. In: 2012 35th International Spring Seminar on Electronics Technology (ISSE), pp. 59-64.

[89] Scalisi, R. G., et al., 2015. Inkjet printed flexible electrodes for surface electromyography. Org. Electron. 18, 89-94.

[90] Karaguzel, B., et al., 2009. Flexible, durable printed electrical circuits. J. Text. Inst. 100 (1), 1-9. Available at: http://dx.doi.org/10.1080/00405000802390147 (accessed 09.01.14).

[91] Jung, S., et al., 2003. Enabling technologies for disappearing electronics in smart textiles. In: Proceedings of IEEE ISSCC03, vol. 1, pp. 386-387.

[92] Kim, H., et al., 2008. A 1.12 mW continuous healthcare monitor chip integrated on a planar fashionable circuit board. In: 2008 IEEE International Solid-State Circuits Conference-Digest of Technical Papers. IEEE, New Jersey, pp. 150-603. Available at: http://ieeexplore.ieee.org/lpdocs/epic03/wrapper.htm? arnumber=4523101 (accessed 20.01.14).

[93] Kim, Y., Kim, H., Yoo, H. J., 2010. Electrical characterization of screen-printed circuits on the fabric. IEEE Trans. Adv. Pack. 33 (1), 196-205.

[94] Lee, S., et al., 2010. Arm-band type textile-MP3 player with multi-layer planar fashionable circuit board (P-FCB) techniques. In: ISWC, pp. 1-7.

[95] Castano, L. M., Flatau, A. B., 2014. Smart fabric sensors and e-textile

technologies: a review. Smart Mater. Struct. 053001 (23), 1-27.

[96] Ashruf, C. M. A., 2002. Thin flexible pressure sensors. Sens. Rev. 22 (4), 322-327. Available at: http://www.emeraldinsight.com/journals.htm?issn=0260-2288&volume=22&issue=4&articleid=876363&show=html (accessed 20. 01. 14).

[97] Hamdani, S. T. A., Fernando, A., 2015. The application of a piezo-resistive cardiorespiratory sensor system in an automobile safety belt. Sensors 15, 7742-7753.

[98] Lukowicz, P., et al., 2006. Detecting and interpreting muscle activity with wearable force sensors. In: Pervasive Computing. Springer, Berlin, Heidelberg, pp. 101-116.

[99] Axisa, F., et al., 2005. Flexible technologies and smart clothing for citizen medicine, home healthcare, and disease prevention. IEEE Trans. Inf. Technol. Biomed. 9 (3), 325-336.

[100] Wang, F., et al., 2014. Flexible pressure sensors for smart protective clothing against impact loading. Smart Mater. Struct. 23 (1), 15001.

[101] Guo, S., et al., 2014. A two-ply polymer-based flexible tactile sensor sheet using electric capacitance. Sensors 14 (2), 2225-2238.

[102] Holleczek, T., et al., 2010. Textile pressure sensors for sports applications. In: 2010 IEEE Sensors, pp. 732-737.

[103] Takamatsu, S., et al., 2012. Fabric pressure sensor array fabricated with die-coating and weaving techniques. Sensors Actuators A Phys. 184, 57-63.

[104] Sergio, M., et al., 2003. A dynamically reconfigurable monolithic CMOS pressure sensor for smart fabric. IEEE J. Solid-State Circ. 38 (6), 966-975.

[105] Meyer, J., Lukowicz, P., Troster, G., 2006. Textile pressure sensor for muscle activity and motion detection. In: 2006 10th IEEE International Symposium on Wearable Computers. IEEE, New Jersey, pp. 69-72. Available at: http://ieeexplore.ieee.org/lpdocs/epic03/wrapper.htm?arnumber=4067729 (accessed 20. 01. 14).

[106] Xu, W., et al., 2013. eCushion: a textile pressure sensor array design and calibration for sitting posture analysis. IEEE Sens. J. 13 (10), 3926-3934.

[107] Wang, Y., et al., 2011. Novel fabric pressure sensors: design, fabrication, and characterization. Smart Mater. Struct. 20 (6), 65015.

[108] Brady, S., Diamond, D., Lau, K.-T., 2005. Inherently conducting polymer modified polyurethane smart foam for pressure sensing. Sensors Actuators A

Phys. 119 (2), 398-404.

[109] Viry, L., et al., 2014. Flexible three-axial force sensor for soft and highly sensitive artificial touch. Adv. Mater. 26 (17), 2659-2664.

[110] Lee, J., et al., 2015. Conductive fiber-based ultrasensitive textile pressure sensor for wearable electronics. Adv. Mater. 27 (15), 2433-2439.

[111] Huang, C.-T., et al., 2008. A wearable yarn-based piezo-resistive sensor. Sensors Actuators A Phys. 141 (2), 396-403.

[112] Calvert, P., et al., 2008. Conducting polymer and conducting composite strain sensors on textiles. Mol. Cryst. Liq. Cryst. 484 (1), 291-657.

[113] Pacelli, M., et al., 2006. Sensing fabrics for monitoring physiological and biomechanical variables: E-textile solutions. In: Proceedings of the 3rd IEEE-EMBS, pp. 1-4.

[114] Nilsson, E., et al., 2013. Poling and characterization of piezoelectric polymer fibers for use in textile sensors. Sensors Actuators A Phys. 201, 477-486.

[115] Koschan, A., et al., 2006. Design and microfabrication of a hybrid piezoelectric-capacitive tactile sensor. Sens. Rev. 26 (3), 186-192.

[116] Wijesiriwardana, R., Dias, T., Mukhopadhyay, S., 2003. Resistive fibre-meshed transducers. In: 2012 16th International Symposium on Wearable Computers, p. 200.

[117] Taya, M., Kim, W. J., Ono, K., 1998. Piezoresistivity of a short fiber/elastomer matrix composite. Mech. Mater. 28 (1), 53-59.

[118] Zhang, H., et al., 2006. Conductive knitted fabric as large-strain gauge under high temperature. Sensors Actuators A Phys. 126 (1), 129-140.

[119] Davis, J. R., et al., 2001. Copper and Copper Alloys. ASM International, Ohio.

[120] Hong, K. H., Oh, K. W., Kang, T. J., 2004. Polyaniline - nylon 6 composite fabric for ammonia gas sensor. J. Appl. Polym. Sci. 92 (1), 37-42.

[121] Lu, H. H., et al., 2008. NO gas sensor of PEDOT: PSS nanowires by using direct patterning DPN. In: Engineering in Medicine and Biology Society, 2008. EMBS 2008. 30th Annual International Conference of the IEEE, pp. 3208-3211.

[122] Daoud, W. A., Xin, J. H., Szeto, Y. S., 2005. Polyethylenedioxythiophene coatings for humidity, temperature and strain sensing polyamide fibers. Sensors Actuators

B Chem. 109 (2), 329–333.

[123] Coyle, S., et al., 2010. BIOTEX—biosensing textiles for personalised healthcare management. IEEE Trans. Inf. Technol. Biomed. 14 (2), 364–370.

[124] Benito-Lopez, F., et al., 2009. Pump less wearable microfluidic device for real time pH sweat monitoring. Proc. Chem. 1 (1), 1103–1106.

[125] Nishide, H., Oyaizu, K., 2008. Toward flexible batteries. Science 319 (5864), 737–738.

[126] Wang, Z. L., 2008. Towards self-powered nanosystems: from nanogenerators to nanopiezotronics. Adv. Funct. Mater. 18 (22), 3553–3567.

[127] Infineon, 2015. Infineon Technologies. Available at: https://www.infineon.com/ (accessed 10. 05. 15).

[128] Cha, S., et al., 2011. Porous PVDF as effective sonic wave driven nanogenerators. Nano Lett. 11 (12), 5142–5147.

[129] Feinaeugle, M., et al., 2013. Fabrication of a thermoelectric generator on a polymer-coated substrate via laser-induced forward transfer of chalcogenide thin films. Smart Mater. Struct. 22 (11), 115023.

[130] Schubert, M. B., Werner, J. H., 2006. Flexible solar cells for clothing. Mater. Today 9 (6), 42–50.

[131] Hu, C., et al., 2012a. Graphene microtubings: controlled fabrication and site-specific functionalization. Nano Lett. 12 (11), 5879–5884.

[132] Aegerter, M. A., Mennig, M., 2004. Sol-Gel Technologies for Glass Producers and Users. Springer Science & Business Media, New York.

[133] Hu, L., et al., 2010. Stretchable, porous, and conductive energy textiles. Nano Lett. 10 (2), 708–714.

[134] Yu, G., et al., 2011. Enhancing the supercapacitor performance of graphene/MnO_2 nanostructured electrodes by conductive wrapping. Nano Lett. 11 (10), 4438–4442.

[135] Bao, L., Li, X., 2012. Towards textile energy storage from cotton T-shirts. Adv. Mater. 24 (24), 3246–3252.

[136] Jost, K., et al., 2013. Knitted and screen printed carbon-fiber supercapacitors for applications in wearable electronics. Energ. Environ. Sci. 6 (9), 2698–2705.

[137] Long, J. W., et al., 2004. Three-dimensional battery architectures.

Chem. Rev. 104 (10), 4463-4492.

[138] Hu, L., et al., 2011. Lithium-ion textile batteries with large areal mass loading. Adv. Energy Mater. 1 (6), 1012-1017.

[139] Wei, Y., et al., 2013. Screen printing of a capacitive cantilever-based motion sensor on fabric using a novel sacrificial layer process for smart fabric applications. Meas. Sci. Technol. 24 (7), 75104.

[140] Unitika LTD, 2015. Unitika LTD. Available at: http://www.unitika.co.jp/e/ (accessed 15.05.15).

[141] Cetemmsa Technology Centre, 2015. Cetemmsa. Available at: http://www.cetemmsa.com/ (accessed 10.05.15).

[142] Yuce, M. R., Khan, J., 2011. Wireless Body Area Networks: Technology, Implementation, and Applications. Pan Stanford Publishing, Singapore.

[143] Giddens, H., et al., 2012. Influence of body proximity on the efficiency of a wearable textile patch antenna. In: 2012 6th European Conference on Antennas and Propagation (EUCAP), pp. 1353-1357.

[144] Rais, N. H. M., et al., 2009. A review of wearable antenna. In: Antennas & Propagation Conference, 2009. LAPC 2009, Loughborough, pp. 225-228.

[145] Matthews, J. C. G., Tittensor, P. J., 2014. Body Wearable Antenna. Available at: https://www.google.co.uk/patents/EP2529446B1? cl=en.

[146] Roh, J. S., et al., 2010. Embroidered wearable multiresonant folded dipole antenna for FM reception. IEEE Antenn. Wireless Propag. Lett. 9, 803-806.

[147] Wang, Z., et al., 2012. Flexible textile antennas for body-worn communication. In: 2012 IEEE International Workshop on Antenna Technology (iWAT), pp. 205-208.

[148] Locher, I., et al., 2006. Design and characterization of purely textile patch antennas. IEEE Trans. Adv. Pack. 29 (4), 777-788.

[149] Liu, N., et al., 2011. Electromagnetic properties of electro-textiles for wearable antennas applications. Front. Electr. Electron. Eng. China 6 (4), 563-566.

[150] Baker-Jarvis, J., Janezic, M., DeGroot, D. C., 2010. High-frequency dielectric measurements. IEEE Instrum. Meas. Mag. 13 (2), 24-31.

[151] Salvado, R., et al., 2012. Textile materials for the design of wearable antennas: a survey. Sensors 12 (11), 15841-15857.

[152] Hertleer, C., et al., 2009. Influence of relative humidity on textile antenna performance. Text. Res. J. 80, 177-183.

[153] Sankaralingam, S., Gupta, B., 2010. Development of textile antennas for body wearable applications and investigations on their performance under bent conditions. Prog. Electromagn. Res. B 22, 53-71.

[154] Ouyang, Y., Karayianni, E., Chappell, W. J., 2005. Effect of fabric patterns on electrotextile patch antennas. In: 2005 IEEE Antennas and Propagation Society International Symposium, pp. 246-249.

[155] Lilja, J., et al., 2012. Design and manufacturing of robust textile antennas for harsh environments. IEEE Trans. Antennas Propag. 60 (9), 4130-4140.

[156] Monarch Antenna Inc., 2015. Available at: http://www.monarchantenna.com/ (accessed 15.06.15).

[157] Pharad, 2015. Pharad. Available at: http://www.pharad.com/wearable-antennas.html (accessed 15.06.15).

第 5 章　建筑与办公场所用纺织品的声学测试和评价

X. Qiu
皇家墨尔本理工大学，澳大利亚，墨尔本

本章介绍纺织品的声学性能，包括声的传播、吸收和散射。这些性能可以用多种参数表征，如流动阻率、透过损失率、吸收系数、散射系数等。本章还将介绍这些参数的测试和评价方法。根据纺织品的声学性能，设计师可以根据建筑和办公环境的要求利用这些纺织品实现声音质量的控制。

5.1　纺织品的声学性能

纺织品是由天然或人造纤维织造而成，将羊毛、亚麻、棉或其他纤维材料纺成的纱线再织造成织物。织造方法有机织、针织、钩编、打结、缠绕或毡呢等。纺织品的声学特性可以分为传播、吸收、散射三类，这些特性又和空气流动阻力、声波透过损失率、吸声和声波散射系数等参数有关。

5.1.1　流动阻率

大多数声学用途的纺织品由于内部相互联系的孔隙及内部孔洞而具有较大的孔隙率。多孔纺织品的声学性能主要取决于纺织品的一种固有特性——（空气）流动阻率，用于评价空气进入并通过多孔纺织材料的难易程度[1]。流动阻率也称静态流动阻率，它与纺织品的声学性质有关，在许多固有声学性质，如特性阻抗、传播常数和吸声系数的计算中至关重要。在 S. I. 单位系统里，流动阻率 σ 定义为单位厚度的流动阻力，单位是 $N \cdot s/m^4$[2]。

$$\sigma = \frac{R_f}{h} \tag{5.1}$$

式中，R_f是厚度为 h 的均匀织物层的流动阻力，可用下式表示：

$$R_f = \frac{\Delta p \cdot S}{V_0} \tag{5.2}$$

式中，Δp 是指在体积流速为 V_0 的稳定低速气流状态下，在表面积为 S 的织物样品两边的压差，流动阻力的单位为 N·s/m^3，V_0/S 是指织物表面单位面积的体积流量，称为面速度。此处，“特定”标签表明，R_f 是单位截面积样品的流动阻力。

流动阻力又叫静态流动阻力，是指在稳定的低速气流状态下，在多孔材料两边的压差与流经多孔材料的体积速度之比。低速时，流动阻力几乎与体积速度无关，取决于声频。多孔织物薄层（与声波长度相比）的动态比流动阻力是特定频率下复比流阻抗的实部，定义是穿过该层的压降与经过该层的相对表面速度的复比。当频率趋于零时，动态比流阻随频率变化很小，所以基本等于静态流阻。在国际标准中，流阻被定义为经过单位厚度的材料时压差与流速之比的实部[3]。流阻用来描述特定厚度的织物层，而流动阻率则用来描述单位厚度材料的阻力。

由玻璃纤维和石棉纤维制备的纤维多孔材料（纤维直径为 1~15μm），其流动阻率可用式（5.3）计算[4]：

$$\sigma = 27.3\left(\frac{\rho_m}{\rho_f}\right)^{k_1}\frac{\mu}{d^2} \tag{5.3}$$

式中，ρ_m 为多孔材料的体积密度；ρ_f 为纤维材料密度；μ 为动态气体黏度，1.84×10^{-5} kg/（m·s）；大气温度为 20℃；d 为多孔材料的纤维直径；直径为 1~15μm 的玻璃纤维和石棉纤维的常数 $k_1=1.53$，其他具有不同直径的纤维可能具有不同的常数值。从式（5.3）明显得出，通过减小纤维直径可以提高流动电阻率。对于声学纺织品，静态空气流动阻率的取值范围为 $10^3\sim10^6$ N·s/m^4。

5.1.2 传播

为了更好地分析多孔纺织材料中传播的声波，通常将多孔充气介质当作一种等效的均匀介质，所以可以用传播因数 $e^{j\omega t-\gamma x}$ 描述传播波与时间 t、传播坐标 x 的依赖关系。这里，$\omega=2\pi f$ 为角频率，f 为波频率。传播常数 γ 也被称作传播系数，它是一个复数，可以表示为：

$$\gamma=\alpha+jk \tag{5.4}$$

式中，k 是传播波数，$k=\omega/c$，也被称作相位系数；α 为衰减系数；c 为介质中的声速。传播常数 γ 的实部和虚部单位分别为 N_p/m 和 rad/m 。衰减系数 α 描述了在传播方向上波幅减少距离 $e^{-\alpha x}$。这个系数是振幅衰减系数，而不是能量衰减系数。

当声波入射到织物时，其中一部分会被反射回入射介质，另一部分会透过织物传输。被透过的那部分入射能量用透过系数 τ 表征。如果没有其他途径进行能量损耗或反射，那么透过系数和衰减系数的关系是：

$$\tau = \alpha^2 \tag{5.5}$$

传输损耗 TL 被定义为透过系数倒数的对数：

$$TL = -10\lg\tau \tag{5.6}$$

通常来说，通过多孔层的透过损耗取决于入射角度，同时与材料的密度、厚度、流动阻率和声频有关。在低频率范围内（如小于100Hz），透过损耗通常低于20dB，但是在高频率范围内（如大于2000Hz），损耗则高于20dB。透过损耗通常随材料密度、厚度、流动阻率及频率增大而增大。

对于一个吸声织物板，低频率下的 TL 值被面板的刚度所控制。在第一面板的共振频率下，声音的传输速度很快，因此，由于系统中的阻尼，穿过这一面板的 TL 值很低。当频率高于第一个面板谐振时，此时遇到的频率范围一般较宽，传输损耗则由面板的表面密度控制。在该频率范围内（质量定律范围），传输损耗以每八度6dB的速度随频率的增加而增加。在临界频率范围内的更高频率下，也是如此。在非常高的频率下，传输损耗再一次上升。在这个频率范围内，传输损失上升到每八度9dB。

事实上，最好用单个数字符号来描述特定面板的传输损耗，以便比较不同面板的性能。因此，在这里引入单个数字评价方法即STC（或声音透过等级）[5]。为了确定特定分区的STC，对特定面板采用曲线拟合测量或计算三分之一频程的传输损耗。ISO标准中使用降噪指数 R_i 代替声音传输损耗，并用加权降声指数 R_w 代替声音透过等级。尽管使用了不同的术语，但测定的方法都是一样的[6]。

5.1.3　吸收

边界处的吸收系数也称作吸收因数或声功率吸收系数，定义为入射声功率到达边界时未反射的部分，即被边界吸收[2]：

$$\alpha = 1 - \frac{E_r}{E_i} \tag{5.7}$$

式中，E_r 和 E_i 分别是到达边界的反射声功率和入射声功率；吸收系数 α 是频率和入射波方向的函数。统计意义的吸收系数（随机入射）可表示为：

$$\alpha_{st} = \frac{1}{\pi}\int_0^{2\pi} d\varphi \int_0^{\pi/2} \alpha(\theta) \cdot \cos\theta \cdot \sin\theta \cdot d\theta \tag{5.8}$$

式中，θ 和 φ 分别是仰角和方位角。Sabine吸收系数是由混响时间测量，通过

Sabine 公式推导出随机入射吸收系数[4]。混响时间是声波在初始稳定状态下声能衰减 60dB 的时间[2]。

多孔材料声音吸收器是一种声音的传播发生在相互连接孔（开放孔结构）的网状结构中的材料，这种网状结构的黏性和热效应导致声能耗散。空气是一种黏性流体，因此，声能通过与孔壁的摩擦而耗散。除了可见效应之外，从空气到吸收材料的热传导也会造成损失，这在低频率下可能更为显著。为了使多孔吸收体产生更为显著的吸收，需将其放置在粒子速率高的地方[2]。靠近空间边界（壁面）的粒子速率通常是零，因此，距离背面部分最远的吸收器部件往往吸声效果最好[7]。为了有显著的吸声效果，一层声吸收材料的厚度要大于声波长度 1/10，并且应有大约 1/4 波长的厚度以便吸收大多数的入射声波。

多孔织物在低频率下的吸收往往比较困难，这是因为材料要求的厚度大，并且声音的吸收层通常被放在空间的边界处，边界处粒子的速率低，吸收效率就低。谐振吸收可能是解决上述问题的一种办法。谐振吸收有两种常见形式：膜/板吸收器和 Helmholtz 吸收器。膜/板吸收器是一片乙烯基或胶合板，可自由摆动。而对于 Helmholtz 吸收器来说，其质量是穿孔板开口处的空气“塞”。这两种情况下的活力都由腔内封闭的空气提供，最佳性能可通过在 Helmholtz 谐振腔的颈部或者面板吸收器的膜后放置多孔纺织品吸附剂而获得。这种吸收器的谐振频率可调。

声音吸收器通常用于修正房间内的回响，削弱来自远处墙壁的不希望的声音的反射（回波），并减小声学能量密度，以由此减小喧闹房间内的声压水平。有两种代表性的测量吸收系数的方法：一种是测量阻抗管中的正入射吸收系数，另一种是测量混响室中的随机入射吸收系数。

5.1.4 散射

房间的散射和吸收是影响房间声学性能的重要因素。虽然散射指向性响应可以提供关于织物表面散射的许多信息，但它产生的细节太多，而在实践中需要一个单一的值与扩散器的有效性比较。还需用散射系数评估表面产生的色散量，以便使用室内声学几何模型进行准确测量[1]。几何模型用散射系数确定反射在镜面上的能量和散射能量的比例。

镜面反射是符合 Snell 定律的反射，即反射角等于入射角。对于以角度 θ 到达边界的入射波，其散射系数 s_θ 定义如下：

$$s_\theta = 1 - \frac{E_s}{E_r} \tag{5.9}$$

式中，E_s为镜面反射声能；E_r为入射声功率到达边界处反射的总声能。理论上，s_θ取 0~1 之间的值，其中 0 表示完全镜面反射表面，1 表示完全散射表面[8]。随机入射散射系数 s 定义为：1 减去镜面反射表面声能与在漫反射场中反射表面总声能的比值计算得到的值。

方向扩散系数 $d_{\theta,\varphi}$是一个衡量声源表面产生的扩散均匀性的参数[1]：

$$d_{\theta,\varphi}=\frac{\left(\sum_{i=1}^{n}10^{L_i/10}\right)^2-\sum_{i=1}^{n}\left(10^{L_i/10}\right)^2}{(n-1)\sum_{i=1}^{n}\left(10^{L_i/10}\right)^2} \tag{5.10}$$

式中，下标 θ 为相对于表面参考法线的入射角；φ 为方位角；n 为接收器个数；L_i为散射声指向性响应中的声压级别。方向扩散系数取值在 0~1 之间，对应每个接收端分别接收到非零散射声压或完全扩散。通过加权不同声源位置的方向扩散系数计算得到的随机入射扩散系数 d，是单个平面扩散器在一个完整半圆上的典型声源样本或半球形扩散器在一个完整半球上扩散的统一度量。归一化方向扩散系数 $d_{\theta,\varphi,n}$是将试样归一化到参考平面的系数，常态化扩散系数 d_n是由常态化方向扩散系数确定的随机入射扩散系数。

散射系数和扩散系数都是真实反射行为的简化表示。扩散系数的目的使扩散器能被设计出来，并使声学家能够比较房间设计和性能规范中表面的性能。扩散系数与入射、散射系数不同，但紧密相关。散射系数是描述散射程度的一种粗略方法，而扩散系数则描述散射的方向均匀性，即扩散表面的质量。

扩散系数和散射系数的差别是数据简化中最重要的信息保留问题。对于扩散器的设计者来说，最重要的是反射能量的均匀性；在室内声学建模中，它是指从镜面角度散射出去的能量。定义之间的差异可能看起来很微妙，但是却很重要。散射系数对散射过程给出了快速粗略的估计，在设计扩散器时，不应将其用于评估表面的价值。散射系数只与有多少能量从镜面方向移动有关，它不测量色散的质量。因此，当散射质量很重要时，需要用扩散系数来评价扩散面。由于其定义不能与用在当前几何算法中的表面散射模型共存，扩散系数不应该被用于几何房间声学模型中。

5.2　流动阻力测量

测量（静态）流动阻力的方法分为直接气流法[3,9]、交替气流法[3,10]、比较法[11]和各种声学方法[12-16]。直接气流法在稳定气流中分别测量试样的压降和通过试样的流速，然后计算二者的比值。交替气流法只测量试样的压差或两个耦合腔之间的声压比，但假定振荡活塞产生的流速已知或两个腔内的体积速度相同。比较法是将试样与具有校准的流动阻力的材料串联放置，并根据各单元的压降比计算流动阻力。声学方法通常是在一个带有扬声器和几个麦克风的低频阻抗管中进行。

5.2.1 直接气流法

如图 5.1 所示，可使用符合 ISO 9053 或 ASTM C 522 要求的仪器来测量多孔材料样品的流动阻力，建议使用 $5\times10^{-4}\sim5\times10^{-2}$m/s 的小流量，这样可以避免引入无阻尼效应以及压差和速度间的非线性关系[1,4]。

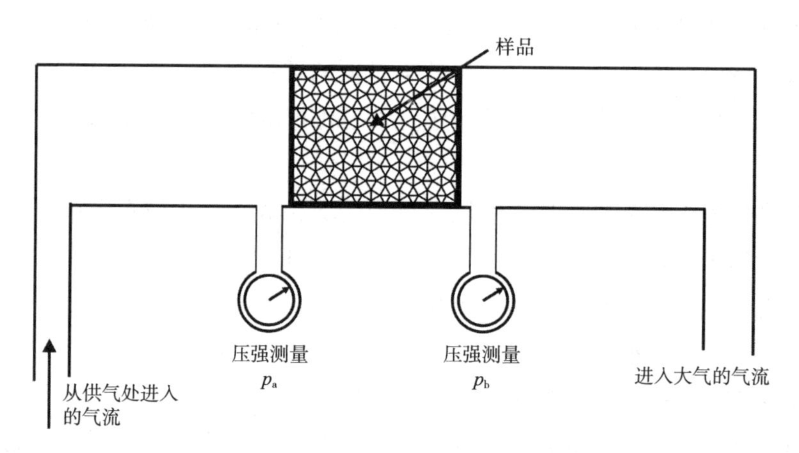

图 5.1 直接气流法的基本原理

图 5.1 所示试样的流动阻力通过下式可计算得到：

$$\sigma = \frac{\Delta PS}{V_0 d} \tag{5.11}$$

式中，$\Delta P=p_a-p_b$是空气压力差（Pa）；S 为试样的横截面积（m^2）；V_0为通过试样的体积流速（m^3/s）；d 为试样在流动方向上的厚度（m）。

测量管道可以是矩形或圆柱形。如果使用圆柱形管道，其内径应大于 95mm。与矩形管道相比，方形管道更受欢迎，且边长应不少于 90mm。测量管的长度应该比试样的厚度大 100mm。最低流量稳定气流的速度应为 5×10^{-4}m/s。更多关于实验设备、程序、精度和报告格式的细节可在 ISO 9053 或 ASTM C 522 等标准中找到。

5.2.2　交替气流法

在交替气流法中，活塞用于产生经过测试样品的低频交替气流，电容传声器用于获得多孔材料前压力变化的均方根（rms）值。图 5.2 所示为实验装置的基本原理。

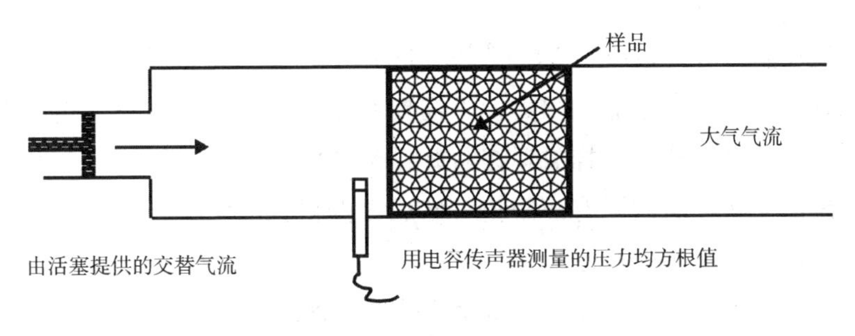

图 5.2　交替气流法的基本原理

活塞位移产生的交替气流的建议频率约为 2Hz，气流速度 rms 值建议在 0.5~4mm/s 之间，可通过下式计算：

$$u_{rms} = \frac{\pi fh A_p}{\sqrt{2}S} \tag{5.12}$$

式中，f 为活塞产生的交替气流频率；h 为活塞位移的峰间振幅；A_p 为活塞的横截面积；S 为试样的截面积。

通过应用压力变化和体积变化之间的关系[1]，可使用下式计算试样的流动阻力：

$$\sigma = \frac{Sp}{2\pi df\dfrac{A_p h}{2\sqrt{2}}\sqrt{1-\left(\dfrac{Vp}{P_a\gamma\dfrac{A_p h}{2\sqrt{2}}}\right)^2}} \tag{5.13}$$

式中，p 为传声器测得的声压（Pa）；P_a 为大气压力；d 为试样在流动方向上的厚度；V 为活塞与试样间容器的体积；$\gamma=1.4$，为空气比热比。

当声压级低于 140dB 时，上述方程可近似为：

$$\sigma = \frac{\sqrt{2}\,P_{ref}S}{\pi dfh\,A_p}10^{\frac{L}{20}} \tag{5.14}$$

式中，$P_{ref}=20\mu Pa$，为参考声压级；L 为被测声压级（dB）。

因此，流动阻力可以通过活塞和声级计测量出。对于常用仪器，测试件的最大直径约为 100mm，冲程长度为 5mm 的活塞的直径约为 10mm，比流阻测量取值范围为 $10 \sim 10^5 N \cdot s/m^3$。这种测量结果的再现性可能存在问题，因为对于同一个样本，重复测量的误差约为 2.5%；在同一个实验室里，从同一材料上切下的 5 个样品的误差约为 5%，不同实验室间的误差约为 15%[18]。

5.2.3 声学测量方法

测量流动阻力有许多声学方法[19-20]。ISO10534-2 和 Tao 等人介绍了一种使用标准阻抗管直接测量静态流动阻力，不需要对导管进行修改或改变传感器位置的方法[16,21]。该方法首先将试样放置在贴近刚性端处（间隔已知），采用传统的传递函数法测量试样前表面的固有声阻抗，然后根据得到的阻抗传递函数计算特性阻抗、传播常数和静态流动阻力。

图 5.3 是为实施 ISO 10534-2 而设计的阻抗管的示意图，其中试样厚度是 $2l$，后空腔深度（试样背面与刚性端之间的距离）为 L。试样前表面的特定声阻抗可通过下式确定：

$$Z_s = \rho_0 c_0 \frac{1 + R}{1 - R} \tag{5.15}$$

式中，ρ_0为空气密度；c_0为声速；R 为反射系数。均可通过 ISO 10534-2 得到。

$$R = \frac{H_{12} - H_i}{H_r - H_{12}} e^{2jk_0 x_1} \tag{5.16}$$

式中，$H_{12} = p_2/p_1$，p_1 和 p_2 分别是传声器 1 和传声器 2 测得的声压；$H_i = e^{-jk_0(x_1-x_2)}$；$H_r = e^{jk_0(x_1-x_2)}$；x_1和 x_2分别是传声器 1 和传声器 2 的位置坐标；k_0是波数。一般来说，波数 k_0取决于导管内的传播衰减，但为了方便起见可以近似等于 $2\pi f/c_0$，f 是频率。

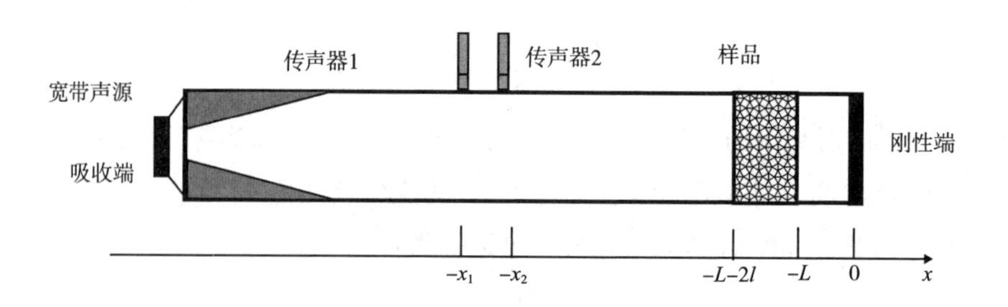

图 5.3 ISO 10534-2 中阻抗管的示意图

另一方面，利用阻抗传递函数可以表达出试样前表面的固有声阻抗[22]：

$$Z_s = Z_m \frac{Z_L + jZ_m \tan(2k_m l)}{Z_m + jZ_L \tan(2k_m l)} \tag{5.17}$$

式中，Z_m、k_m和 Z_L分别是试样背面的特性阻抗、传播常数和声阻抗。

对于刚性端：

$$Z_L = -j\rho_0 c_0 \cot(k_0 L) \tag{5.18}$$

将试样紧靠刚性端放置时，$L = 0$ 且 $Z_L \to -\infty$，因此，式（5.17）变为：

$$Z_m = jZ_s \tan(2k_m l) \tag{5.19}$$

假设在 L 等于零和非零条件下，试样前表面的固有声阻抗分别为 $Z_{s,0}$和 $Z_{s,L}$，则可通过将式（5.18）和式（5.19）代入式（5.17）得到下式并计算传播常数 k_m：

$$k_m = \pm \frac{1}{2l} \arctan \sqrt{\frac{Z_L}{Z_{s,0}} - \frac{Z_{s,L}(Z_{s,0} + Z_L)}{Z_{s,0}^2}} \tag{5.20}$$

将计算所得的 k_m代入式（5.19），可得到试样的特性阻抗 Z_m。对于多孔材料，静态流动阻力可通过下式计算得出[15]：

$$\sigma = -\lim_{\omega \to 0} [\mathrm{Im}(Z_m k_m)] \tag{5.21}$$

当试样厚度明显小于波长时，式（5.19）中 $\tan(2k_m l) \approx 2k_m l$，此时式（5.21）可简化为下式：

$$\sigma = -\lim_{\omega \to 0} \left\{ \mathrm{Im} \left[\frac{Z_L - Z_{s,L}(Z_L + Z_{s,0})/Z_{s,0}}{2l} \right] \right\} \tag{5.22}$$

在实际应用中，ISO 10534－2 中测量频率的下限是 63Hz，并且不可能按式（5.22）的要求在频率为 0 时产生入射声波。幸运的是，当测量频率足够低时，流动阻力对频率并不敏感[12]，因此，当测量频率在几百赫兹时，静态流动阻力的测定值可以被接受。

5.3　传输损耗测量

透射系数是声波入射到隔板或织物时透射能量的分数，透射损失是透射系数倒数的对数。两种类型的传输损耗通常都要用一层纺织材料测量。混响室内的随机入射传输损耗是利用混响室法进行测量，而法向入射声透射损耗是采用传递矩阵法在阻抗管中测量。

5.3.1 混响室法

一般来说，传输损耗取决于入射声音的入射角[4]。随机入射传输损耗是指在测试实验室中试样暴露在扩散入射声场的响应。因此，测试结果与暴露在相似声场下的相似试样的性能最为直接相关。如图 5.4 所示，隔板的随机入射传输损耗是在实验室中通过将隔板放置在两个相邻混响室之间的开口中测量，该开口是为此类测试设计的[23-24]。

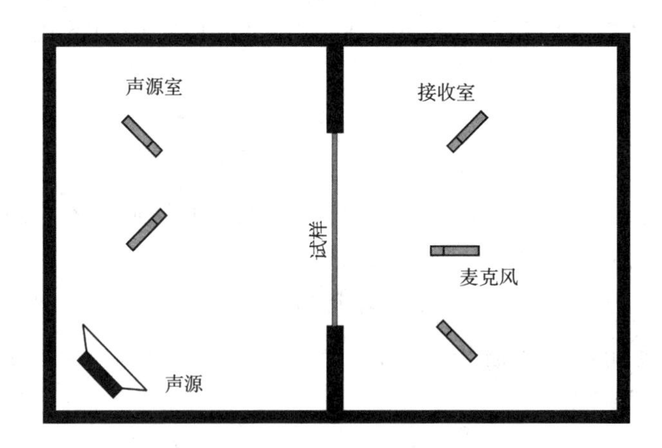

图 5.4 在相邻混响室分区测量传输损耗

声音被引入房间，称为声源室，部分声能通过测试分区被传输到另一个房间，该房间称为接收室。可以测量出声源室和接收室内产生的平均空间声压力水平，两者的差值称为降噪值 *NR*。随机入射传输损耗可以由下式获得：

$$TL = NR + 10\lg \frac{A}{S\bar{\alpha}} \tag{5.23}$$

式中，*A* 是面板面积；*S* 是接收室的表面总面积，包括试样隔离物；$\bar{\alpha}$ 代表了接收室的平均 Sabine 吸声系数，包括通过测试分区的损耗。

ISO 10140 系列标准是有关建筑构件隔音性能的实验室测试标准[24-28]。它在总标题“实验室测量隔音建筑构件的声学性能”下由五个部分组成，分别是：特定产品的使用规则、航空隔声测量、冲击隔声测量、测试设施和设备的测量程序与要求。ISO 10140-1 中说明了构件和产品适当的测试程序。对于特定种类的构件或产品，该标准包含了关于测试元件数量和尺寸以及准备、安装和操作条件的更具体的说明。ISO 10140-2、ISO 10140-4 和 ISO 10140-5 给出了完整的隔声测量程序。通常测试需要的分区尺寸是 $10m^2$。

当进行传输损耗的实验时，必须注意确保所有其他声学传输路径都是可忽略的。比如，任何侧面的路径对于整个能量传输的贡献是微不足道的。为了满足这种测试方法应专门设计实验室，其目的是，在房间中声音传播的唯一途径是穿过测试样本。在通常有许多其他声音路径的建筑中，情况并非如此。所以，用这种测试方法获得的声音等级与建筑物的隔声没有直接关系。它们代表了在现场测试中测量的上限。现场测试应该根据其他标准来执行，如 ATSM E 336[29]。

混响室测试方法包括室内测量建筑隔墙的传声损耗，如各种墙壁、开闭式间壁、地板天花板装配物、门、窗户、房顶、平面板，还有空间分隔构件。设计测试实验室，要使测试试样构成两个测试室之间的主要声传递路径，使测试室内存在近似扩散声场。隔板的声音传输损耗也可以用一个混响室作为声源室，一个不太混响的空间作为接收室来确定。在这种情况下，分区上的入射功率和发射功率可以通过测量靠近接收机室一侧面板（500 ~ 100mm）的有源声强的平均值来确定[30-32]。

5.3.2　传递矩阵法

有时，有必要使用比混响室法更便宜和更节省时间的方法来表征材料的隔音特性，或者在无法建造或运输较大样本到实验室时进行小样本测试。在这些情况下，传递矩阵法可以用来测量材料或样品的正常入射声传播。传递矩阵法可用于确定材料的附加声学特性，并可通过组合或复合材料的单个传递矩阵计算组合或复合材料的声学特性[33]。

传输损耗很大程度上取决于该方法固有的临界条件和材料安装方式的细节，在解释用这种方法得到的结果时，必须考虑这一点。应用在声学系统元件中的材料可能与这种方法不同，因此，在实际情况下，这种方法得到的结果可能与性能无关。这些量是作为频率的函数来测量的，其分辨率由数字频率分析系统的采样率、变换大小和其他参数决定。可用频率范围取决于管的直径和麦克风位置之间的间距。通过使用不同直径和麦克风间距的管道，可以获得更大的频率范围。

阻抗管的简图如图 5.5 所示。它的本质是一根直管，一端与声源相连，另一端能够容纳待测材料样品。一对按规定距离隔开的麦克风在麦克风支架的作用下与该管连接。这些麦克风通过信号调节器（前置放大器）和数据采集系统连接到数字信号分析仪上。带有均衡器和放大器的函数发生器用于给阻抗管中的声源供电。与采用刚性衬底的吸收系数测量不同，在测试试样的下游一侧使用与上游管直径相同的空心管和一对微型电话支架进行传输损耗测量。在传输损耗测量中，采用两种不同的终端条件（无回声和刚性支撑）。

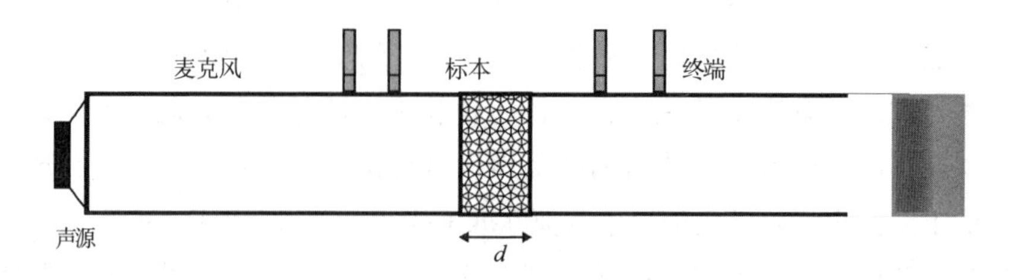

图 5.5　阻抗管法入射声传输损耗测量装置

在试样两侧的两个位置安装四个麦克风，并使膜片与管的内表面平齐。平面波是利用声源的宽带信号在电子管中产生的。通过同时测量四个位置的声压并检测声压的相对振幅和相位，将得到的驻波图分解为前进和后退行波分量。声传递矩阵为：

$$\begin{bmatrix} P \\ v \end{bmatrix}_{x=0} = \begin{bmatrix} T_{11} & T_{12} \\ T_{21} & T_{22} \end{bmatrix} \begin{bmatrix} P \\ v \end{bmatrix}_{x=d} \tag{5.24}$$

该传递矩阵将试样两边声压 P 与正常粒子速度 v 联系起来，完整地描述了试样的平面波特性（ASTM E 2611）。为了得到传递矩阵，需要用两个不同端点进行测试。通常使用近无声或者开口终端。在得到矩阵元素后，将传输矩阵元素代入式（5.25）（ASTM E 2611）计算正入射传输损耗：

$$TL = 20\lg \left| \frac{T_{11} + T_{12}/\rho_0 C_0 + \rho_0 C_0 T_{21} + T_{22}}{2e^{jkd}} \right| \tag{5.25}$$

式中，d 为试样厚度；ρ_0 为空气密度；c_0为声速；波数 $k = 2nf/c_0$；f 为频率。

ASTM E 2611 垂直入射的声波传输损耗的测量使用了一个平面波管，该平面波管由四个麦克风和一个由可调节的声负载组成的终端组成（四个麦克风和两个负载）。这两种负载通常是最小反射端（如无回声端）以及一个反射部分入射波的端部（如开放端部）。同时，需要测量六个传递函数的最小值。有人提出了一种不同的方法，即在略微改进的经典阻抗管中使用三个麦克风，其中第三个麦克风平齐安装在可移动的硬终端上。与本节介绍的标准方法相比，该方法所需的传递函数测量值更少（一般情况下为四个）[34]。

5.4 吸收系数测量

两种常用的测量吸收系数的方法是阻抗管法和混响室法。阻抗管法测量正入射吸收系数，混响室法测量随机入射吸收系数。通常，正入射吸收系数大的材料也具有较大的随机入射吸收系数；然而，这两个吸收系数之间并没有明确关系[35]。还有其他方法可以测量不同情况下材料的吸收系数[1]，例如，利用两个麦克风得到自由场中的斜入射吸收系数[36]，即根据测量到的两个麦克风之间的传递函数和可用于原位测量的时间门控（窗口）技术。

5.4.1 阻抗管法

对于图 5.6 所示的阻抗管测量，采用刚性壁管/管道，一端为扬声器，另一端为试样端部[21,33,37]。试样的布置方式必须与实际使用相同，比如试样在刚性墙前的距离。在扬声器前面设置吸收端，用以避免声源端反射。为了测量驻波在单频率下的声压最大值和最小值，设计了一种可移动探头麦克风，这种麦克风需要小到不会扭曲声场。该管应该足够长，以允许形成至少一个最大和一个最小的压力分布。它的边维数应该小于波长的最高频率以避免没有恒定横向压力分布的高阶模式。此外，管的横截面不能太小，以避免管壁表面的损失而造成较大的波衰减。通常需要至少不同尺寸的两个管，这样是为了覆盖 100~5000Hz 的频率范围。

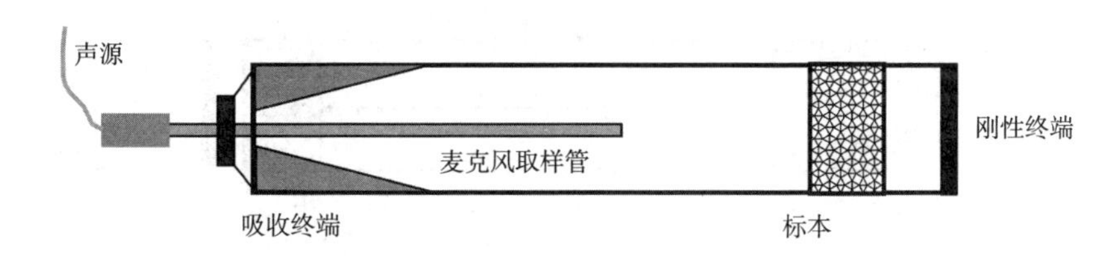

图 5.6　驻波法阻抗管内正入射吸收系数测量装置

设测试样品在管道末端的法向平面波压力反射系数为 R，则位于 x 处和管道内时间 t 的稳定声压关系可由下式得出：

$$P(x,\ t) = P_i + P_r = P_A\, e^{j(\omega t - kx)} + R\, P_A\, e^{j(\omega t + kx)} \tag{5.26}$$

式中，P_A 是法向入射平面波的幅值；C_0 为声速；角频率 $\omega = 2\pi f$；波数 $k = \omega / c_0$；f 为频率，其大小为：

$$|P(x,\ t)| = P_A\sqrt{(1+|R|)^2 + 2|R|\cos(2kx+\Psi)} \tag{5.27}$$

式中，Ψ与反射引起的相变有关。当$2kx+\Psi=2n\pi$或$2(n+1)\pi$时，声压的最大值和最小值可由下式得出：

$$P_{max} = P_A(1+|R|) \tag{5.28}$$

$$P_{min} = P_A(1-|R|) \tag{5.29}$$

由此可得关系函数：

$$|R| = \frac{P_{max}-P_{min}}{P_{max}+P_{min}} \tag{5.30}$$

法向入射吸收系数为：

$$\alpha = 1-|R|^2 = \frac{4P_{max}P_{min}}{(P_{max}+P_{min})^2} \tag{5.31}$$

如果使用最大声压与最小声压之间的声压级差，则法向入射吸收系数为：

$$\alpha = \frac{4\times 10^{\Delta L/20}}{(1+10^{\Delta L/20})^2} \tag{5.32}$$

式中，$\Delta L=20\lg(P_{max}/P_{min})$。

驻波法的优点是简单、可靠，不过它一次只能测量一个频率，在驻波中定位最小值的过程非常缓慢，需要获取相位信息，因此，测量多频率是非常繁琐的。为了提高测量速度，可以采用互谱法获得试样在宽带下的法向入射吸收系数，图5.7为采用互谱法测量管内垂直入射系数的装置，其中两个麦克风用于获取管内两个位置的光谱[21,33,37]。

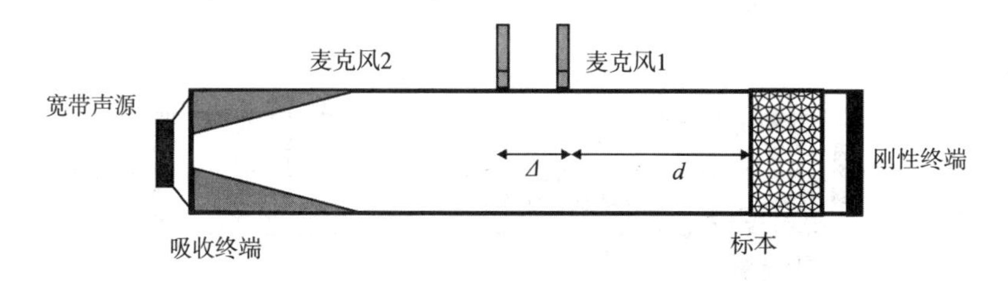

图5.7 基于互谱法的阻抗管法向入射吸收系数测量装置

图5.7中麦克风1和麦克风2的声压可以表示为：

$$S_1(f) = S(f)\left[e^{-jkd} + R(f)\,e^{jkd}\right] \tag{5.33}$$

$$S_2 = S(f)\left[e^{-jkd(d+\Delta)} + R(f)\,e^{jk(d+\Delta)}\right] \tag{5.34}$$

式中，d为麦克风1到试样的距离；Δ为两个麦克风之间的距离；$S(f)$为宽带声源入射波的频谱；波数$k=2\pi f c_0$；f为频率；c_0为音速。

从式（5.33）和式（5.34）得反射系数谱：

$$R(f) = e^{-2jkd}\frac{S_2(f) - S_1(f)\,e^{-jk\Delta}}{S_1(f)\,e^{jk\Delta} - S_2(f)} \tag{5.35}$$

两个麦克风之间的互谱 $H_{12}(f) = S_2(f) / S_1(f)$，则反射系数谱可表示为：

$$R(f) = e^{-2jkd}\frac{H_{12}(f) - e^{-jk\Delta}}{e^{jk\Delta} - H_{12}(f)} \tag{5.36}$$

法向入射吸收系数为：

$$\alpha = 1 - |R|^2 \tag{5.37}$$

使用互谱法的主要优点是可以在一定范围内得到所有频率下的表面吸收系数，在同一时间内，比驻波法效率高得多。麦克风间距是有限制的[1]，如果两个麦克风靠得太近，测量的传递函数往往不准确，因为变化的压力太小，无法准确测量；如果麦克风的间距太宽，由于在某些频率上两个传声器测得的压力几乎相同，联立方程就无法求解。

5.4.2　混响室法

阻抗管测量得到小直径（通常小于10cm）织物层的法向入射吸收系数，结果可用于比较材料的基本吸收性能和声学模拟。事实上，吸收体可能相当大，它们的结构和配置可能很复杂，这是声学设计的一部分。此外，入射声可能来自多个方向的真实的声场。混响室法在以下几个方面优于阻抗管法。首先，测量是在有许多接近实际条件的一个漫射声场中进行的；其次，吸收器的类型和结构没有限制，它可测量几乎任何类型的墙壁内衬、天花板、单座或座位区、空置或已占用区的吸收系数。

混响室法在体积必须至少为100m³、最好为200~300m³的小房间中进行。房间的墙壁应尽可能光滑和坚固，以减少反射损失[38-39]。房间的表面（包括天花板）通常是不平行的，以防止驻波的形成。额外的扩声器通常用来创造更多的反射表面，进一步促进任何特定声场的均匀分布。

在一个空的混响室中，当一定数量的材料被带入混响室中并以与实际应用相同的方法安装后，吸收系数可以通过测量混响时间确定。根据Sabine混响时间方程[1,4]，空混响室的混响时间可以表示为：

$$T_0 = \frac{55.3V}{c_0 S\,\alpha_0} \tag{5.38}$$

式中，S为房间的表面面积；V为房间体积；c_0为空气中的声速；α_0为空房间的平均吸收系数，它通常很小。配有试样的房间的Sabine混响时间方程为：

$$T_a = \frac{55.3V}{C_0[(S-S_a)\alpha_0 + S_a\alpha_a]} \tag{5.39}$$

式中，S_a为试样的表面面积；α_a为有试样存在的混响室的平均吸收系数。由前两个方程可知，试样的平均吸收系数为：

$$\alpha_a = \frac{55.3V}{c_0 S_a}\left[\frac{1}{T_a} - (S-S_a)\frac{1}{S T_0}\right] \tag{5.40}$$

假设 $S \gg S_a$，

$$\alpha_a \approx \frac{55.3V}{c_0 S_a}\left(\frac{1}{T_a} - \frac{1}{T_0}\right) \tag{5.41}$$

在测量中，为了能够影响混响时间，测试材料的表面积应该足够大，但是不能大到严重影响声场的扩散率。ASTM 标准和 ISO 标准建议的面积应该在 10~12m^2之间，长宽比在 0.7~1.0 之间。在许多情况下，混响室内的声音吸收受到房间墙壁以外的东西的影响，如低频扬声器、低频率和中频率下的固定和旋转扩散器表面以及高频率下的空气吸收。这些在正式的试验中都需要考虑。

样品大小、样品分布和所测房间的性质不同，纺织品的 Sabine 吸收系数的测量值可能不同。因此，当实验室测量值用于计算实际礼堂和工厂的混响时间和混响声压级时，计算值仅为近似值。

房间的混响时间有两种测量方法：衰减曲线法和后向积分法[38,40-41]。衰减曲线法通过带通滤波器和随机噪声发生器串联驱动扬声器。当声音被关掉时，房间里声音的衰减速度由附在水平记录器上的声压级计测量。衰减速率一般采用从初始稳态水平下降到记录衰减曲线 5 ~ 35dB 的最佳直线的斜率表示。混响时间是从-5dB 到-35dB 衰减时间的两倍。后向积分法的精度更高，逆时间积分法将正常的房间脉冲响应转化为衰减图，从而可以计算衰减时间，进而计算混响时间[42-43]。

5.5 散射性能测量

房间内的墙壁和物体散射的声音会影响室内的声音质量。散射系数和扩散系数是描述表面产生的散射的两种常用方法。在混响室中测量由表面粗糙度引起的表面随机入射散射系数，而在自由场中测量表面定向扩散系数。在几何空间建模中，散射系数用于表征表面散射，而扩散器设计师和声学家采用扩散系数比较不同表面的性能。

5.5.1　在混响室中随机入射散射系数的测量

ISO 17497 的第一部分规定了测量由表面粗糙度造成的随机入射散射系数的一种方法[8]。测量在全尺寸或等比例的混响室中进行，测量结果可用来描述声音从表面反射与从镜面反射的偏差。所得结果可用于室内声学和噪声控制方面的比较和设计计算。该方法不适用于表征表面散射的空间均匀程度。

散射系数可以用 1 减去镜面反射的声能与总反射的声能之比来计算：

$$s_\theta = 1 - \frac{E_s}{E_r} \tag{5.42}$$

总反射声能 E_r 可由下式表示为：

$$E_r = (1 - \alpha_a) E_i \tag{5.43}$$

式中，E_i为总入射声功率；α_a为吸收系数。镜面反射的声能 E_s 可以类似地表示为：

$$E_s = (1 - \alpha_s) E_i \tag{5.44}$$

式中，α_s为镜面吸收系数。将上述两个方程代入式（5.42），可得到散射系数：

$$s_\theta = \frac{\alpha_s - \alpha_a}{1 - \alpha_a} \tag{5.45}$$

在混响室中可以测量吸收系数和镜面吸收系数。

图 5.8 所示为混响室中测量随机入射散射系数的装置。试样的随机入射吸收系数可通过第 5.4.2 节所述方法获得。通过锁相平均反射脉冲时旋转试样得到镜面吸收系数。将圆形试样放在转台上。旋转转台时，重复测量脉冲响应。在试样旋转时，与直接分量和镜面分量相对应的脉冲响应的初始部分高度相关且保持不变，而后面部分与散射分量相对应的脉冲响应不是同相的，并且与特定方向有很大联系。当旋转试样时，通过平均反射脉冲压力，散射分量被平均为零，只保留镜面能量。然后，这种脉冲响应被向后集成，根据镜面反射分量提供混响时间[42-43]。

通过控制混响时间，可以得到散射系数。在试验中测量四次混响时间，其中 T_1是当关闭转台时没有试样测得的时间，T_2是当关闭转台时有试样测得的时间，T_3是当打开转台时没有试样测得的时间，T_4是当打开转台时有试样测得的时间。试样的随机入射吸收系数可通过下式计算：

$$\alpha_a \approx \frac{55.3V}{c_0 S_a}\left(\frac{1}{T_2} - \frac{1}{T_1}\right) \tag{5.46}$$

随机入射镜面吸收系数可通过下式计算：

$$\alpha_s \approx \frac{55.3V}{c_0 S_a}\left(\frac{1}{T_4} - \frac{1}{T_3}\right) \tag{5.47}$$

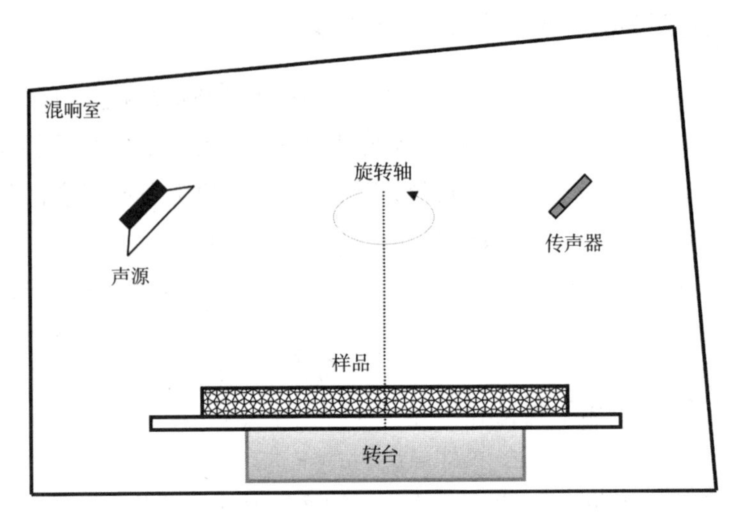

图 5.8 混响室中测量随机入射散射系数的装置

在正式测量中，需要考虑空气中的声速和在不同测量次数下的空气吸收。平板转台的直径约为 3.6m，因此，很难拥有一个具有低噪声驱动电动机的特别平且圆的转台。转台上的缺陷同样需要通过额外的测量来弥补。测量必须使用确切的源信号，如最大长度序列（MLS）信号用来允许锁相压力平均。在全尺寸试验中，转台必须缓慢移动，信号周期必须比室内混响时间长。通常一次旋转需要测量 72 次，因此，全尺寸测量非常缓慢费力。此外，由于该方法旨在测量表面粗糙度，因此，只有当试样的结构深度小于其尺寸（如小于转台直径的 1/16）时结果才可信。更多细节可在标准 ISO 17497-1 中找到。

5.5.2 自由场中定向扩散系数的测量

ISO 17497-2 的第二部分规定了测量自由场中表面定向扩散系数的方法[44]。扩散系数根据反射极分布的均匀程度表征从表面反射的声音。方向扩散系数是由散射声音的极性分布得出的频率相关值[1]。首先根据极性分布测量表面的散射，然后以 1/3 的倍频带宽间隔计算扩散系数，这有利于消除极性响应中的局部变化。

测量散射极性分布有多种方法。用声源照射试验面，用试验面的前方径向位置处的传声器获得压力脉冲响应。通常传声器的位置分别为单个平面或半球形测量绘制一个半圆或半球。一旦使用 MLS 信号或其他信号测量压力脉冲响应，将使用时闸将反射与入射声分离。根据扩压器的类型，可以在半圆或半球上的单个平面上测量极性响应。在测量时，可以使用固定传声器阵列或可移动的单个传声器。

在极性声音分布的测量中，可以使用多种统计参数描述扩散系数。在标准中，采用自相关函数来测量散射能量与接收角的空间相似性。将声音均匀散射到所有接收器的表面能够产生很高的空间自相关函数数值；相反，将散射能量集中到一个方向上的表面，其数值较低[1]。由式（5.10）计算得出的方向扩散系数，可通过下式得到归一化方向扩散系数：

$$d_{\theta,\varphi,n} = \frac{d_{\theta,\varphi} - d_{\theta,\varphi,r}}{1 - d_{\theta,\varphi,r}} \tag{5.48}$$

式中，$d_{\theta,\varphi,r}$为与试样总尺寸相同的参考平面的定向扩散系数。

5.6　结论

纺织品的声学性能可以分为传播、吸收和散射三大类，可以用流动阻力、传输损耗、吸收系数和散射系数来描述。流动阻力是纺织品的一种固有特性，是衡量空气进入多孔纺织材料的难易程度和气流通过材料时所遇到的阻力的一项指标。本章介绍了采用直接气流法、交替气流法和声学法测量纺织品的流动阻力。通过一层纺织品传输的入射能量的分数称为透射系数，透射损耗定义为透射系数倒数的对数。利用混响室法可以测量一层织物的随机入射透射损失，而利用传递矩阵法可以在阻抗管中测量一层织物的法向入射声波透射损失。

边界处的吸收系数定义为到达边界处的入射声中没有反射的部分。常用的两种技术是阻抗管法和混响室法。阻抗管法用于测量法向入射吸收系数，混响室法用于测量随机入射吸收系数。在阻抗管测量中，可以采用驻波法或互谱法。使用互谱法的主要优点是能同时获得各频率下的表面吸收系数，比驻波法更有效。混响室法优于阻抗管法，因为测量是在扩散声场下进行的，而且吸收器的类型和结构没有限制。利用衰减曲线法和后向积分法，分别测定了混响室有无试样的混响时间进而获得吸收系数。

房间内的散射和吸收是影响房间声音质量的重要因素。入射波到达边界时的散射系数定义为 1 减去反射声波能量与总反射声波能量之比的数值。方向扩散系数是测量一个声源表面扩散均匀性的一种方法。利用旋转转台，可以在混响室中测量由表面粗糙度引起的表面随机入射散射系数。利用固定传声器阵列或可移动单传声器测量表面散射的极坐标分布，可以在自由场中测量表面的方向扩散系数。

散射系数和扩散系数都是真实反射行为的简化表示。扩散系数的目的是使扩压器的设计成为可能，并使声学家能够比较房间的表面性能，而散射系数用于表征表面散射特性，用于几何房间建模程序。

根据纺织品的声学特性，声学设计师可以在建筑和办公环境中使用纺织品来优化声音质量。然而，房间的声学质量取决于许多因素，如声源的类型和位置、房间表面的几何形状和声学特性，以及环境背景噪声等。这不仅取决于所使用的材料，还取决于它们形成的结构以及安装的位置和几何形状。一些场合需要较大的吸声材料或结构，而另一些场合则要求材料或结构具有较大的散射但吸收性能较小。当需要减少声音传播时，需要大的声音传输损耗纺织品。到目前为止，还没有一种材料或纺织品可以解决所有的声学问题。当需要有效的吸声时，就需要轻、薄和/或透明的材料或纺织品，特别是在低频时，需要有较大的吸声系数。事实上，具有高吸声、高散射或低频率高透射损耗的轻、薄甚至透明的纺织品、材料和结构都是纺织设计师和制造商面临的一些挑战。

参考文献

[1] Cox, T. J., D'Antonio, P., 2009. Acoustic Absorbers and Diffusers: Theory, Design and Application, second ed. Taylor and Francis, London and New York.

[2] Morfey, C. L., 2001. Dictionary of Acoustics. Academic Press, San Diego, CA.

[3] ISO 9053: 1991. Acoustics—Materials for acoustical applications—Determination of airflow resistance. International Organization for Standardization.

[4] Bies, D. A., Hansen, C. H., 2009. Engineering Noise Control—Theory and Practice, fourth ed. Spon Press, London and New York.

[5] ASTM E 413-2016. Classification for rating sound insulation. American Society for Testing and Materials.

[6] ISO 717-1: 2013. Acoustics—Rating of sound insulation in buildings and of building elements— Part 1: Airborne sound insulation. International Organization for Standardization.

[7] Kuttruff, H., 2009. Room Acoustics, fifth ed. Taylor & Francis, New York.

[8] ISO 17497-1: 2004. Acoustics—Sound-scattering properties of surfaces—Part 1: Measurement of the random incidence scattering coefficient in a reverberation room.

[9] ASTM C 522-2009. Standard test method for airflow resistance of acoustical materials. American Society for Testing and Materials.

[10] Dragonetti, R., Ianniello, C., Romano, R. A., 2011. Measurement of the resistivity of porous materials with an alternating air-flow method. J. Acoust. Soc. Am. 129 (2), 753-764.

[11] Stinson, M. R., Daigle, G. A., 1988. Electronic system for the measurement of flow resistance. J. Acoust. Soc. Am. 83, 2422-2428.

[12] Ren, M., Jacobsen, F., 1993. A method of measuring the dynamic flow resistance and reactance of porous materials. Appl. Acoust. 39, 256-276.

[13] Woodcock, R., Hodgson, M., 1992. Acoustic methods for determining the effective flow resistivity of fibrous materials. J. Sound Vib. 153 (1), 186-191.

[14] Picard, M. A., Solana, P., Urchuegía, J. F., 1998. A method of measuring the dynamic flow resistance and the acoustic measurement of the effective static flow resistance in stratified rockwool samples. J. Sound Vib. 216 (3), 495-505.

[15] Doutres, O., Salissou, Y., Atalla, N., et al., 2010. Evaluation of the acoustic and non-acoustic properties of sound absorbing materials using a three-microphone impedance tube. Appl. Acoust. 71 (6), 506-509.

[16] Tao, J., Wang, P., Qiu, X., et al., 2015. Static flow resistivity measurements based on the ISO 10534.2 standard impedance tube. Build. Environ. http://dx.doi.org/10.1016/j.buildenv.2015.06.001.

[17] Bjor, O. H. (2009). Measurement of specific airflow resistance, Nor 1517 Airflow resistance, Norsonic AS.

[18] Garai, M., Pompoli, F., 2003. A European inter-laboratory test of airflow resistivity measurements. Acta Acoust. United Acoust. 89, 471-478.

[19] Delany, M. E., Bazley, E. N., 1971. Acoustical properties of fibrous absorbent materials. Appl. Acoust. 3, 105-116.

[20] Smith, C. D., Parott, T. L., 1983. Comparison of three methods for measuring acoustic properties of bulk materials. J. Acoust. Soc. Am. 74, 1577-1582.

[21] ISO 10534-2: 1998. Acoustics—Determination of sound absorption coefficient and impedance in impedance tubes—Transfer function method. International Organization for Standardization.

[22] Kinsler, L. E., Frey, A. R., Coppens, A. B., et al., 2000. Fundamentals

of Acoustics, fourth ed. John Wiley and Sons Inc, New York.

[23] ASTM E 90 - 2009. Standard test method for laboratory measurement of airborne sound transmission loss of building partitions and elements. American Society for Testing and Materials.

[24] ISO 10140-2: 2010. Acoustics—Laboratory measurement of sound insulation of building elements—Part 2: Measurement of airborne sound insulation. International Organization for Standardization.

[25] ISO 10140-1: 2010. Acoustics—Laboratory measurement of sound insulation of building elements—Part 1: Application rules for specific products. International Organization for Standardization.

[26] ISO 10140-3: 2010. Acoustics—Laboratory measurement of sound insulation of building elements—Part 3: Measurement of impact sound insulation. International Organization for Standardization.

[27] ISO 10140-4: 2010. Acoustics—Laboratory measurement of sound insulation of building elements—Part 4: Measurement procedures and requirements. International Organization for Standardization.

[28] ISO 10140-5: 2010. Acoustics—Laboratory measurement of sound insulation of building elements—Part 5: Requirements for test facilities and equipment. International Organization for Standardization.

[29] ASTM E 336-2014. Standard test method for measurement of airborne sound attenuation between rooms in buildings. American Society for Testing and Materials.

[30] ISO 15186 - 1: 2000. Acoustics—Measurement of sound insulation in buildings and of building elements using sound intensity—Part 1: Laboratory measurements. International Organization for Standardization.

[31] ISO 15186 - 2: 2003. Acoustics—Measurement of sound insulation in buildings and of building elements using sound intensity—Part 2: Field measurements. International Organization for Standardization.

[32] ISO 15186 - 3: 2002. Acoustics—Measurement of sound insulation in buildings and of building elements using sound intensity—Part 3: Laboratory measurements at low frequencies. International Organization for Standardization.

[33] ASTM E 2611 - 2009. Standard test method for measurement of normal incidence sound transmission of acoustical materials based on the transfer matrix meth-

od. American Society for Testing and Materials.

[34] Salissou, Y., Panneton, R., Doutres, O., 2012. Complement to standard method for measuring normal incidence sound transmission loss with three microphones. J. Acoust. Soc. Am. 131 (3), EL 216.

[35] McGrory, M., Cirac, D. C., Gaussen, O., et al., 2012. Sound absorption coefficient measurement: Re-examining the relationship between impedance tube and reverberant room method. In: Proceedings of Acoustics 2012—Fremantle, Australia.

[36] ISO 13472-2: 2010. Acoustics—Measurement of sound absorption properties of road surfaces in situ—Part 2: Spot method for reflective surfaces. International Organization for Standardization.

[37] ASTM E 1050-2010. Standard test method for impedance and absorption of acoustical materials using a tube, two microphones and digital frequency analysis system. American Society for Testing and Materials.

[38] ASTM C 423-2009. Standard test method for sound absorption and sound absorption coefficients by the reverberation room method. American Society for Testing and Materials.

[39] ISO 354: 2003. Acoustics—Measurement of sound absorption in a reverberation room. International Organization for Standardization.

[40] ASTM E 2235-2012. Standard test method for determination of decay rates for use in sound insulation test methods. American Society for Testing and Materials.

[41] ISO 3382-2: 2008. Acoustics—Measurement of room acoustic parameters—Part 2: Reverberation time in ordinary rooms. International Organization for Standardization.

[42] Schroeder, M. R., 1965. New method of measuring reverberation time. J. Acoust. Soc. Am. 37, 409-412.

[43] Morgan, D. R., 1997. A parametric error analysis of the backward integration method for reverberation time estimation. J. Acoust. Soc. Am. 101, 686-2693.

[44] ISO 17497-2: 2012. Acoustics—Sound-scattering properties of surfaces—Part 2: Measurement of the directional diffusion coefficient in a free field.

第6章　医用纺织品检测和质量认证

M. Azam Ali, *A. Shavandi*
奥塔戈大学，新西兰，达尼丁

6.1　概述

全球纺织产业正朝着高附加值纤维产品的方向快速发展[1-3]，尤其是在医疗保健和健康防护领域，高附加值纺织品已经很普遍。医用纺织品是指卫生医疗保健类的纺织品，尤其是用于医疗卫生领域的产品，如急救、临床医学和卫生等用途，几乎涵盖了用于健康和卫生领域的所有纺织材料。例如，外伤包扎和固定的纱布或绷带材料以及医疗领域的各种人工假体或移植物[4]。

生物医用纺织品在产业用纺织市场中增长速度最快。当今社会，医用纺织品在医疗和保健中被广泛使用，如外科包覆材料、伤口敷料、整形外科夹板以及作为医疗设备的心血管移植物[5-6]。由于对具有医疗保健功能性纺织品的需求日益增长，服装不仅限用于覆盖和保护身体。因此，特种功能纺织品市场的巨大商机引发了人们越来越多的关注。纤维或织物经过特殊处理后可具有特殊功能，如高含水或吸湿性、热舒适性、抗微生物或抗紫外线等功能。人们也越来越关注兼具保健效果和低成本的一次性医用纺织品的研发，从而给市场带来更多物美价廉的生物医用纺织材料。巨大的市场需要也加速了传统型和新型高技术医用纺织品的发展，如药签、纱布和绷带，以及用于外科手术领域的高科技新产品的开发，如缝合线、心血管材料等。

6.2　医用纺织品的分类

如图6.1所示，医用纺织品可根据纤维来源（天然或合成纤维）和应用方向分为五类。植入型材料包括分子工程或生物工程纺织品，其通过与生物介质反应促进组织愈合和促进修复，如伤口敷料、心血管移植物、人造肌腱、韧带、软骨等[2,7]。

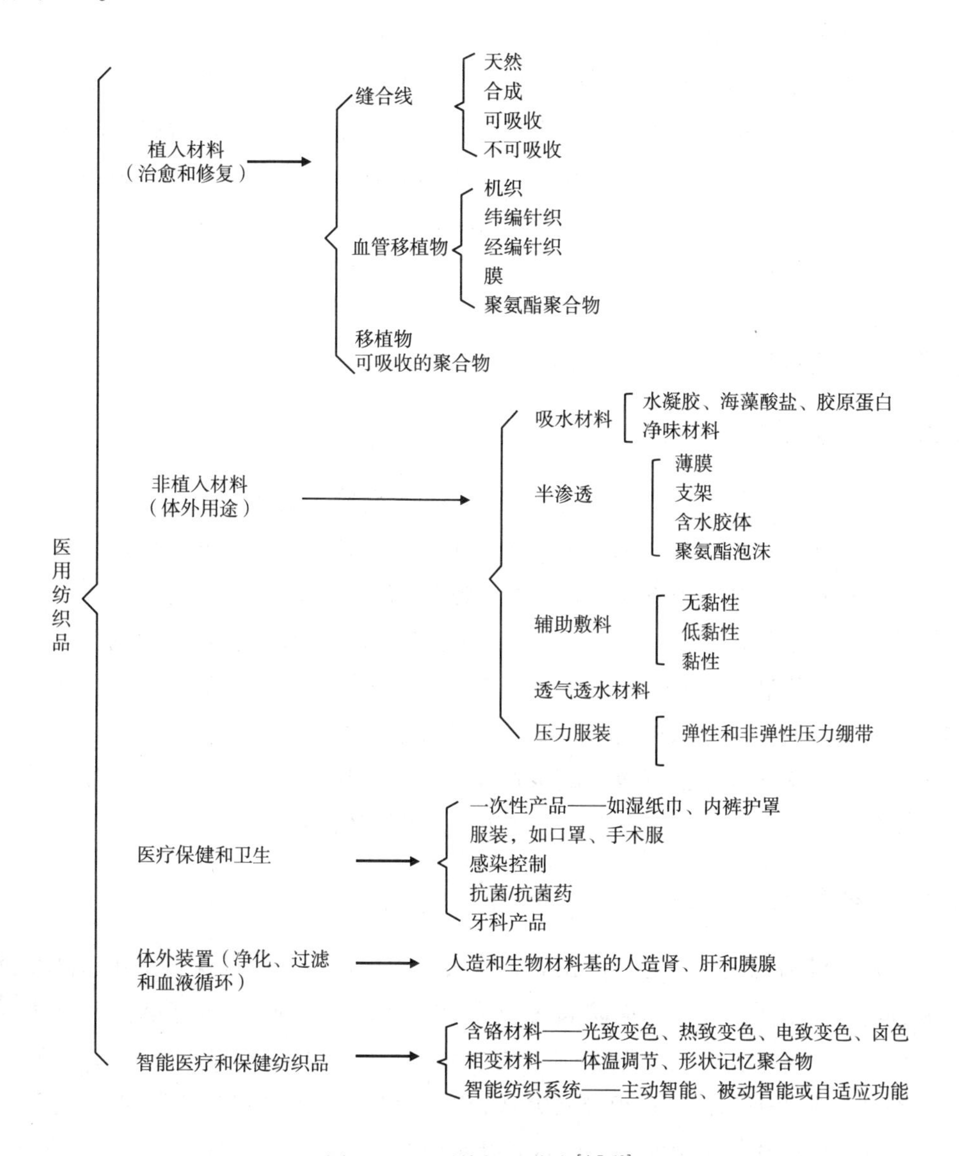

图6.1 医用纺织品分类[4,7-10]

目前，可生物降解和不可生物降解的很多材料正在应用于医用植入物。市场上已经开发出了许多可生物降解的材料来替代不可生物降解的材料，为了确保可成功植入，这些可生物降解材料的稳定性和力学性能等方面都需要改进。传统的金属植入物因其潜在的缺点而逐渐失去市场主导作用，如感染的风险、机械故障、缺乏生物相容性以及可能需要第二次手术取出[8]。因此，人们正在开发可生物降解的聚合物增强复合材料用于假体植入物。目前，临床上已有此类的植入物用于心血管疾病的治疗，如支架材料、骨材料和人工皮肤材料，并帮助宿主细胞黏附到植入物上，促进修复或重建受伤和损坏的组织[9]。在医用纺织品的制备技术方面，开发了各种针织物、机织物、非织造布、纳米纤维基质和复合材料的植入型生物医用纺织材料，用来替换受损组织，包括血管、节段动脉、韧带和伤口缝合线等。重要的是植入型医用纺织品的设计必须紧扣临床需求，因此，植入性能测试方法必须满足相关标准和应用要求，例如，具有优良的生物相容性、合适的孔隙度，能够促进人体组织细胞生长和再生的血液循环。此外，它们还必须是可生物降解或生物可吸收，并且处于无毒和无菌状态。

6.2.1 非植入材料

为了开发出满足体外用途的功能材料，如水凝胶、生物活性材料和银纳米颗粒等，医用纺织材料的研发工作正朝着这个目标展开。非植入型医用敷料是通过防止感染保护伤口并促进愈合，如纱布、绷带、压力服等[3-7]。根据用途不同，有不同类型的手术伤口敷料或装置。例如，普通伤口敷料放置在伤口表面附近，主要由纤维素纤维制成[10]。具有保护和支撑功能的敷料、绷带和胶带也能够用于伤口给药。所有敷料产品都应具有一些特定的性能，如能够减少表面黏附性，并且不能在伤口中散落蓬松的纤维，减少对伤口的二次伤害。因此，敷料必须具有空间结构稳定性，并且容易吸附伤口分泌物，且更换敷料的过程无痛。

6.2.2 保健和卫生产品

医疗保健和卫生产品通常可在商店购买，常规用途是为了保持卫生、防止感染和预防疾病传播，并加强医院病房和手术室的清洁护理[6]。对于医生和病人而言，保持手术室清洁并避免感染是非常重要的。传统的手术服和口罩为棉织物，它们都是灰尘的来源，并且很容易释放污染颗粒[11]，比较容易携带细菌。因此，手术服和口罩必须是无菌的，并且还可以作为屏障，以阻挡空气中的污染物颗粒；此外，还需要具备重量轻、不致敏的特性，并且具有良好的透气性等。

6.2.3 体外装置

机械装置结合了纤维和纺织技术，可以用于血液或者气体的净化、过滤和循环，例如，来自人造肝脏或肾脏的血液，以及人工肺。这些装置通过机械辅助方式为重要器官提供支持。肾脏、肝脏、心脏和肺等人造器官主要由纤维素纤维、聚酯纤维、聚丙烯纤维或硅膜制成，来模拟器官的自然功能[10]。一些带有智能纺织品的机械装置，可用于监测身体参数并分析人体的生理学功能。目前大多数智能纺织品使用物理传感器监测运动（如加速度计）、足部压力和呼吸运动温度（热敏电阻）以及来自心脏和骨骼肌的电场和电信号（如心电图和肌电图）等参数。基于化学传感技术的智能纺织品是相对较新颖的设备，通过体液或气味监测使用者的健康状况[12]。

6.3　医用纺织品性能测试

医用纺织品分类中详细描述了各种聚合物（如天然聚合物或合成聚合物）及其制备过程。在常用标准下使用合适的方法测试医用纺织品的性能非常关键，因此，在设备或产品正式进入市场之前，充分了解相关测试方法、性能特征、结果分析和使用指南非常重要。目的是可以使医用纺织品的生产和质量保证得到完整记录，从而让使用者受益。

6.4　方法、标准和有效性验证

为了应对日益增加的医用纺织品的创新和发展需求，在制造过程中需要进行纺织品的各种性能测试。本节介绍了欧洲医疗器械协会制定的测试要求，其中包含针对不同类别的测试方法和标准。每种测试标准的符合程度取决于医用纺织品的种类，设备或产品应符合欧盟（EU）的规定。

1993年，欧洲理事会要求93/42/EEC出版了所有医疗器械的规范文件，其通常被称为医疗器械规范（MDD），在欧盟地区被强制执行。该规范文件涵盖了包括医用纺织品的所有医疗器械的性能测试，描述了其在应用中需要考虑的测试。在1998年，欧洲委员会要求欧洲标准化委员会（CEN）建立了针对医用纺织品的欧洲标准（EN 13795），例如，针对手术服、隔帘和清洁空气服，该标准填补了MDD缺失的技术部分。EN 13795证明了提高安全性的重要性，并为人们提供了更好的保护。

EN 13795涵盖了产品的各个方面，从设计、开发、生产到安全使用条件、存储、包装、运输、标签以及医疗器械的其他物理化学和微生物特性。产品应用考虑了相关风险，每个设备通常分为Ⅰ类、Ⅱ类或Ⅲ类。Ⅰ类涵盖低风险器材，如在手术室使用的医用纺织品，包括隔离衣、隔帘和清洁空气服。该标准以展现测试方法为目的，旨在防止外科手术期间医务人员和患者之间的感染和污染传播以及其他潜在的相关感染。对消费者、患者和医护人员具有较高风险潜力的器材属于Ⅱ类或Ⅲ类。例如，用于伤口敷料的医用纺织品是非侵入性器材，并且通常属于Ⅰ类，除非将它们用于破坏真皮的伤口的特殊用途。Ⅱ类（Ⅱa 和Ⅱb）伤口敷料用于管理伤口的微环境，或用于治疗或修复受损皮肤组织。同样，非植入装置（如由纤维或织物制成的敷料或贴剂组成的抗微生物剂）或可植入装置（如心血管移植物）的医用纺织品归类为Ⅱ类。这是由于当抗微生物试剂用在纤维或织物（纺织品）时被看作药物，并且包含抗微生物药物的装置被视为 EN 13795 中 21 CFR 3.29（e）中定义的组合产品。除了监控和控制健康风险外，该标准还旨在为产品的整个生命周期提供性能和安全水平测定。EN 13795 专注于编织型和非编织型医用纺织品，并涵盖了产品所需测试方法。

EN 13795 包括：

BS EN 13795-2：2004 + A1：2009，BS EN 13795-3：2006 + A1：2009，BS EN 13795-1：2002 + A1：2009。标准中的最小值集描述并区分了标准（非关键）和更高（关键）性能的产品要求。临界区内的产品更多地涉及在手术室中转移感染的问题，如手术部位附近区域的手术服。另一方面，例如用在外科手术过程中施加压力或与生物流体接触的都为低临界区内的产品。

6.4.1 医用纺织品性能测试

EN 13795 一般由三部分组成。第一部分（EN 13795-1）涉及生产环节的一般要求，并定义了产品的设计、加工和评估要求，目的是为产品在整个使用周期中提供同等级的安全。在第二部分（EN 13795-2）中，描述了评估第一部分所示产品特性的试验方法。第三部分（EN 13795-3）描述了产品的性能要求，并将产品细分为临界区和非临界区。高风险产品更有可能涉及感染转移，因此，产品上应该有明确的标签，以表明产品在临界区或非临界区的使用情况。EN 13795 并没有给出需要用于外科手术的特定产品的具体建议。然而，风险评估需要在询问产品供应商的信息后由医疗服务提供商来进行。对于打算被消毒或重复使用的产品，制造商应该能够提供足够的信息，例如，清洁、包装和灭菌方法，以及产品再利用技术。此外，产品需要有一个清晰的标签，以显示产品区域的预期应用（高风险或低风险)。制造商还应提供测试结果和产品区分及分类为低风险或高风险的理由。此外，在产品商业化之前，制造商应根据欧洲标准（EN)、英国标准（BS)、美国测试和材料学会（ASTM)、国际标准化组织（ISO）和美国食品和药物管理局（FDA）等标准化（验证）机构提供的准则对成品进行测试。

因此，本章主要介绍 EN 13795 第二部分推荐的医用纺织品性能测试方法。

6.4.2　干态或湿态条件下的微生物渗透阻力

该测试方法在干态和湿态下的标准号分别为 ISO 22612 和 ISO 22610。测试医用纺织品的微生物渗透阻力可以量化为当织物处于干态或湿态条件时通过织物的总微生物数量。例如，将污染的滑石粉倒在织物表面，然后将金属柱塞插入织物表面（图 6.2)，测定琼脂平板上单位面积的菌落数，所用的菌种通常为枯草芽孢杆菌（Bacillussubtilis)。在湿态条件下的微生物实验如图 6.3 所示，将织物放置在一个琼脂板上，将被污染的液体（不是滑石粉）浇在织物上。通常，用厚度 10μm

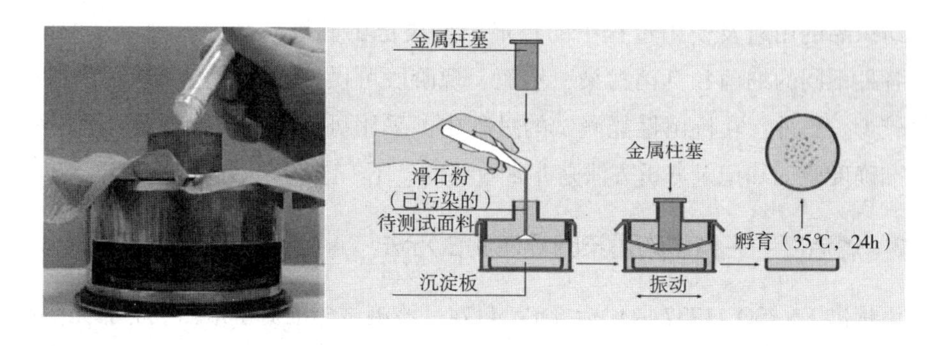

图 6.2　干态条件下微生物渗透阻力的测定装置

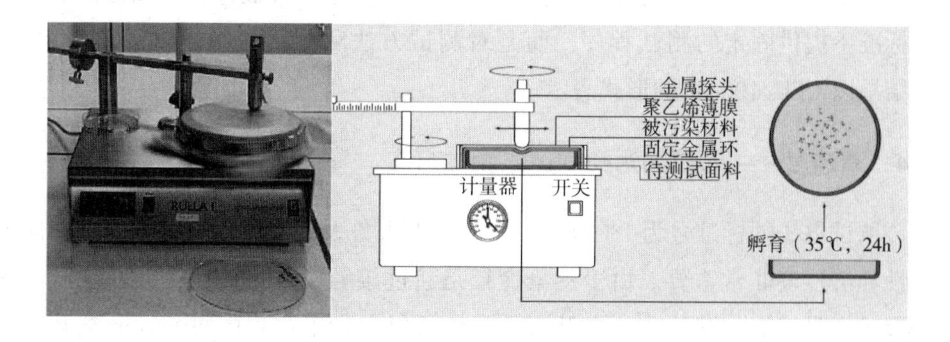

图 6.3　湿态条件下微生物渗透阻力的测定装置

的聚乙烯薄膜包覆试样，然后在规定的压力（20kPa）和时间（15min）下，使用机械手指对受污染的液体施加旋转机械磨损应力，使织物与液体和琼脂接触。试验共重复5次，每次15min。在35℃培养24h后，观察到CFU（菌落形成单位），结果为表6.1中的BI（阻隔指数）。

表6.1　医用纺织品（手术服和帷帘）对微生物渗透的性能要求

单位	标准性能		高性能	
	临界区	非临界区	临界区	非临界区
干态（lgCFU）	—	≤300CFU[a]	—	≤300CFU[a]
湿态（BI）	≥2.8[b]	—	6.0[c]	—

注　a 测试浓度：10^8CFU/g滑石粉，振动时间为30min。

b 在95%临界区间内，阻隔指数的最小显著性差异为0.98，因此，阻隔指数小于0.98的材料差异不大，而大于0.98的材料可能存在差异。

c BI=6.0是最大可实现的值，意味着本标准不涉及渗透性。

纺织品的用途及使用过程中的环境因素决定了其极易受到各种形式的污染，包括各种不同的细菌和真菌污染，然而，现阶段可供使用的抗菌功能医用纺织品数量较少。另外，在抗菌性能测试的过程中，采用可靠的标准测试方法、分析手段、准确度验证和记录分析方法是非常重要的。下一节将介绍这些测试。

6.4.3　清洁度——微生物污染的评估测试方法

由标准EN ISO 11737取代标准EN 1174。该测试标准对于市面上的非无菌产品尤为重要。该测试量化了医用纺织产品受到微生物污染的潜在可能性。当产品作为无菌物销售时，必须达到安全水平（CFU：10^{-6}）才允许被标记为无菌产品。该测试标准不提供固定的测试程序，而是对测试方法和测试机制作出规范性要求，测试结果以CFU/100cm^2的形式表示。

6.4.4　清洁度——颗粒物污染的评估测试方法

该测试方法的标准号为ISO 9073-10。对于医务人员来说，患者和手术团队的安全性和舒适度非常重要。由于感染途径是通过接触或空气传播，人体皮肤颗粒的分散通常是感染的载体。一个健康的个体可以在行走过程中每分钟分散到空气中约5000个携带细菌的皮肤颗粒，男性比女性分散更多。这些颗粒的大小为5～60μm，携带的好氧和厌氧细菌的平均数量估计每个皮肤颗粒约5个。为了确定清洁度，要对3~25μm的颗粒进行计数，因为这个尺寸范围内的颗粒携带微生物。颗粒计数结果用颗粒物质指数IPM表示，IPM=lgPM，其中PM为特定颗粒数。

6.4.5　耐液体渗透性的测试方法

该测试方法的标准号为EN 20811。医用纺织品能够承受液体污染物渗透的特性对于医护人员和患者的健康和安全至关重要。喷水冲击试验可以评估织物对液体渗透的抗飞溅性。该测试也称为静水压测试，测定织物在静水压力下的液体渗透性能，并能预测织物对流体渗透的性能。考虑到许多方法中涉及组织液的冲洗，具有高流体阻力的织物对于防止流体在一定压力下的渗透具有重要的保护作用，如当患者的手臂与受污染的流体接触时。该试验中，试样的面积为100cm^2，水压增加率为（10±0.5）cm/min。在水柱中，数值越高表明织物的耐水性越好（表6.2）。根据ASTM F 1670和ASTM F 1671，在AATCC 42和AATCC 127中应使用体液或血源性病原体刺激剂进行测试，建议将水用于喷雾和静水液体渗透测试。

表6.2　医用纺织品的液体渗透性能测试要求

单位	标准性能		高性能	
	关键部位	非关键部位	关键部位	非关键部位
手术服［cm（H_2O）］	≥20	≥10	≥100	≥10
手术单［cm（H_2O）］	≥30	≥10	≥100	≥10

6.4.6　干燥状态下纺织品毛羽脱落的测试方法

该测试方法的标准号为ISO 9073-10。对于该项测试，织物经受类似于医护人员常规实施的循环扭转和轴向力作用（图6.4）。采用与清洁度测试相同的方式测量从织物释放的颗粒数量。然而，毛羽脱落测试可在较长时间内测量产品中的颗粒物储存量，用毛羽指数的对数函数lg表示，并计算粒径3~25μm的颗粒数量（表6.3）。

表6.3　医用纺织品（手术服及手术单）携带颗粒物质指数要求

单位	标准性能		高性能	
	关键部位	非关键部位	关键部位	非关键部位
IPM	≤3.5	≤3.5	≤3.5	≤3.5
lg（毛羽指数）	≤4.0	≤4.0	≤4.0	≤4.0

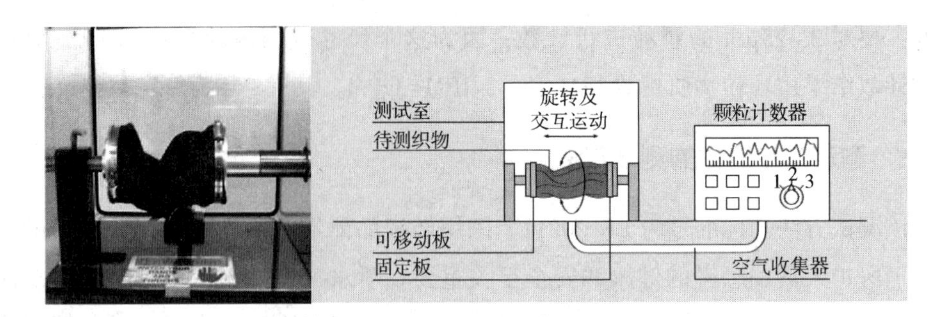

图 6.4　测量干态环境下纺织产品毛羽脱落的测试装置

6.4.7　干湿胀破强度的测试方法

该测试方法的标准号为 EN 13938-1。在干燥和潮湿的条件下，使用相同的方法测试医用纺织品对穿刺或胀破的抵抗能力（图 6.5）。由于在使用过程中，织物的某些区域会发生胀破或刺破现象。在手术期间，外科医生的肘部会损坏面料，这种损坏会随时发生，但通常是由于织物的局部小区域受到压力产生的，因此，建议进行此项测试。通常使用专门设计的装置进行测试，该装置的体积增加速率在 100~500cm^3/min，误差在±10%范围内，设置胀破时间为（20±5）s，测试结果以 kPa 表示，读数越高表明织物的胀破强度越大（表 6.4）。

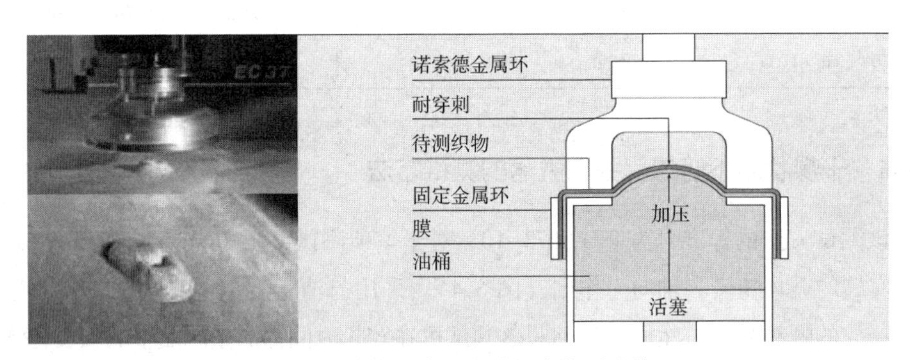

图 6.5　测定纺织产品胀破强度的测试装置

表 6.4　医用纺织品（手术服及手术单）胀破强度

单位	标准性能		高性能	
	关键部位	非关键部位	关键部位	非关键部位
干态（kPa）	≥40	≥40	≥40	≥40
湿态（kPa）	≥40	—	≥40	—

6.4.8　干燥和潮湿条件下抗拉强度的测试方法

该测试方法评估的是医用纺织品承受拉伸强度的能力，标准号为 EN 29073-3：1992。服装的正常磨损是对织物施加自然应力。通常测量干燥和潮湿环境中样品的拉伸强度（图 6.6）。该测试标准要求干燥试样应在相对湿度（65±2）%和温度（20±2）℃的标准温湿度环境中平衡至少 24h。试样的宽度为（50±0.5）mm，长度足以满足钳口间距（200mm）。需要足够的长度以避免由于试样的不均匀性而导致测试失败。干态试验至少需要五个试样，湿态试验也需要五个试样。为了建立湿态试验的理想条件，试样应在蒸馏水或完全去离子水中浸泡至少 1h，温度为（20±2）℃。然后，将样品从水中取出，摇掉多余的水，并立即进行测试。结果（表 6.5）以牛顿（N）表示，读数越高表明织物的抗拉强度越好。

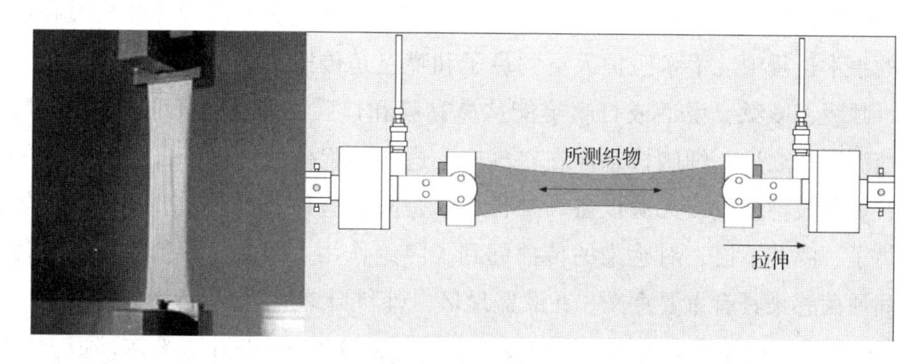

图 6.6　纺织品拉伸强度的测试装置

表 6.5　医用纺织品在干湿条件下的拉伸强度性能要求

单位		标准性能		高性能	
		关键部位	非关键部位	关键部位	非关键部位
手术服	干态（N）	≥20	≥20	≥20	≥20
	湿态（N）	≥20	—	≥20	—
手术单	干态（N）	≥15	≥15	≥20	≥20
	湿态（N）	≥15	—	≥20	—

6.4.9　医用纺织品性能测试对医护人员和医用纺织品行业的重要性

为了使医用纺织品在临床中更好地应用，给医护人员和患者带来更高安全性，对标准 EN 13795 的内容做了重要修改，涉及更复杂的材料和对应测试方法，以便为各类医院、制造商、科学家和采购部门提供指导。总的来说，该标准为患者、护士、外科医生和其他医护人员提供了更高的安全性，最大程度降低术后感染风险。此外，本标准还为医疗机构采购产品提供了质量保证和产品规范。该标准为制造商设定了更高的目标，对提高设备和产品质量提出了具体详细的标准，并对产品创新具有指导意义。在纺织工业中，特别是生产医用纺织品（器械）用原料和成品的厂家，还需要制订符合标准的质量控制技术。例如，可重复使用的医用纺织品制造商应该指定产品的使用寿命，以及产品是否适合重复使用。

6.4.10　医用外科口罩测试

每 20 名住院患者中就有 1 人经受医疗感染，这大约相当于欧盟地区每年有 400 万人感染和 3.7 万人因感染而死亡。病原体感染通常发生在手术室和其他医疗设备的手术过程中。手术医护人员的鼻子和嘴巴是传播和感染病原体的重要通道之一。呼吸、咳嗽、说话或打喷嚏能从鼻黏膜和口腔黏膜释放不同数量的液滴。这些液滴干燥之后，细胞核悬浮在空气中，这些细胞核可以被传送到易受感染的部位，如开放性伤口或无菌设备。外科口罩是防止这种感染的主要屏障。口罩遮盖了鼻子、嘴和下巴，对感染的传播起到了隔绝作用。因此，评价口罩的性能对预防病原菌感染具有重要意义。在欧盟地区，外科口罩应符合 EN 14683 标准，并贴有 CE 标签，该标准对医用口罩的设计、制备和检测方法提出了要求。

根据口罩的性能，将其分为四种类型（表 6.6），建议进行以下三种测试。

表 6.6　医用外科口罩类型及性能测试

类型	微粒口罩高速流体阻力（mmHg）	粒子过滤效率（%）	透气性能 ΔP（mmH_2O/cm^2）
等级 1	80	≥95	<4.0
等级 2	120	98，颗粒直径 0.1μm	<5.0
等级 3	160	98，颗粒直径 0.1μm	<5.0
等级 4	160	99.9，颗粒直径 0.1μm	>5.0

6.4.10.1　细菌过滤效果

该检测是通过检测口罩中残留感染因子的数量来测量口罩在空气中释放的病原体的数量。根据过滤效率，产品分为Ⅰ类（95%）和Ⅱ类（98%）。多年来，欧洲委员会对细菌过滤效率（BFE）有不同的要求，欧洲委员会曾对 EN 14683 和 ASTM F 2101（美国标准）进行了修订。因此，制造商必须执行两项测试。由于每个试验的预处理要求不同，见表 6.7，在最新修订的标准 EN 14683 中，两种测试的预处理要求一致，制造商只需要使用其中一个进行测试。标准 ASTM F 2101 中没有规定细菌缺乏的可接受水平，因此，需要说明测试的具体条件。对于该项测试，金黄色葡萄球菌作为考察菌种以评估过滤效率。医用口罩受到 28.3L/mm（$1ft^3/min$）流速的细菌气溶胶的冲击（图 6.7），使用口罩的两侧（正面和衬垫侧）进行测试以评估口罩的过滤效率，是由于患者和口罩佩戴者都会产生细菌气溶胶。在不考虑物理化学降解、热应力或润湿污染物的情况下，对口罩进行测试可能会导致测试结果不准确。因此，如果需要考虑应力条件，则需要对口罩进行适当的预处理，然后再测试。该测试方法是定量的，最大过滤效率为 99.9%。标准 ASTM F 2101 中没有测量医用口罩的透气性或呼吸压差等指标。此外，该测试仅用于评估纺织型口罩材料的过滤效率，不涉及口罩的结构设计、与面部的贴合和密封程度。同样，其他医用纺织品，如手术服、手术单和无菌屏障系统，也可以使用该标准进行 BFE 测试。

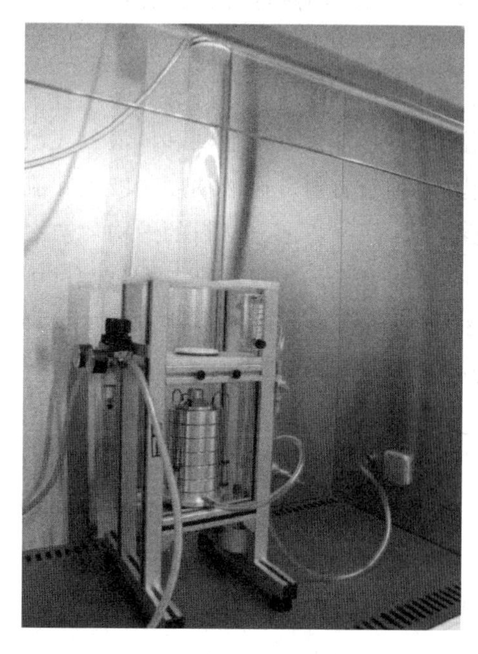

图 6.7　BFE 的测量装置

通常，在该项测试中确定口罩对气流的阻力为：Ⅰ型和Ⅱ型（非防护）≤ $29.4Pa/cm^2$，IR 和 IIR 型（防护）≤$49.0Pa/cm^2$。

表 6.7　所测样品的平衡处理要求

测试标准	平衡处理要求：EN 14683：2014
EN 14683	测试前相对温湿度为（21±5）℃和（85±5）%
ASTM F 2100	测试前相对温湿度为（21±5）℃和（85±5）%

6.4.10.2 防溅性（人工血液）

在医疗过程中血管可能被刺破或损坏，导致血液飞溅，此时需要口罩发挥保护作用。来自刺破血管的血液飞溅与穿刺孔眼的大小和穿刺的距离等因素有关。医用口罩应该能够抵抗血液和体液的飞溅渗透。医用口罩是为了防止小血管破裂引起的小血流溅射。血液黏度、极性和流体表面张力是评价口罩的抗飞溅能力的重要因素。另一方面，材料的结构、亲水性和疏水性以及口罩的结构设计也是影响口罩防护能力的关键参数。在该测试中，人工血液用红色染料制备，表面张力调节为（0.042±0.002）N/m。然而，这种血液并不能模拟真实血液的极性和润湿行为。在该试验中，假设医用口罩与飞溅区域的距离约为300mm，血流速度分别设定为80mmHg、120mmHg、160mmHg（图6.8），该血流速度覆盖了80～120mmHg的人体血压范围，平均收缩压的最大值为120mmHg。除了前面的三个测试之外，FDA（食品和药品管理局）还规定了关于惰性颗粒（乳胶）、火灾、生物相容性、过滤效率的测量。因此，制造商应该能够针对欧洲市场（EN 14683）和美国市场（ASTM F 2101）对其外科口罩进行测试和分类。表6.7描述了测试的前提条件。

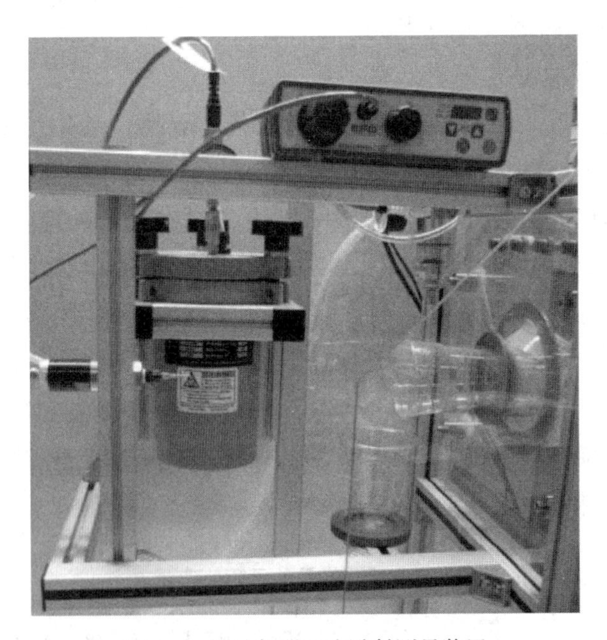

图6.8 测试仪器和防溅射测量装置

虽然两种标准测试方法中的预平衡要求一致，但两种标准的测试要求和结果都取决于所选择口罩的类型及其性能（表6.8）。

表 6.8　EN 14683：2014 中按类型划分的试验要求和性能要求以及 ASTM F 2100 中的等级划分

项目	特征					
测试	类型 I	类型Ⅱ	类型 IIR	水平 1	水平 2	水平 2
试验前温度（21±5）℃、相对湿度（85±5）%，压差 mm H_2O/cm^2	≥95	≥98	≥98	≥95	≥98	≥98
H_2O/cm^2	<3.0	<3.0	<5.0	<4.0	<5.0	<5.0
Pa/cm^2	<29.4	<29.4	<49.0	<39.2	<49.0	<49.0
0.1μm 的亚微米颗粒过滤效率（%）	不需要	不需要	不需要	≥95	≥98	≥98
抗溅射/人工血液阻力（mmHg）	不需要	不需要	120（16.0kPa）	80	120	160
合格结果						
火焰蔓延	不需要	不需要	不需要	1 级	1 级	1 级
微生物清洁度（CFU/g）	≤30	≤30	≤30	不需要	不需要	不需要

除标准 EN 13795 外，EN 标准、ASTM 以及国际标准中提出了医用纺织品和外科口罩的水蒸气渗透性测试标准。EN 31092 和 ISO 11092 中织物的透气性、EN 15831 和 ASTM F 2370 中织物的隔热性、ISO 9237 中织物的透气性、ISO 811 中耐水渗透性、ISO 10993 中医疗器械的无毒性、ISO 2878（BS 2050）和 EN 1149 中电气风险、ISO 11810-1 中激光束防护、一次点火和穿透以及 ISO 11810-2 中二次点火。这些测试标准对于验证和评价医用纺织品的性能非常重要。

（1）防水渗透性（标准 ISO 811）。透湿性是织物允许水蒸气通过但防止水进入的能力[13]。织物的舒适性取决于其从身体传递水和蒸气的能力，以防止液体在皮肤上积聚。舒适性好的织物使身体产生的热能及时传导、水蒸气扩散，创造令人体舒适的条件[14]。透湿性是指在一定的温度和湿度下，单位时间内通过织物的水蒸气的质量，以透湿率（MVTR）表示[15]，数值越高表示蒸汽和水分的去除效果越好，同时反映了防止气体和蒸汽积聚的能力，MVTR 的单位为 g/m^2[15]。透气性是影响织物舒适性的另一个因素，并且与透湿性密切相关。空气或水透过织物的性能可能随温湿度而变化，例如，由棉和羊毛制成的织物在不同的温度和湿度下，纤维和纱线会膨胀，纤维之间的孔隙减小，从而达到阻止空气和水渗透的效果。手术服需要完全防水，并且要求在20℃的条件下，透气率达到100L/m^2/min、透湿率达到400g/m^2/24h。织物湿阻是水分从织物的一面渗透至另一面时的静水压，试样的面积为100cm^2，测试时试样应夹紧，不得滑动，夹持区不应有任何倾斜。该测试中，使用（20±2）℃的蒸馏水，压力应以（10±0.5）cmHg或（60±3）cmH_2O/min的速度增加，并记录这两种增压速率下的测定结果，压力值读数应该精确到0.5cmH_2O。

（2）暖体假人。该测试标准为EN ISO 15831、ASTM F 2370，用于评价织物的隔热性能。结合皮肤模型，还可以测量透气性并确定织物的使用范围[16]。在恒温条件下，使用完全穿戴的人体模型进行试验，然后将人体模型放置在可以调节气候、温度、湿度和风速的房间内，可以定量测定不同服装系统的蒸发阻力，所得结果可用于模拟和预测穿着者在不同气候条件下的生理反应[17]。考虑到本测试涉及的参数较多，蒸发阻力的测量将会比较复杂。测量脚（EN 345）、手（EN 511）、防寒手套和全身人体模型（ASTM F 1291）等受热的身体部位。使用发热的暖体假人（ASTM F 2370）测定衣服的热阻；使用出汗暖体假人（ASTM F 1291）测定湿阻。此外，ISO 15831还提供了使用发热暖体假人测定衣服隔热性的方法。

（3）细胞毒性和非毒性性能试验。当医用纺织品或其一部分产品被视为医疗器械时，其毒性性能试验需要根据ISO 10993试验标准进行验证。将织物直接或间接地与细胞培养系统（如L929细胞）接触，然后用细胞活性确定被测织物或装置中是否有有毒物质释放。

细胞毒性的体外测试是观察细胞在直接接触设备或其提取物培养基上的生长情况。标准ISO 10993-5体外细胞毒性试验规定了直接或间接接触试验装置、装置提取物和过滤器扩散的测试步骤。应以试验样品的提取物或试验样品本身进行测试，并将所测试装置和材料（如医用纺织品）的提取物放置于细胞培养系统（如L929小鼠成纤维细胞）中。以细胞活力的下降情况评价浸出液的细胞毒性。直接测试时，将测试装置或其一部分直接放置在受琼脂层保护的哺乳动物细胞层上，细胞毒性浸出液通过琼脂扩散至细胞层，以活细胞的损失表征材料的毒性。在直接接触法中，将测试材料直接放在细胞培养系统上，不使用保护性琼脂层。每次测试使用约一百万至五百万个细胞，并且在细胞放置于提取物或材料中24~72h后测量细胞毒性。表6.9和表6.10给出了一种有效的测试样品分级方法。

表6.9 体外细胞毒性测试结果的建议分级表

分级	反应	培养情况
0	无	离散型的胞质内颗粒，无细胞溶解，细胞正常生长
1	最轻微	不超过20%的细胞呈圆形，松散附着且没有胞质内颗粒，或表现出形态变化；偶尔存在裂解细胞；可观察到轻微的生长抑制
2	轻微	不超过50%的细胞呈圆形，没有胞质内颗粒，没有广泛的细胞裂解；可观察到不超过50%的生长抑制
3	中等	不超过70%的细胞层含有圆形细胞或被溶解；细胞层没有完全破坏，可见超过50%的生长抑制
4	重度	细胞层不完整或完全被破坏

表6.10 细胞毒性试验步骤（ISO 10993-5）

每个培养皿0.5万~100万个细胞
提取率：
如果厚度≥1.0mm，每20mL取样25cm^2
如果厚度≥0.5mm，每20mL取样60cm^2
如果厚度≤0.5mm，每20mL取样120cm^2
24~72h暴露时间
毒性测定：活菌群的量化
阳性对照：提供可重复细胞毒性反应的材料

此外，医用纺织品有可能引起过敏或刺激反应，因此，需要评估材料的致敏可能性。标准ISO 10993-10评估了医疗器材释放的化学物质可能造成的接触危害，这些化学物质可能会导致皮肤、黏膜或眼睛刺激和皮肤过敏。目前，还没有令人满意的体外试验来替代体内试验评估刺激的方法。然而，大鼠皮肤经皮电阻（TER）试验和人体皮肤模型试验已获得国际认可，并被公认为用化学物质评估皮肤腐蚀的替代试验[17-18]。为了进行测试，需要使用一只皮肤完整、健康的动物（如兔子），修剪掉动物背部的皮毛，将0.5g或0.5mL的材料涂于10cm×15cm的动物皮肤表面，并覆盖2.5cm×2.5cm非包封敷料（如纱布贴片）。实验材料的化学特性是该实验的先决条件。所有动物的刺激评分是主要的衡量方式，所有分数加在一起并除以动物总数得到累积刺激指数见表6.11和表6.12。

表 6.11　皮肤过敏反应的评分系统

过敏反应		等级评分
红斑和焦痂的形成	无红斑	0
	非常轻微的红斑（难以察觉）	1
	明显的红斑	2
	中度的红斑	3
	严重的红斑（甜菜红色），形成焦痂防止红斑分级	4
水肿的形成	无水肿	0
	非常轻微的水肿（难以察觉）	1
	明显的水肿（由一定的突起形成的非常明显的边缘）	2
	中度的水肿（突起≤1mm）	3
	严重的水肿（突起>1mm，水肿部位超过了暴露部位）	4
	刺激的最大可能得分	8
	注射部位的其他不良变化应予以记录和报告	—

表 6.12　兔子动物试验中的主要或累积的刺激分类标准

平均分	反映类别
0~0.4	忽略不计
0.5~1.9	轻微
2~4.9	中度
5~8	严重

（4）人体皮肤测试实验。根据标准 ISO 10993-10，两种最常见的皮肤致敏或刺激的试验方法是豚鼠最大反应实验和比勒（Buehler）局部封闭涂皮试验。其中，豚鼠最大反应实验是最灵敏的方法。比勒局部封闭涂皮试验和马格努森—克里格曼（Magnusson-Kligman）豚鼠最大反应实验可以通过最初的刺激而表达出这些过敏材料。两种测试均可用于医用纺织品的性能测试。当测试材料用于皮内注射时，建议进行最大反应测试。致敏作用高度依赖于施加的剂量，如果未达到刺激的临界值，应尽可能地提高浓度。当然，动物的健康状况也应该考虑，所以，通常通过初步实验选择诱导剂量。对于豚鼠最大反应实验，应使用健康的低龄动物，对于粉末或液体材料，测试样品最少为 10 只动物，并且其中 5 只动物作为对照组。

为了测试材料的提取物，另外用样品处理 10 只动物，使用其中 5 只作为对照组。试样做成 4~8cm^{2}的补片形式，24h 后，使用马格努森—克里格曼分级评估系统对实验部位进行红斑和水肿评价，见表 6.13。

表 6.13　马格努森和克里格曼试验

斑点试验反应	分级量表
无明显改变	—
不连续或斑片状红斑	1
中度和合并性红斑	2
强烈的红斑或肿胀	3

6.5　管理和质量保证

医疗保健或医院防护领域的医用纺织品越来越受到重视[2,6,10]，纤维和纺织材料已经进入各种医疗保健和防护领域。在医疗保健和防护领域，医用纺织品及其相关产品已被广泛用于临床，旨在为了员工和患者的卫生、保护和安全。然而，在许多情况下，这些正在医疗机构中使用的医用纺织品尚未被正确地理解、定义和重视。到目前为止，制造商、生产商和用户尚无法获得关于医院防护及外科手术中所用的纺织材料与服装适用性等方面的全面信息。其中，一次性医用纺织品已被提议用于手术室装饰和帷帘，目的是为了减少微生物污染，并保护手术室工作人员免受感染。但实际情况是可重复使用的材料经常用于外科手术。由于近年来发生的埃博拉病毒、HIV 病毒、乙型肝炎感染和其他病毒的传播，现在这种现状已经发生改变。所以，保护医疗工作者和患者的感染已经成为一个主要的问题，这也为开发更有效的防护型医用纺织品创造了研究机遇和市场需求。此外，制造商、生产商、零售商和服务业在决定回收可能受污染的产品和/或在垃圾填埋场处理产品时，需要考虑到环保问题。

通过查阅文献、市场研究报告以及医学工程和纺织工程的最新进展，纺织材料在医疗保健或医院防护领域中作为医用纺织品的使用正在大幅增长[19]。因此，医用纺织品的管理和质量保证至关重要，但尚未得到足够的重视。例如，并未具体要求制造商或生产商提供与产品性能测试标准相关的信息，以确保产品管理和质量。因此，产品性能测试结果、验证以及妥善的文档管理尤其重要，不论是对于制造商还是对最终用户都很有用。这些信息可以通过制造商和零售商通过供应商的认证提交给目标市场的主管部门。此外，管理和质量保证文件将使整个行业通过产品安全可靠性而获得消费者的信任。

6.6 医用纺织品及其未来发展趋势

医用纺织品是纺织工业中最重要、增长最快的行业之一。医用纺织品行业已经在现有产品的基础上得到了快速发展，并且还通过新材料和创新设计不断创造新产品。其中一些新产品旨在加速愈合、感染控制和微创外科手术。目前，全球医用纺织品市场价值数千亿美元[20-21]。越来越多的医院、外科手术和门诊治疗对感染预防标准的提高，将促进医用纺织行业整体发展[20-22]。人口增长、老龄化以及新医疗设施的建设是该行业的推动力。因此，它的重要性将在未来进一步增强。医用纺织产品的用途广泛，包括手术服、手术室帷帘、面罩、工作人员制服、医院床上用品和窗帘、卫生擦拭巾和绷带、心血管移植物，以及各种具有其他独特应用的产品。医用纺织品越来越多地用于卫生、急救和临床应用方面，另外还有伤口护理方面的应用，包括防止伤口感染，对伤口的包扎和对伤口施加压力[22-23]。

然而，由于发展中国家受到高能源成本、原材料的匮乏、运输成本和卫生意识薄弱等问题，将影响到医用纺织工业的发展和相关技术的进步。新型纤维和织物的开发和发展使其具有多重功能，如透气性、控温性能、防震性和隔绝流体能力，以及多种性能的结合。不过，随着人口老龄化的增长，新产品的市场也在逐渐拓宽。治疗和管理糖尿病伤口就是一个很好的例子，它将医用纺织品与创新医疗产品相结合。此外，未来的研究应侧重于开发合适的技术和标准，更好地满足对健康和安全产品不断增长的需求。因此，现有的性能测试标准需要通过更多的实验和数据分析来进一步完善。例如，有些参数需要客观地评定和量化最小舒适极限，如透气性和水蒸气透过率等。为实现这一目标，需要通过应用新原材料和优化现有的材料构造及涂层技术，设计和开发具有不同渗透率、孔隙率和透气性等性能的医用纺织品。生物聚合物和转基因微生物也将被开发用于新纤维的生产。细菌来源的高分子量聚酯具有生物相容性、可生物降解性以及合适的热塑性，可以熔融纺成纤维，通过针织制成人造医用纺织品。新纤维的生产和开发进一步扩大了医用纺织品的应用范围，因此，用于医疗用途的纺织品变得更具挑战性。同时，需要改进及了解这些新材料的性能才能获得特定的应用。此外，要求生成过程更加环保，例如，以生物酶反应过程取代纺织品的化学处理，从而可以开发出具有低能量需求和更高产量的酶。因此，质量控制体系和标准需要改进，以满足新的废弃物管理标准。总之，医用纺织品市场的发展更多地依赖于创新产品的开发，这些创新产品需要具有良好的舒适性、更高的性能和更低的成本。表6.14总结了产业用纺织品的发展历程，包括医疗和智能纺织品。

表6.14　产业用纺织品的发展历程

时间范围（年）	隔绝功能	早期警告	可持续发展	功能
0~3	轻薄和低成本下仍达到隔绝功能 • 细菌、病毒、朊病毒和液体均不能渗透 • 更简单的材料结构	—	加入一些低剂量的生物聚合物 • 降低测量和减轻重量 • 降低医疗废弃废物回收成本	与人体温度自适应的织物水蒸气透过率和透气性 • 连通性——手术服和手套 • 降温或加热服装和手术单
3~5	清除异味 • 去除烟雾 • 防撕裂和防刺穿的隔帘、手术服和医用手套	能够检测和可见隔绝织物破坏	生物基聚合物更加经济环保 • 通过现有技术或绿色制造技术转向绿色材料，减少能源使用	通过嵌入式的传感器实现监测功能——温度、血压、呼吸、氧气 • 易于穿脱服装的舒适型材料 • 集成射频识别功能有效性的实时监测
5以上	增强手术隔帘周围环境对细菌和病毒的隔绝功能	• 通过传感器微调检测、反馈和报告病人精神压力情况 • 损坏材料的自修复/修理	医院内部的自清洁表面——手术室桌子、窗帘和小隔间 • 可重复使用和一次性产品 • 可重复消毒和可重复使用的产品	• 微胶囊技术不影响人体体液的流动性和人体机能的情况下，实现体液长效无污染

6.7 结论

多篇文献和报告表明，医用纺织品在医疗保健和医院防护领域的使用频率越来越高。这主要是由于人们开始关注老龄化和人口迅速增加的问题，以及防止各种传染病传播等问题。因此，性能测试、护理和医用纺织品的质量保证在当前和未来都至关重要。在本章中，我们回顾和讨论了一些医用纺织品评估的性能测试方法和标准。通常，不同组织之间存在共识，包括 EN、ISO 和 ASTM。然而，医用纺织品制造商仍然需要做到不同标准中规定的性能测试要求，以便能够在需要任何一种测试标准的市场中展示他们的产品。另外，这些性能测试方法（标准）应该定期检查、核算和更新，包括重复利用和多次灭菌，因为这是确保医用纺织品的管理和质量保证所必需要做的工作。

参考文献

[1] Czajka, R., 2005. The world textile industry is moving rapidly toward the manufacture of high-added value fibres, fabrics and textiles products. Fibres Text. East. Eur. 13 (1) (49).

[2] Anand, S. C., 2001. Medical Textiles. Woodhead Publishing, Abington.

[3] Rajendran, S., Anand, S. C., 2002a. Development in medical textiles. Text. Prog. 10-13.

[4] Islam Kiron, M., 2015. Introduction of medical textile. http://textilelearner.blogspot.com/2012/02/introduction-of-medical-textiles.html#ixzz3rKf Um8le (accessed 08.09.2015).

[5] Walker, I. V., 1999. Nonwovens—the choice for the Medical Industry into the next millennium. In: Proceedings of Medical Textile Conference. Bolton Institute, UK Publishing, Cambridge, pp. 12-19.

[6] Rajendran, S., Anand, S. C., 2012. Woven textiles for medical applications. In: Woven Textiles: Principles, Technologies and Applications. A Volume in Woodhead Publishing Series in Textiles, Woodhead Publishing, pp. 414-441 (Chapter 14).

[7] Buschmann, H. J., Dehabadi, V. A., Wiegand, C., 2015. Medical, cosmetic

and odour resistant finishes for textiles. In: Paul, R. (Ed.), Functional Finishes for Textiles. Woodhead Publishing, pp. 303-330 (Chapter 10).

[8] Anand, S. C., Kennedy, J. F., Miraftab, M., Rajendran, S., 2005. Medical Textiles and Biomaterials for Healthcare. Elsevier Science.

[9] Rajendran, S., Anand, S. C., 2002b. Developments in medical textiles. Text. Prog. 32, 1-42.

[10] Meena, C. R., Ajmera, N., Sabat, P. K., 2013. Medical textiles. In: Textiles for Industrial Applications. CRC Press, pp. 39-100.

[11] Hutmacher, D. W., 2001. Scaffold design and fabrication technologies for engineering tissues-state of the art and future perspectives. J. Biomater. Sci. Polym. Ed. 12, 107-124.

[12] Lay-Ekuakille, A., 2010. Wearable and Autonomous Biomedical Devices and Systems for Smart Environment: Issues and Characterization. Springer, Berlin.

[13] Behera, B. K., Arora, H., 2009. Surgical gown: a critical review. J. Ind. Text. 38, 205-231.

[14] McCann, J., Bryson, D., 2014. Textile-Led Design for the Active Ageing Population. Elsevier Science.

[15] Gokarneshan, N., Rachel, D. A., Rajendran, V., Lavanya, B., Ghoshal, A., 2015. Emerging Research Trends in Medical Textiles. Springer, Singapore.

[16] Huang, J., Qian, X., 2008. Comparison of test methods for measuring water vapor permeability of fabrics. Text. Res. J. 78, 342-352.

[17] OECD, 2009a. Test No. 430: In Vitro Skin Corrosion—Transcutaneous Electrical Resistance Test (TER). OECD Guidelines for the Testing of Chemicals, Section 4: Health Effects. OECD Publications.

[18] OECD, 2009b. Test No. 431: In Vitro Skin Corrosion—Human Skin Model Test. OECD Guidelines for the Testing of Chemicals, Section 4: Health Effects. OECD Publications.

[19] Markets and markets, 2015. Medical textile testing market by test (dimensional stability, toxicology, biocompatibility, microbiological & flammability), by product (gown, drape, wrap, uniform, curtain, bedding, & face mask), and by region—Global Trends and Forecasts to 2020.

[20] Eriksson, S., Sandsjo, L., 2015. Three-dimensional fabrics as medical tex-

tiles. In: Advances in 3D Textiles. A Volume in Woodhead Publishing Series in Textiles, Woodhead Publishing, pp. 305-340.

[21] Robert, C., Rachel, A., 2015. ITA Technical Textiles Top Markets Report.

[22] Shishoo, D. R., 2011. High-performance textiles and nonwovens are targeted for growth. Specialty Fabr. Rev. https://secure.ifai.com/sfreview/articles/0311_wv_asia_potential.html.

[23] Textile World, 2015. Textiles 2015: More Improvement Ahead. Jan./Feb. http://www.textileworld.com/textile-world/features/2015/02/textiles-2015-more-improvement-ahead/.

第7章　智能纤维增强复合材料的多尺度表征与测试

S. Geller, Holeczek, A. Winkler, T. Tyczynski, T. Weber, M. Gude, N. Modler
德累斯顿工业大学，德国，德累斯顿

7.1　概述

轻量化结构的深入研究使纤维增强复合材料在各个工业领域的应用日益广泛。在此背景下，智能复合材料的实现也越来越重要，尤其与传感器和制动器等功能一体化装置联系在一起。过去大量的研究聚焦在通过压电传感器实现复合材料结构的功能化，使其能够应用在动态监测、损伤探测，甚至主动减震等各种情况中[1-2]。最初的功能化是通过将各种功能元件黏合或铺埋在热固性复合材料中实现的[3]，然而纤维增强复合材料的加工技术能够通过适当的加工条件实现优异的设计灵活性，允许将适当的压电模块嵌入均质材料中[4]。因此，智能纤维增强复合材料可以将部件制造和模块结合多个步骤融入一个高效制备工艺中实现。本章以电力学性能为例，介绍智能纤维增强复合材料多尺度表征（从长丝到部件）的各种定性和定量方法。通过实例分析，阐述智能复合材料具体的应用场景。

7.2　表征智能纤维增强复合材料的常规方法

由于一个材料系统的整体强度由其最弱环节决定，因此，为了确保材料整体在使用寿命期间能够可靠运行，需要检查智能纤维增强复合材料的每个子系统，进而在每一个装配步骤中对智能纤维增强复合材料所有成分的物理特性、力学性能、耐环境性以及功能性进行合理的表征和评价。

通常来说，智能结构件可以视为是以下子单元的组合体：①复合材料的纤维和基体部分决定其承载能力；②传感器部件测量功能元件之间的信号；③如果智能结构件的设计是为影响其自身行为或周围环境，则需要配备执行器；④电子元件主要负责传输传感器和执行器间的信号以及调节电源和信号强度。

这种智能纤维增强复合材料结构件设计非常复杂，与每个子系统的性能息息相关，因此，需要选择和使用合适的实验技术。下面对智能纤维增强复合材料表征的通用方法进行综述。根据不同的测量水平将其分为定性和定量两种方法。

由于连接测试元件和软件程序的技术手段已经十分成熟，可以从多个文献中获取相关信息，如在 Gizopoulos[5]、Myers[6]、Beizer[7] 等人的工作中均对此进行了详细描述。因此，下面不再讨论该方面内容。

7.2.1 定性方法

定性实验手段主要指研究对象的可视化表征方式。通过演示程序的应用，根据操作者的经验得出研究对象的特征，如裂纹、分层、气穴或部件未对准等情况。

7.2.1.1 X 射线计算机断层扫描技术

X 射线计算机断层扫描技术，简称 X 射线 CT 扫描技术，是分析物体内部结构特征的非破坏性测试方法。测试过程中，对测试对象从不同角度进行 X 光透视，将得到的一组投影照片重新构建为三维立体模型，如图 7.1 所示。X 射线 CT 扫描技术的工作原理是根据不同材料具有不同的 X 射线特征峰对材料进行区分。在 X 射线穿透样品后，光线表现出的透射强度 I_1，是由其辐射强度 I_0、吸收体厚度 h 和衰减系数 μ 决定的，具体计算式如下：

$$I_1 = I_0 \exp(-\mu h) \tag{7.1}$$

其中衰减系数 μ 取决于被检材料的原子序数和密度，因此，可以区分出不同

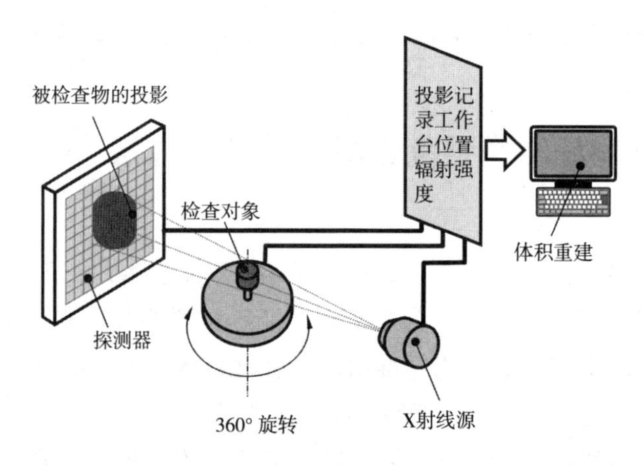

图 7.1 X 射线计算机断层扫描技术工作原理示意图

的材料[8]。目前工业用 X 射线 CT 扫描系统的空间分辨率在微米范围内，能够识别出纤维增强复合材料结构中的单丝断裂，X 射线 CT 扫描技术已经在材料测试和表征中得到广泛的应用。虽然 X 射线 CT 扫描技术的测量精度很高，但由于测量噪声和虚假呈现因素的影响，在结果分析方面仍面临一些困难，因此，限制了最终呈现结果的空间分辨率。虚假呈现可能具有不同的表现性质，例如，X 射线束硬化等物理性质、将测量数据重建到三维模型时发生的环形伪影或由锥束效应引起的伪影等扫描性质。其中，Barrett 和 Keat 对 CT 扫描过程中可能出现的虚假情况进行了详细的描述和分析[9]。

根据智能复合材料的结构特性，X 射线 CT 扫描技术可用于测定纤维断裂、空气夹杂物或富脂区等制造缺陷，以及电子元件黏结质量、定位精度、机械损伤、制动器传感器系统的设置参数等。测试结果由各成分的空间分辨率决定，主要受观察区域以及测试组分的总尺寸影响。

7.2.1.2　显微图像分析法

以嵌有脆性压电陶瓷的智能纤维增强复合材料的性能和失效分析为例。显微图像分析主要是指观察压电元件和复合材料之间微观连接的方法。例如，可以检测复合材料界面、过渡区域、失效区（如分层、纤维裂缝或纤维移位）以及功能元件的界面、过渡区域和失效区。进行此类测试前必须切开复合部件来制备样品，将准备的样品嵌入到特殊的热固性包埋化合物中（如环氧树脂或丙烯酸树脂），然后使用抛光机打磨表面（通用磨粒：500、1200、2400），确保试样表面水平且无刮痕。对于高分辨率显微图像所需的光滑且反射性很强的表面，必须进行后续抛光。一般使用具有分散的金刚石颗粒的乳液进行平滑抛光，所用金刚石颗粒的粒度最小为 3μm（可用 9μm、6μm、3μm），并且通常使用冷却液。将乳液和冷却液交替地加到抛光布上，直到抛光样品表面完全没有划痕为止。

制备好的样品通过带有数码相机的显微镜进行观察拍摄，根据实际情况可以选择不同的分辨率。这些图像由快照预先采集，通过特殊的图像相关技术或分析方法做进一步处理。图 7.2 是包含压电陶瓷元件（TPM）的纤维增强热塑性复合材料的显微图像，其中，图 7.2（a）给出 TPM 载体膜与基体界面的理想结合图像，图 7.2（b）则是由于处理温度和压力较低导致的脱黏效应和滞留空气的图像，这些缺陷不仅影响 TPM 载体膜的本身性质，而且导致复合基体与载体膜之间的黏结面积也很小。

7.2.1.3　超声波探伤法

另一类用于智能复合材料定性描述的技术手段是基于与被检测对象相互作用

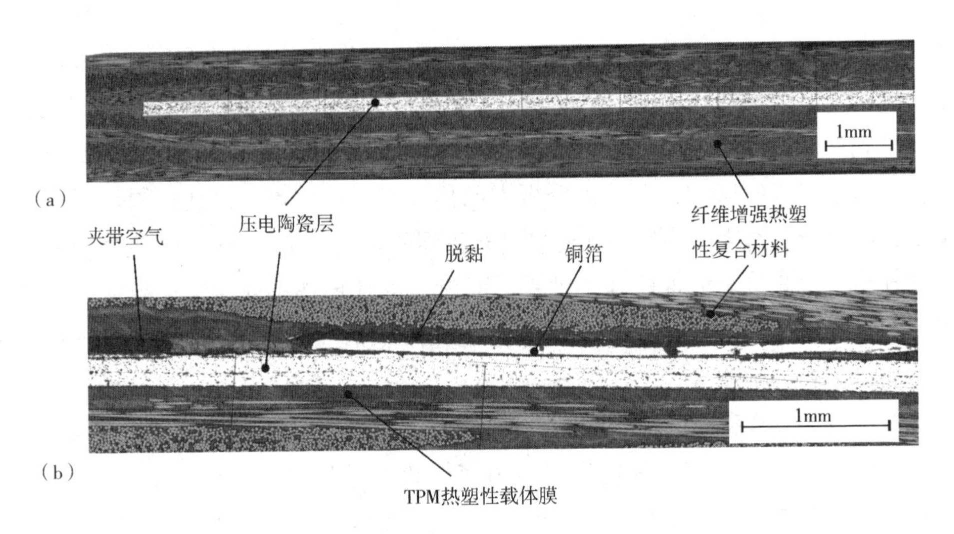

图 7.2　具有集成 TPM 纤维增强热塑性复合材料的典型显微切片

(a) TPM 的理想集成；(b) 脱黏和空气夹层缺陷情况

后对超声波形状或振幅特征变化的分析。特别是在短期内，高频波是由传感器产生并通过耦合介质（如凝胶、水或空气）传输到测试对象（图 7.3），有几种测量模式可供选择（德国标准化协会 2010）。最常用的测试模式如下。

(1) 穿透传输技术。根据超声脉冲通过被检测物体后的机械强度表征材料的检测技术。

(2) 脉冲回波技术。通过分析超声脉冲对材料异质性的反射表征其深度定位和延伸的技术。

(3) 飞行时间技术。利用被检物不同位置的脉冲路径或入射角之间的关系描述声阻抗非均质性的技术。

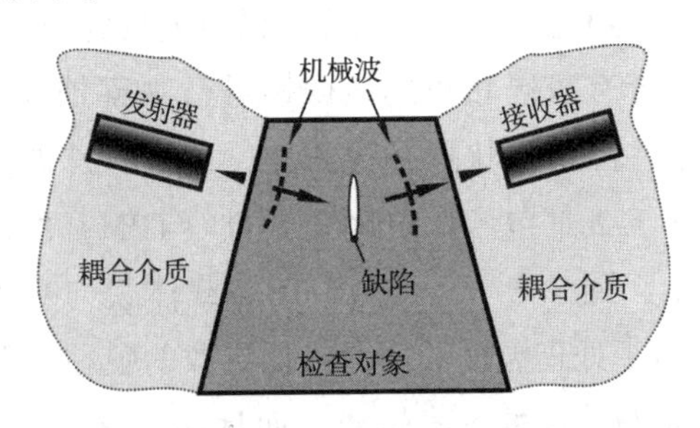

图 7.3　超声波材料测试系统的主要配置

超声波探伤法有许多优点，比如可以准确测定分散材料在宽频带内的刚度和阻力。但是该项技术在纤维增强材料中的应用与波的散射有密切关系，结构边缘或纤维增强复合材料固有的不均匀性会导致视觉伪影，从而得到错误的测量信号。

7.2.2　定量方法

采用定量方法对智能复合材料的特性进行表征，包括传感器工作时压电传感器的微小变形形成的电荷变化，或者在执行器触动时，由施加在传感器上的定量电压所引起的复合材料结构的变形。此外，定量方法还可用于智能复合材料的质量保证和功能测试。

7.2.2.1　电阻抗法

使用压电传感器的目的是实现传感或驱动特性。这两种性质大多基于能量转换原理。能量转换器通常具有对称性，这意味着能量可以向两个方向流动，一边的能量流动受到另一边能量流动的影响。电气工程领域的一个典型例子是变压器，该模型原则上适用于所有对称的能量转换器。对于压电陶瓷传感器，特别是嵌入在机械结构中的传感器，电能被转化为机械能。纯压电陶瓷圆盘将电振动转化为机械振动，其谐振特性取决于材料参数和几何形状。机械振动进而影响元件的电流和电压。由电容 C_p 与串联谐振电路（C，R，L）并联组成的简单等效电路如图 7.4（a）所示。该电路有串联谐振 f_s（串联谐振电路）和并联谐振 f_p（并联电容 C_p 和电感 L）。如果传感器嵌入到一个结构（如复合材料）中，其阻抗性能会随着陶瓷与复合材料部件连接而改变。这种结构既影响共振，也影响振动的峰值。换句话说，从电学性能及其变化可以得出整个材料系统性能特征的结论。如图 7.4（b）所示的等效电路图中，可以通过在串联电路中增加具有复杂响应的电学元件来实现。

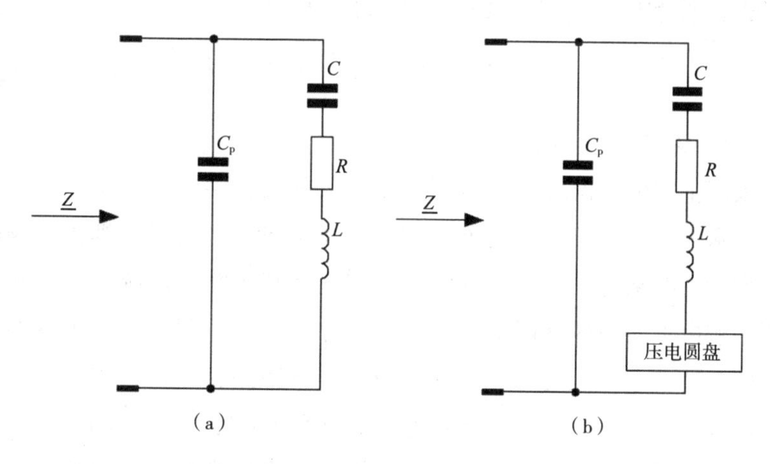

图 7.4　压电圆盘（a）的等效电路铺埋到结构材料（b）中

可以用复阻抗 Z 来描述压电圆盘的特性，即用电压电流比来描述。通过改变激发频率，可以得到一条特有的频率响应曲线，其中在串联谐振时阻抗 $|Z|$ 最小，并联谐振时阻抗 $|Z|$ 最大。这两个频率也分别代表了机械能和电能的比例（图 7.5）。

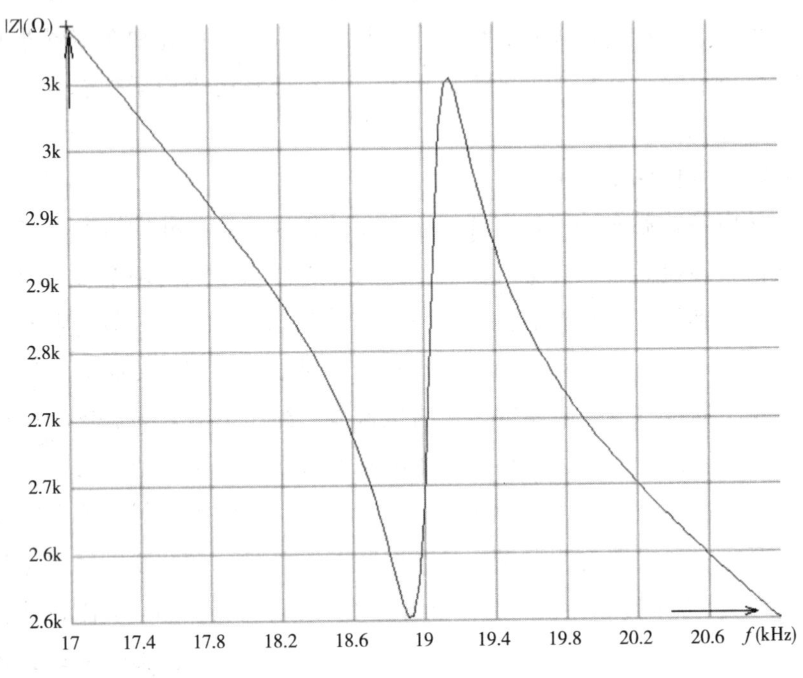

图 7.5　一种压电陶瓷触感器的复阻抗与频率关系曲线

将机械能和电能这两种能量的比值用耦合因子 k_{eff} 表示，这是评价传感器性能的一种方法。耦合因子 k_{eff} 可以通过两个频率计算得到[10]：

$$k_{eff}^2 = \frac{\text{机械能}}{\text{电能}} = \frac{f_p^2 - f_s^2}{f_p^2} \tag{7.2}$$

7.2.2.2　实验模态分析法

在过去三十年中，模态分析已经成为寻求确定、改进和优化工程结构动态特征的主要技术[11]。模态分析用于识别系统中固有的动态特性，即固有频率、阻尼因子和振型。一般来说，被测系统的动态特性是基于测量系统，对已知或至少部分已知激振响应来表征的（图 7.6）。在本文中，激振一般通过模态激发器或连接力传感器的落锤实现，也可采用短切气流、声学激振、结构一体化执行器或电磁铁软铁锚对等。此外，振动响应可以通过多种不同的传感器类型得到，如麦克风、加速度计、激光振动计、结构集成传感器网络、高速摄像机等。从多种激振测量方式中选择合适的方式组合时，需要操作者具备一定的专业知识，以保证测试结果的准确性。

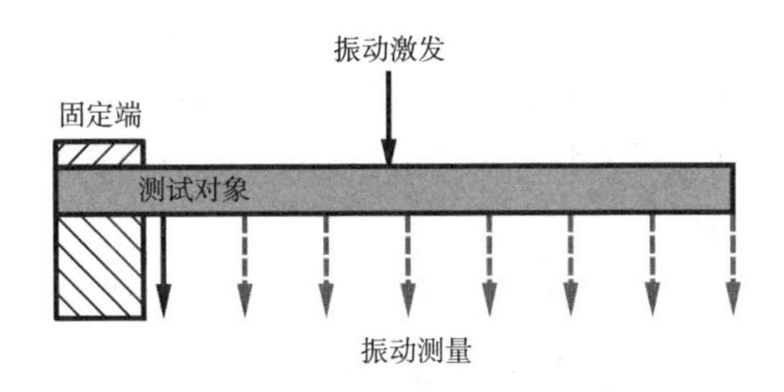

图 7.6　粗纱传感器模式下结构动态特性识别的主要设置
（灰色箭头表示振动传感器的临时位置）

实验模态分析是一种常用的智能结构表征技术，经常用于验证影响动力学性能的主动减振或变形等主动功能。此外，实验模态分析可以作为质量保证或结构健康监测能力的基本方法。

7.2.2.3　循环三点弯曲法

在测量和量化集成压电传感器的传感器特性时，可以采用的方法有很多种。7.2.2.1 节是通过结构的共振激发和电学性能的测定得到电力学耦合效应和耦合效率。另一种方式是通过施加载荷使结构发生变形并测量产生的电诱导电位或电荷。这种方法的优点是可以连续在线修改和调整测试参数，同时也更接近实际的应用。循环三点弯曲法测量原理如图 7.7 所示。

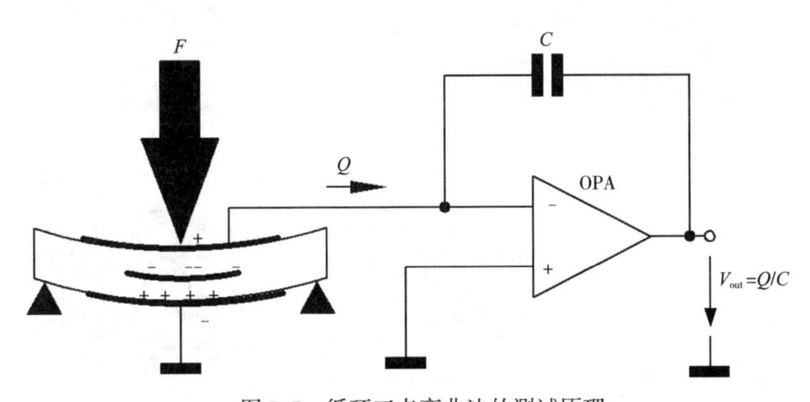

图 7.7　循环三点弯曲法的测试原理

将含有集成压电传感器的复合材料样品做成弯曲杆状。如果在垂直施加的力 F 作用下发生变形，则压电传感器变形。当压电效应在其表面产生电荷后，反过来会影响传感器上侧和下侧两个电极上的电荷。

电荷通过图 7.7 中的电荷放大器放大并转换成电压。相对于简单电荷放大器，这种电荷放大器增加线性频率响应和降低相关噪声，至少在特定频率范围内表现出高通特性。因为它的电学性质是一定的，所产生的电荷经过一段特定时间后会被分散，而电荷的减少必须得到有效补偿，也就意味着三点弯曲必须循环进行。

7.2.2.4 光学方法

智能复合材料的二维和三维形变可以通过非接触式光学测量方法进行准确测量，其工作原理是基于数字图像相关（DIC）原则。首先根据电压—应变—滞后圈测量激发器性能，而不是顺应机制的复杂运动研究时的谐波振动分析中的变形测量。一种方法是利用随机模式检测结构的变形，即测量随机模式中结构件在加载条件下的形变量。此时，使用类似 ARAMIS（GOM mbH）的可测量系统，可以评价三维表面坐标、三维变形量和平面应变张量。样本必须采用随机灰度值模式进行标记，将样品分割成若干个小平面（二次测量场），进一步划分到预定数量的测量点，如图 7.8 所示。这些平面的变形量通过计算原点或未变形点的转换量得到每一个小平面坐标系的变形[12]。

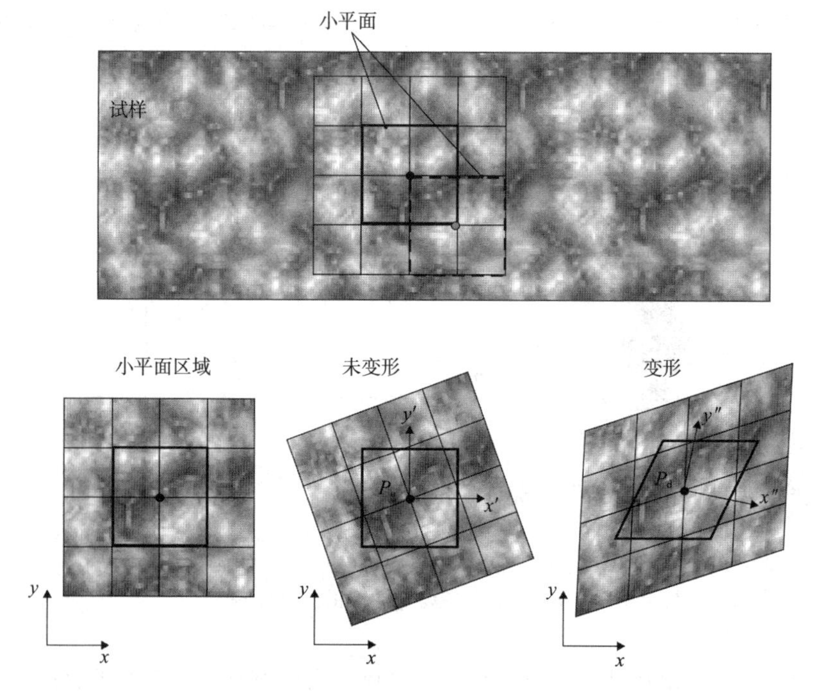

图 7.8 使用 ARAMIS 测量原理测量样品的碎片，检测未变形的平面和在变形状态下的平面坐标系

小平面形状确定后，变形可以通过变形梯度的张量 F、变换线单元 $\mathrm{d}\vec{x}$ 和初始状态 $\mathrm{d}\vec{X}$ 中的原始线单元的计算公式得到：

$$\mathrm{d}\vec{x} = F \cdot \mathrm{d}\vec{X} \tag{7.3}$$

变形梯度的张量可以进一步确定旋转张量 R 和长宽比 U 的张量构成的应变：

$$F = R \cdot U \tag{7.4}$$

其中，长宽比的张量定义为：

$$U = \begin{pmatrix} U_{11} & U_{12} \\ U_{21} & U_{22} \end{pmatrix} = \begin{pmatrix} 1 + \varepsilon_x & \varepsilon_{xy} \\ \varepsilon_{yx} & 1 + \varepsilon_y \end{pmatrix} \tag{7.5}$$

第二种方法是跟踪反射点确定位移，可以使用类似 PONTOS（GOM mbH）这样的测量系统。PONTOS 测量系统如图 7.9 所示，可以测量三维坐标和位移、变形、速度、加速度的点信息。因此，研究对象必须确定合理的标记数量。经过校准以后，系统记录下这些标记的位置变化。以上这些测量可以由系统软件进行处理或者直接传递到二级软件完成。

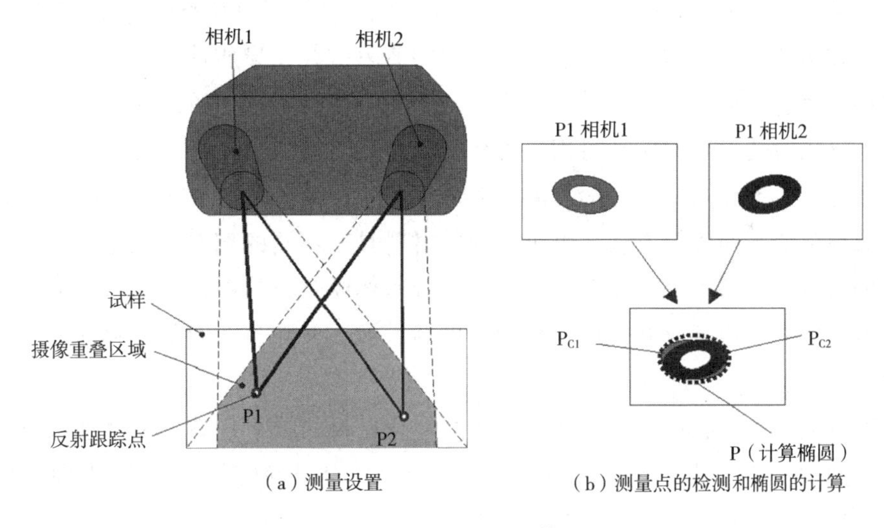

（a）测量设置　　（b）测量点的检测和椭圆的计算

图 7.9　PONTOS 系统

7.2.2.5　其他方法

除了前面几种方法外，还有很多可以用于智能复合材料表征和测试的方法。接下来介绍的几种方法对智能纤维增强复合材料的表征具有很大的潜在应用价值。

原位计算机断层扫描技术是 X 射线 CT 扫描技术和万能实验机的组合，可以检测到材料中的闭合裂缝[13]。闭合裂缝在外部载荷作用下打开，并通过 X 射线 CT 扫描技术看到。另外，也可用于研究使用中的材料性能，如智能组件的长期稳定性。

红外热成像技术可以检测黏合或脱黏情况，其原理是基于“热斑”的存在，即随着温度升高而产生能量耗散的区域[14-15]。热成像仪在电磁波范围内检测到的红外波谱所形成的红外图像称为热图。

另一种技术是检测机械能耗散的区域，是通过调整固体波的干涉方式来实现的[16]。这种方法成立的假设条件是：驻波是一个可以确定耗散能量分布的加权函数，其中驻波指两个计量波发生干涉时产生的原始波。区域中伴随最大驻波速度（反节点）的耗散能量具有最高的权重，而振荡偏转为零的区域（节点）的权重等于零。节点和反节点位置的转换会引起权重分布的变化，如改变两个行波的相位。通过分析以输入能量为参数的行波相位的函数，可以得到阻尼分布的相关信息。

测量导电系统的电阻或电容变化可以了解材料子系统的质量状况。在载荷作用下，裂纹的存在或不良黏结都会引起导电性能的波动[17]。因此，通过检测这种变化可以掌握材料系统当前的状态。

时域反射技术（TDR）可以监测结构元件之间的相对位移[18]。在 TDR 技术中，电磁脉冲沿着电缆发送，如果电缆内的波阻抗存在异质性，便可以检测到电磁脉冲的反射。根据反射的时间延迟，可以计算出异质性物体的位置。

电磁辐射技术（EME）可用于研究材料性能，特别是在高动态载荷条件下的材料性能[19]。假设 EME 的来源是纤维基体脱黏，则其将是检测和分析复合材料复杂失效现象的一种可靠方法。由于不同的材料具有不同的相对介电常数，从而在光纤的边界处和基体处形成双电层。在纤维基体脱黏过程中，双电层区域内的不同介电常数的层相互分开，形成集中的电荷区域，并随着时间的推移，发生放电和材料分解。

除以上几种方法外，另一种表征智能复合材料的技术是整合和处理来自不同数据源的数据[20]。考虑到离散小波变换（DWT）对奇点具有高敏感性特征，DWT 是材料特征检测和识别最好的方法之一。

7.3 实例分析

下面介绍的实例不仅考虑了传感器和促动器的性能和潜在应用，而且得出了具体的结果。除以下涉及的例子外，各种测量原理也可用于其他不同传感器和结构研究中。

7.3.1　含新型集成传感器的长纤维增强聚氨酯复合材料的循环三点弯曲测试

预制压电陶瓷模块的生产和集成到活性复合材料结构中是两个单独的步骤，而且这两个步骤都具有成本高、耗时长的特点。因此，Weder等人发明了一种结合新型传感器模块制备和嵌入技术的方法[21]。该工艺以长纤维喷射喷涂法为基础，对反应性聚氨酯体系和玻璃纤维进行加工[22]。此外，喷涂工艺允许微小功能元件甚至电子测量系统的嵌入。为了验证集成传感器的性能，采用循环三点弯曲试验对复合材料样品进行测试和表征。

7.3.1.1　材料与制备

以锆钛酸铅（PZT）和珍珠、短纤维等自由流动的压电陶瓷半成品作为原料。如图7.10（a）所示，在制备过程中，将压电陶瓷半成品置于低电极端，形成压电功能层，然后在功能层上沉积上电极，完成传感器的组装。为了将传感器完全嵌入到复合材料中，传感器组件在固化过程中被沿厚度方向流动的树脂完全浸渍，如图7.10（b）所示。通常使用金属丝网等多孔电极结构。

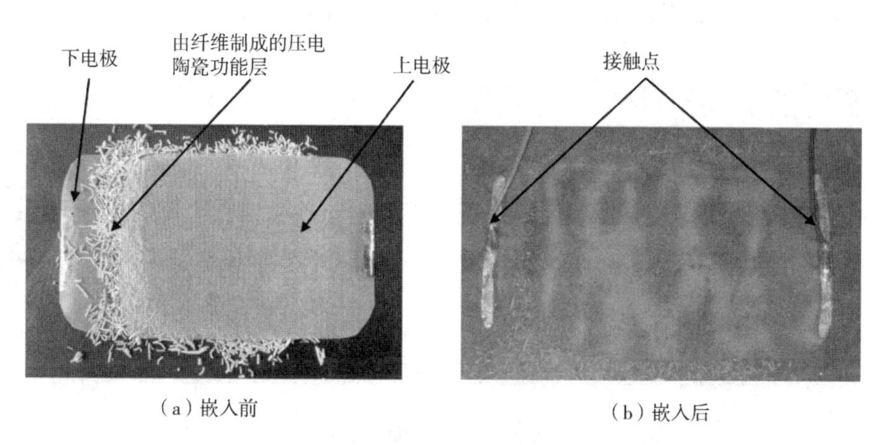

图7.10　嵌入前和嵌入后带有纤维和多孔电极的传感器模块

传感器的具体规格参数见表7.1和表7.2。

表7.1　所用压电陶瓷元件

压电陶瓷元件	珍珠	纤维
直径（mm）	1.5	0.5~0.8
长度（mm）	—	1~10

表 7.2 所用电极

电极	E1 型	E2 型
材料	CuSn6	
网格尺寸（mm）	0.1	0.04
线径（mm）	0.065	0.032

7.3.1.2 实验

为了验证新传感器模块的功能，使用动态三点弯曲测试方式对其进行表征，测试装置如图 7.11 所示，测试中共采用纤维、珍珠和两种同时使用（E1 和 E2）制作的四种规格的传感器铺埋到玻璃纤维增强聚氨酯复合材料中。集成后对传感器进行接触极化。在传感器组件复合到复合材料过程中，由于聚氨酯基体的膨胀，可能会在压电功能层和电极之间形成聚合物双层。这些聚合物层会影响极化行为和传感器的性能，Geller 等对聚合物双层对传感器极化行为的影响进行了研究[23]。由于聚合物基体的介电常数较低，极化需要较高的电压。对极化前后的传感器元件进行测试，采用的极化电压分别为 2.5kV、3.3kV、4.1kV、4.9kV。

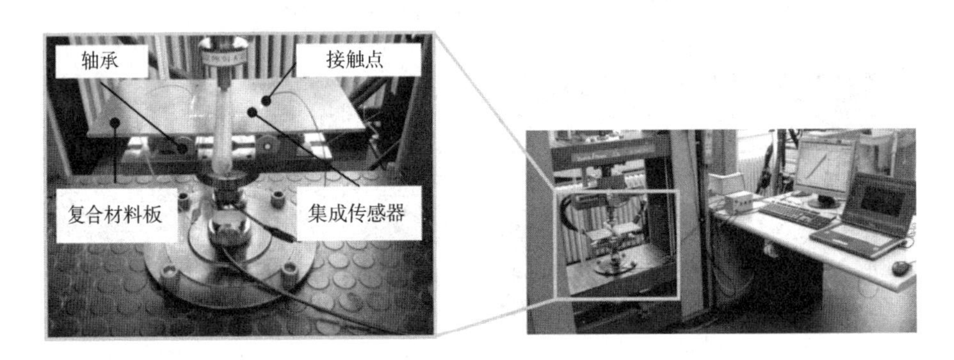

图 7.11 集成传感器元件循环三点弯曲试验装置

7.3.1.3 结果分析

测试结果表明，含纤维功能层的传感器比含珍珠功能层的传感器产生的电荷高，如图 7.12 所示。这是由于纤维在弯曲过程中变形较大，导致压电陶瓷内部的正电荷和负电荷集中。此外，电极规格的影响无法检测到。

极化电压越大，产生的电荷越高。图 7.13 给出带有 E2 型电极和纤维功能层的集成传感器的检测电荷和极化电压曲线图。如图所示，即使产生的电荷值非常小，这种新型传感器也能感受到。

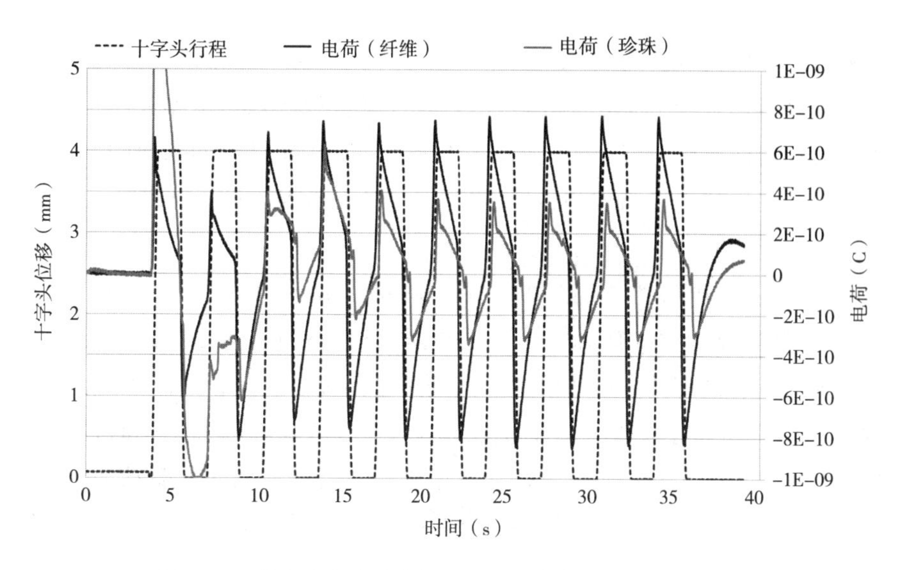

图 7.12　根据十字头位移检测循环三点弯曲过程中的电荷

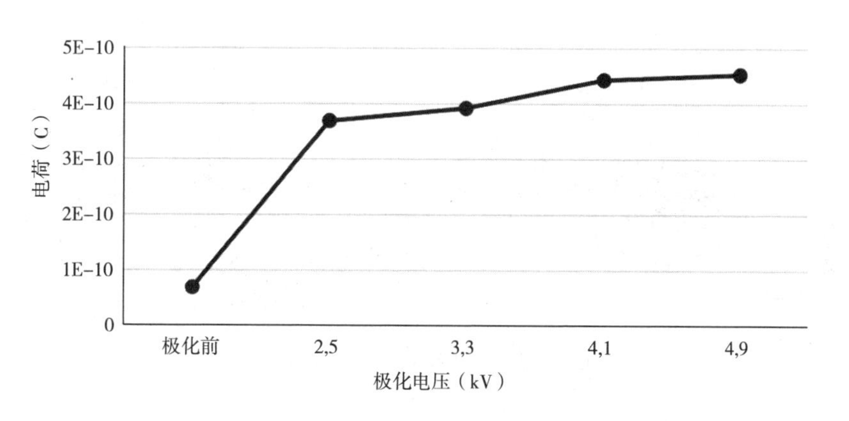

图 7.13　电荷与外加极化电压的关系

7.3.2　均匀嵌入压电陶瓷模块的纤维增强热塑性材料

由于加工时间的可缩短性，纤维增强热塑性复合材料表现出很大的生产潜力[24]。因为复合材料是以铺层方式制备的，传感器可以放在纤维层与层之间。此外，复合材料基体和传感器载体薄膜使用相同的材料，保证材料的均一性。通过传感器的成功嵌入，能够实现复合材料在线检测或驱动功能，有效降低可替代功能元件制作和黏结的时间与经济成本。对于一般的智能复合材料结构，可以选择上述方法进行表征。一方面是可以通过破坏性和无损检测进行质量控制，另一方面可以通过 DIC 进行性能表征。

7.3.2.1 材料、组件和制备

在玻璃纤维增强聚酰胺 6（GF-PA6）复合材料中嵌入与基体性质相同的陶瓷热塑性相容压电陶瓷模块（TPM）。图 7.14 给出了 TPM 结构的构成图，包括热塑性载体薄膜、金属化电极结构和压电功能层（如压电陶瓷板、纤维复合材料或印刷浆料）。

复合材料板材由纤维增强 PA 6 预浸料铺层得到［型号 tepex® 102-rg600（x）/47%，邦德复合材料有限公司］。首先将 TPM 放置在铺层的最上面一层，然后通过热压工艺将铺好的多层预浸料加热到熔融温度以上。在温度和压力作用下，TPM 载体膜熔融到复合基体中。TPM 直接嵌入到复合材料结构中，而且压电陶瓷功能层的材料性质也十分均匀，从而实现了常规复合材料结构的驱动和传感功能。下面将对嵌入式 TPM 的驱动性及其对结构共振行为的影响进行分析。

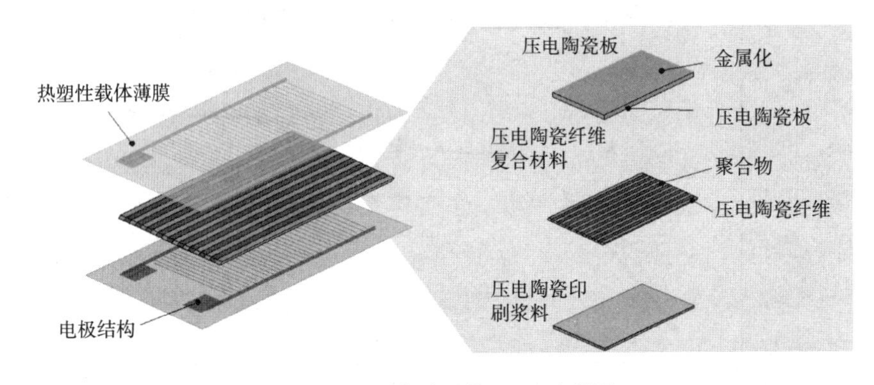

图 7.14 可能建立的 TPM 示意图

7.3.2.2 测试装置

为验证实验装置的有效性，采用 PONTOS 测量系统对埋入 TPM 的复合材料进行共振分析。测试过程中复合材料用特殊的反射点标记，并用细绳悬挂起来，如图 7.15 所示。

TPM 模块受到 0~150V 电压的正弦激振驱动，该电压由高压功率放大器产生。在 10~350Hz 的频率范围内进行共振分析。因为有 TPM 存在，复合材料结构的含有第二特征频率的激振在 287Hz 下出现了明显的偏转。利用 PONTOS 测试系统能够测量面外位移，这也是智能结构构件的设计准则之一。

7.3.2.3 实验和质量分析

对于 TPM 自身的质量控制，采用灰度相关法（ARAMIS）对模块的应力—应

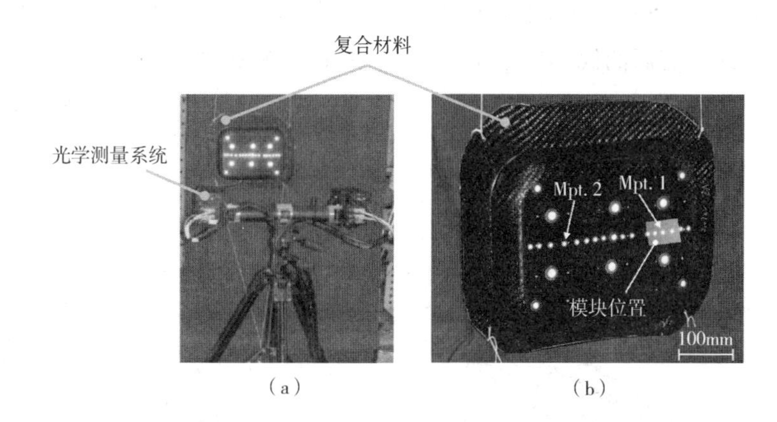

图 7.15　纤维增强热塑性复合结构，具有反射点、测量点（Mpt.）和模块位置

变行为进行测量。测试装置如图 7.16 所示，包括函数发生器、放大器和芯片系统(5M-ARAMIS 系统)，采用 DIC 软件中的统计评估法对材料参数进行定量测量，其中用应变场的算术平均值表示模块的额定特性。在此类型的测量装置中，活跃场上的数据点可以达到 8000 个。

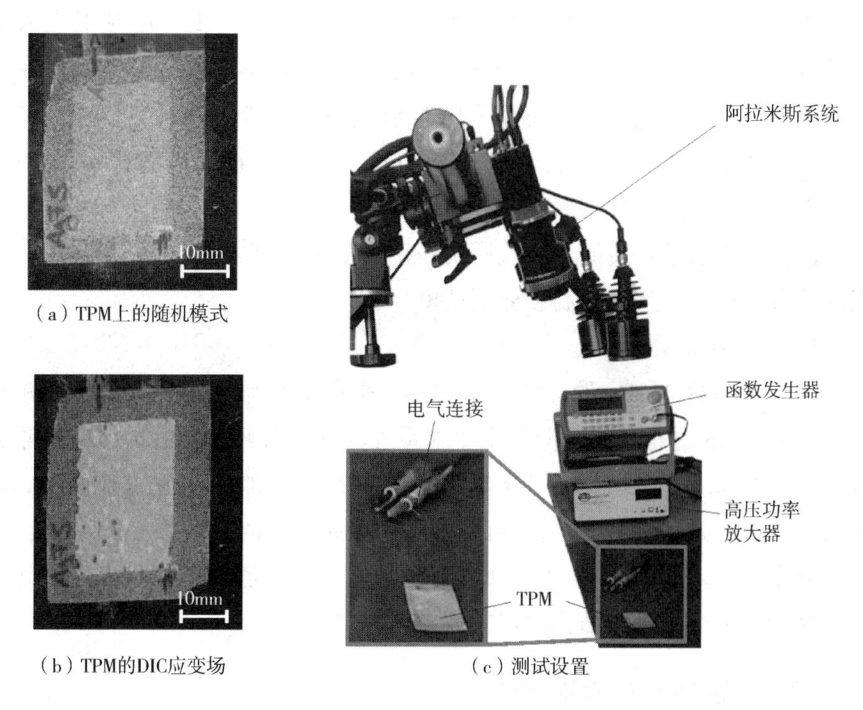

图 7.16　模块性能测量设置

聚醚醚酮（PEEK）和聚酰胺6制成的热塑性载体膜与传统的MFC驱动器对比测得的TPM应变滞后曲线如图7.17所示，其中TPM采用三角形信号和0.1Hz频率驱动。主驱动方向上的自由应变ε_f是电压U和模块截面上出现的最大电场强度的函数。

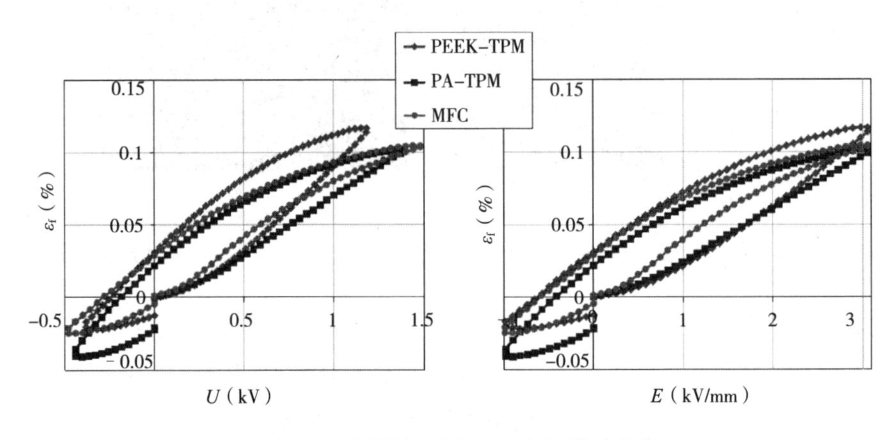

图7.17　不同模块的电压—应变滞后曲线

因为在复合材料制备过程中模块所处的环境很差，因此，必须对嵌入的模块质量进行评价。一方面，活动层应无裂缝嵌入复合材料中，另一方面，TPM与复合材料的界面应为最佳黏结状态。采用X射线检查功能层内部的裂缝，如图7.18（a）所示。由于功能层（钛酸铅—Zir—Conate）的材料特性，使用X射线CT断层扫描等无损方法无法表征模块与复合材料之间的界面，因此，只能采用显微照片等破坏性测试方法进行表征。嵌入模块的显微图像如图7.18（b）所示，可以看到界面区域分布均匀，且无孔洞和分层现象。

7.3.2.4　结果分析

对于频率高达350Hz的热塑性示波器，采用DIC系统中一种特殊的频率相关模式PONTOS HS进行测量。测量中要求系统分辨率为1280像素×1024像素，最大帧采样率为500fps，因此，使用混叠采样来测量。在287Hz正弦波刺激下，示波器两点的面外位移如图7.19所示。可以看到由于测量点的偏转角接近180°，示波器以共振频率驱动。从图7.19还可观察到激励电压最大值和位移最大值之间存在相位差，这种现象在材料和结构阻尼效应中普遍存在。

7.3.3　集成阻尼系统的盘形转子

每一个处在使用过程中的结构件都或多或少地受到振动的影响，这些可能是

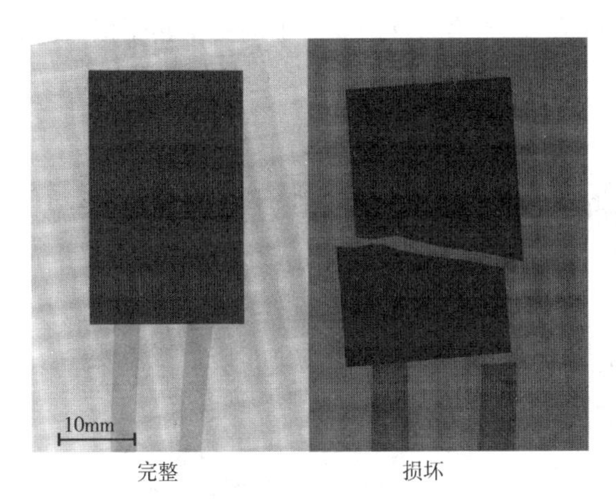

（a）显微图像

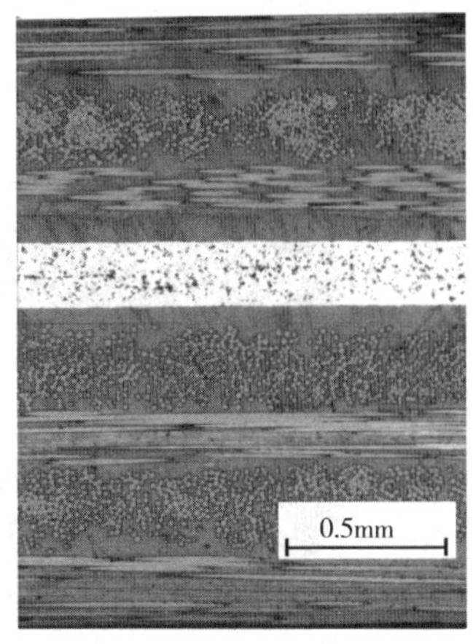

（b）X射线图像

图 7. 18　集成模块分析

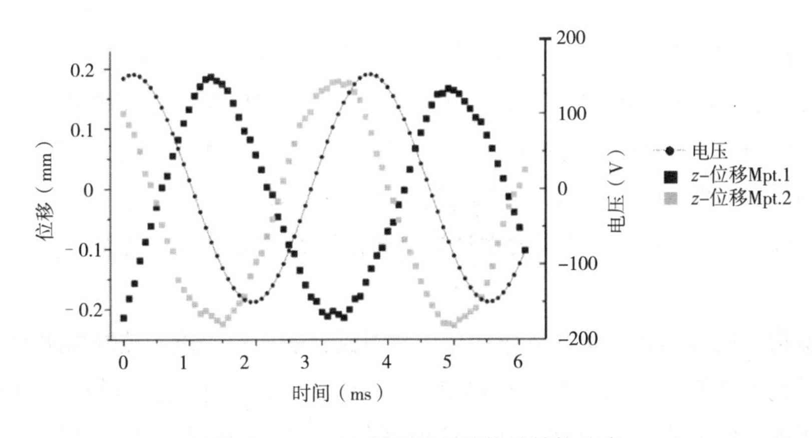

图 7. 19　287Hz 下示波器结构的结构响应

结构原因导致，如制造过程中产生的某些结构性特征，或者如风、噪声等客观存在的因素造成。最严重的时候，振动（如疲劳或动态加载）会导致结构件的彻底失效。使用轻质的聚合物基复合材料等阻尼性能相对较低的材料会引起振动，而材料集成主动阻尼系统是利用嵌入元件产生的反振力来抑制振动。以玻璃纤维增强聚酰胺材料集成传感/执行元件制成的盘形分段转子为例，介绍了该系统的应用。

7. 3. 3. 1　实验

为了评价主动阻尼函数的性能，对分段转子结构进行理想化假设，即转子内半径固定夹紧，无风振或基础振动形式的外部噪声。使用外部放置的电磁铁和转子结合的软铁锚（图 7.20），用 53.6 Hz 的第一特征模对中的一个转子段进行振动激励。

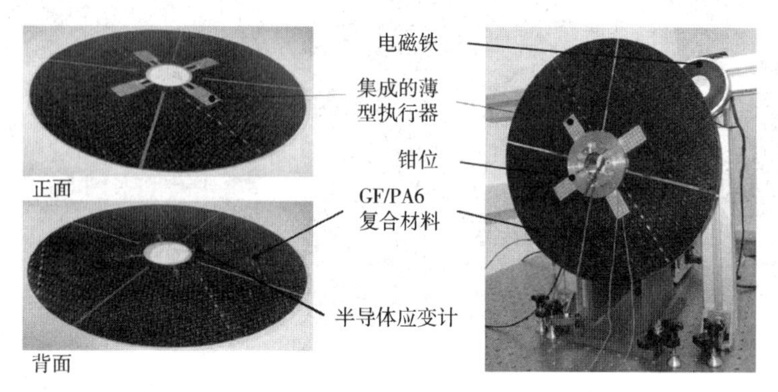

图 7.20　对纤维增强转子集成有源阻尼系统的阻尼性能研究试验

7.3.3.2　结果分析

上述的源阻尼问题，可以采用一种改进后的锁相环算法（简称 mPLL）分析。在 mPLL 算法中，通过谐波信号生成与测量信号初始相位匹配的合成谐波信号，再将合成信号作为驱动装置的控制信号。mPLL 算法与典型的激发振动控制方法（IMSC 或 MIMSC）相比，不仅具有显著的噪声灵敏性，还具备简单在线相位校正的优点。此外，mPLL 算法不需要在计算时提供模态参数信息，从而在很大程度上简化了设计。

应变信号通过集成式半导体应变片测量得到，并通过 mPLL 控制算法实现离散化后传递到控制部件，随后发出控制信号，经过放大后到达复合材料中的驱动元件。由于受力的影响，复合结构在本征值处的实际阻尼明显增大，导致振动幅度减小。如图 7.21 所示，在 $t=3$s 时，主动阻尼系统被激活。

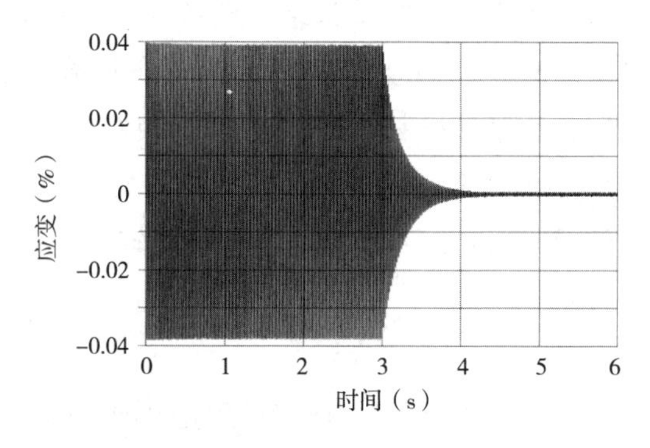

图 7.21　集成系统的阻尼性能（集成阻尼系统已在第 3s 启动）

与被动阻尼系统相比，主动阻尼振动降低约98%。因此，理论上被动阻尼系统设计构件无法实现的情况主动阻尼系统是可以实现的。

7.4　结论

纺织结构增强体可以用于制备智能纤维增强复合材料结构件。上述研究中，功能复合材料是通过在复合材料组分中增加压电元件实现的。这些功能复合材料不仅具有优异的力学性能，还拥有电学和电力学功能。本章介绍的表征和测试方法主要用于验证纺织结构增强复合材料结构化和功能化的有效性。上述方法不仅能够实现过程化质量控制，也支持功能集成一体的轻量化复合材料结构的开发过程。此外，复合材料特定的应用要求需要选择特定的研究方法，在验证传感器或执行器元件集成结构和复合材料结构的有效性时，文中提到的主动激发型复合材料在制备过程中可以选择破坏性检测和无损检测两种方式。同时，借助DIC、LDV和电阻抗分析方法可以对主动激发材料的功能性响应进行验证和定量化表征。综上所述，本章对含嵌入式压电功能元件的智能复合材料有关的表征和测试方法进行了全面的总结和概述。

参考文献

[1] Melnykowycz, M. M., et al., 2005. Integration of active fiber composite (AFC) sensors/actuators into glass/epoxy laminates. In: Proceedings of the SPIE 5761, 221-232.

[2] Edery-Azulay, L., Abramovich, H., 2006. Active damping of piezo-composite beams. Compos. Struct. 74, 458-466.

[3] Konka, H. P., Wahab, M. A., Lian, K., 2012. The effects of embedded piezoelectric fiber composite sensors on the structural integrity of glass-fiber-epoxy composite laminat. Smart Mater. Struct. 21 (1), 1-9, 015016.

[4] Hufenbach, W., Gude, M., Heber, T., 2009. Design and testing of novel piezoceramic modules for adaptive thermoplastic composite structures. Smart Mater. Struct. 18 (4), 1-7.

[5] Gizopoulos, D. (Ed.), 2006. Advances in Electronic Testing. Springer, Dor-

drecht.

[6] Myers, G. J., Badgett, T., Sandler, C., 2012. The Art of Software Testing, third ed. Wiley, Hoboken, NJ.

[7] Beizer, B., 1990. Software Testing Techniques, second ed. Van Nostrand Reinhold, New York.

[8] DIN Deutsches Institutfür Normunge. V., 1997. DIN EN 1330-3: Non-destructive testing—Terminology—Part 3: Terms used in industrial radlographic testing. Trilingual version EN 1330-3: 1997, BeuthVerlag GmbH, Berlin.

[9] Barrett, J. F., Keat, N., 2004. Artifacts in CT: recognition and avoidance. Radiographics 24 (6), 1679-1691.

[10] Ruschmeyer, K., 1995. Piezokeramik-Grundlagen, Werkstoffe, Applikationen. expert, Renningen-Malmsheim, 31.

[11] He, J., Fu, Z. F., 2001. Modal Analysis. Butterworth-Heinemann, Oxford, Boston.

[12] Sutton, M. A., Orteu, J. J., Schreier, H. W., 2009. Image Correlation for Shape, Motion and Deformation Measurements/Basic Concepts, Theory and Applications. Springer-Verlag GmbH, New York.

[13] Holeczek, K., Kostka, P., Modler, N., 2014. Dry friction contribution to-damage-caused increase of damping in fiber-reinforced polymer-based composites. Adv. Eng. Mater. 16 (10), 1284-1292.

[14] Krishnapillai, M., et al., 2005. Thermography as a tool for damage assessment. Compos. Struct. 67 (2), 149-155.

[15] Wu, D., Busse, G., 1998. Lock-in thermography for nondestructive evaluation of materials. Revue Generale de Thermique 37 (8), 693-703.

[16] Kostka, P., Holeczek, K., Hufenbach, W., 2015. A new methodology for the determination of material damping distribution based on tuning the interference of solid waves. Eng. Struct. 83, 1-6.

[17] Todoroki, A., 2003. High performance estimations of delamination of graphite/epoxy laminates with electric resistance change method. Compos. Sci. Technol. 63 (13), 1911-1920.

[18] Su, M. B., 1998. TDR monitoring systems for the integrity of infrastructures. In: Smart Structures and Materials 1998: Smart Systems for Bridges, Structures,

and Highways. San Diego, CA.

[19] Astanin, V. V., et al., 2012. Characterising failure in textile-reinforced thermoplastic composites by electromagnetic emission measurements under medium and high velocity impact loading. Int. J. Impact Eng. 49, 22-30.

[20] Katunin, A., Dańczak, M., Kostka, P., 2015. Automated identification and classification of internal defects in composite structures using computed tomography and 3D wavelet analysis. Arch. Civil Mech. Eng. 15 (2), 436-448.

[21] Weder, A., et al., 2012. A novel technology for the high-volume production of intelligent composite structures with integrated piezoceramic sensors and electronic components. Sensors Actuators A 202, 106-110.

[22] Geller, S., Winkler, A., Gude, M., 2015. Investigations on the structural integrity and functional capability of embedded piezoelectric modules. In: Proceedings of the 6th International Conference on Emerging Technologies in Non-Destructive Testing, Brussels.

[23] Geller, S., Neumeister, P., Gude, M., et al., 2014. Studies on the polarisation behaviour of novel piezoelectric sensor modules. Sensors Actuat. A: Phys. 218, 162-166.

[24] Neitzel, M., Mitschang, P., Breuer, U., 2014. Handbuch Verbundwerkstoffe—Werkstoffe, Verarbeitung, Anwendung, second ed. Carl Hanser Verlag, München.

第8章　环保纺织品的检测和认证

M. D. Teli
孟买化学技术研究所，印度，孟买

8.1　概述

由消费者需求驱动的市场需要符合国际质量标准的功能纺织品，并且要求功能纺织品根据其特定的应用领域具有高性能。例如，运动服除了穿着舒适之外，还要求具有一定的可伸展性、控湿和控温性能以抵抗恶劣天气。此外，军用纺织品还需要具有较好的防护功能以抵御极为恶劣的环境。一些特殊的防护装备（如防弹背心）则需要具有较高的抗冲击强度。对于消防服，除了具有质轻和穿着舒适的特点之外，阻燃耐久性和耐热性能也极为重要。医用纺织品的功能性需根据产品的最终用途而定，一般要求医用纺织品具有较好的抗菌性和生物可降解性，特殊产品还要求具有超吸水性和提供无菌环境的能力。可穿戴电子产品中含有大量的导电材料，因此，产品的耐水洗性能和耐磨损性能显得尤为重要。当周围环境变得越来越嘈杂时，具有吸音性能的纺织品则十分重要，而该类材料及其纤维增强复合材料也具有广泛的应用前景。这些复合材料由高性能取向材料制成，单位重量的性能更高，可用于替代金属复合材料。

环保高性能纺织品的功能性根据纺织品种类的不同而有所差异。多数高性能纺织品也是由常规纤维和高聚物通过相似工艺和技术制备而成。因此，根据产品的特殊应用可将纺织品进行分类，如军用纺织品、医用纺织品、运动纺织品等。这些产品在生产、制造以及使用和废弃处理过程中对环境产生的影响主要取决于纤维、聚合物、生产工艺和技术以及对环境的影响等基本因素。除了原材料、水、能源等宝贵资源的消耗之外，产品制造过程对水污染、空气污染（温室气体）、噪声污染等也有重要的影响。

许多现代化技术可赋予材料高功能性，但该类技术也存在一定的风险和局限，如许多功能性整理剂被制成纳米尺寸时可赋予纺织品较好的抗菌、抗紫外线、自清洁或超疏水等性能。然而将这些纳米材料用于接触皮肤的服装时却不是完全安全的。因为纳米材料可通过皮肤毛孔进入人体，影响人们的健康和安全。许多科研人员也在研究含纳米粒子的功能材料的健康风险。在检测和使用时，需确保纺织品安全，确保各种中间体、化学品、着色剂以及重金属的含量在禁限值以下。纺织品的环保性检测须贯穿所用原材料以及整个制备过程。众所周知，石棉纤维是一种阻燃材料，极限氧指数极高，但石棉纤维具有致癌性，会对人们的生命健康产生严重影响。石棉纤维无法满足对人类安全的基本要求，因此，无论测试标准和性能如何，这种材料是被禁用的。因此，在研究过程中，人们对不同种类环保型高性能纺织品的潜在期望是它们对环境产生的负面影响最小，且能够最大程度保证人们的生命健康。评估这些材料对环境和人类生活造成的影响时，应考虑生产中的气体排放、污水负荷、生物降解性能、能源消耗以及产品对生产车间工人和消费者身体健康的影响。生命周期分析涉及产品在使用和废弃处理时的一系列影响，在评估产品碳足迹方面也有重要的应用。

8.2　历史背景

印染废水中含有大量的染料、颜料和化学品，因此，传统的纺织品加工会对环境（如空气和水）造成严重污染。任何污水处理过程中的懈怠都会导致环境恶化，并给附近居民带来痛苦。20 世纪 90 年代，发达国家意识到利用现有技术很难将此类生产活动可持续化，因此，决定将这些生产转移到所谓的第三世界国家。日益增加的劳动力成本、严格的环保法规以及来自消费者权利组织的压力均迫使西方发达国家缩小甚至是停止该类生产。相应地，这种自我强加式的发展造成了东南亚国家对印染产品需求的增加，这对东南亚国家纺织业的发展来说是一大福音。因为能够赚取外汇，起初他们忽视环境保护法律，无节制地生产活动并大量地向发达国家出口产品极大地刺激了经济的增长。但在此期间，由于纺织品加工技术上存在的不足所造成的不良影响也日益明显。这些国家的环保游说团体逐渐强大，纺织企业的员工甚至附近工作的员工都面临着恶劣的环境，消费者也逐渐意识到这一情况。发达国家与纺织品进口国也逐渐意识到这一情况，并开始向供应商施加压力，要求他们的产品需达到进口国对纺织品和服装的质量标准，其中德国最先发起了这一行动。

8.3 德国禁用偶氮染料

一些纺织品使用的直接染料和酸性染料中含有偶氮发色基团，而人体汗液中的还原酶容易使该类染料还原分解。一旦偶氮发色团被还原，染料便会褪色，颜色变淡，且一些还原产物（胺）具有致癌性。这些胺类对人体以及水生生物的生命健康构成潜在的威胁。每次当发展中国家大量使用偶氮染料时，都会有许多报告指出含有偶氮染料的印染废水对生态系统造成了严重的破坏。当了解到这些偶氮染料的危害后，西方国家的进口商逐渐禁止使用该类染料，德国和其他欧盟国家于 2002 年禁止使用偶氮染料，因为偶氮染料分解时有可能产生 24 种致癌芳香胺中的某一种。

1994 年，德国修订了“消费品条例”，宣布禁用偶氮染料，因为偶氮染料还原裂解可能产生 20 种致癌胺。目前，人类消化道内的细菌或酶对偶氮染料的代谢裂解作用已得到证实。1999 年，德国对法令作了进一步修订，新增了四种胺类，主要是邻甲氧基苯胺、对氨基偶氮苯和两种二甲基苯胺的异构体[1]。目前也有许多偶氮结构的酸性和活性染料（如 C. I. 酸性红 337、C. I. 酸性黑 60、C. I. 活性橙 13、C. I. 活性红 84 等）仍在工业化应用，因为这些染料经还原后释放的胺类不会对人们的生命安全构成威胁。

2002 年之前，在许多国家经济开放和全球化风潮刚刚开始的最初几年，发展中国家，如印度、孟加拉国、斯里兰卡等国并没有认真对待德国对偶氮染料的禁令，认为这是一种贸易壁垒。而当 2002 年德国禁令（更为人所知的是欧盟禁令）得到更有效实施后，那些主要向德国和欧盟其他国家出口以赚取外汇的国家不得不立即寻求更为安全的染料来替代禁用偶氮染料。欧盟 REACH 法规附录 17 第 43 部分规定，纺织品中分解产生致癌芳香胺的偶氮染料的浓度不能超过 30mg/kg，而不溶性偶氮颜料则不受此禁令的限制[2]。

禁用偶氮染料可按照标准 EN ISO 14362-1《纺织品　特定偶氮染料衍生芳香胺的测定方法　第 1 部分：萃取或不萃取纤维情形下特定偶氮着色剂的检测》测定。其中，纤维素纤维和蛋白质纤维按照该检测方法中的 B 82. 02-2 检测；聚酯纤维按 B 82. 02-4 进行检测，该检测方法是被“消费品条例”所认可的。检测时，首先将纺织品在 70℃ 的柠檬酸盐缓冲溶液中处理 0. 5h，然后置入连二亚硫酸钠溶液处理 30min；冷却后，采用叔丁基甲基醚将上述产物在硅胶柱中洗脱，然后进一步浓缩，再用甲醇溶解。后续采用薄层色谱、高效液相色谱（HPLC）、气相色谱（GC）和毛细管电泳进行分析。定量分析采用 HPLC/DAD（二极管阵列检测器或 GC—MS）进行。不同国家采纳法规和使用这类染料的时段不尽相同。许多偶氮染料制造商也提供证明，表明其不生产类似染料。根据德国“消费品条例”，最初的禁用名单中有 112 种直接染料和酸性染料，另外有 30 种可释放致癌胺的染料未被列入禁用名单[3]。

纺织工业耗水量大，因此废水排放量也大，污染严重，对环境和人类健康造成了极大的危害。据估算，每年约有 200000t 染料排放到自然界中，而废水中偶氮染料的浓度有时高达 500mg/kg[4]。许多发达国家都效仿欧盟模式规定限值，很多时候，发展中国家也会对处理后排放废水中溶解性总固体的量进行限制。芳香胺特别是联苯胺和 2-萘胺的致癌性于 1992 年被确定[5-7]。有报道称，巴西一条河流由于偶氮染料排放污染导致了致突变效应[8]。人们提出了多种水修复方法，污水处理厂成为各个国家必不可少的一部分。未经处理的污水进入河床不仅对环境造成不可逆的伤害，而且对人类健康也会造成威胁，许多生活在工厂附近的人们成为受害者。进口国对进口到本国的产品规定了产品质量参数，由于市场主要受消费者驱动，一些发达国家的大品牌便占据了主导地位。由于巨额罚款，即使是发展中国家的生产商也会在产品装运出口前进行分析和检测。由此产生了一批国际认可的实验室，这些实验室可按照标准（OEKOTEX Standard 100 等）为各种品牌进行测试。

8.4　环保纺织品的制造和加工

生产生态友好和使用安全的产品时必须考虑对环境的保护。纺织工业在前处理、染色和整理过程中会使用各种化学品，消耗大量的水和能源。此外，在天然纺织纤维原料的栽培过程中需使用大量的化肥和农药。在纺织品生产过程中也会排放大量含有助剂、着色剂、整理剂和重金属的污水。在将这些废水排放到河流或海洋之前，必须确保其对环境是安全无害的。

人们采用新型和更为安全的替代品取代有害的着色剂、化学品和重金属以确保纺织品的制造和加工过程更为环保。世界各地科研机构的共同研究和努力使得生态友好型纺织品的制造和加工成为可能。即使在没有安全替代品的情况下，也会对有害着色剂和化学品的含量设定安全限值并相应立法。而超过该安全限值时，相应的产品和生产流程均不是生态友好型的。

因此，需要一个独立的机构对产品和生产流程进行认证，这样销售商能够保证其品牌产品的质量和真实性，消费者也可以安心地接受其产品上的生态标签。生态标签认证范围包括：根据禁用胺确定的偶氮染料、杀虫剂、甲醛含量、重金属、氯化苯酚、苯和甲苯化合物、邻苯二甲酸盐和有机锡化合物。认证机构对不同的生态标签都规定了产品和生产工艺应符合的允许限值。这些生态标签包括德国的 OEKOTEX Standard 100、日本的 Ecomark、欧盟的 EU Flower、印度的 Ecomark India 以及 Global Organic Textile Standards（GOTS）等。

获得生态标签可基于以下两个标准：①对于产品来讲，需符合 OEKOTEX Standard 100 中第 I 类至第 IV 类提及的产品要求；②对于生产流程来讲，建议遵守常规建议。

8.4.1 OEKOTEX Standard 100

标准的目的主要是使制造商和消费者了解产品在制造和使用过程中对环境（植物、动物和水生生物）和人民生命安全的有害影响。因此，考虑各种产品特殊功能性的同时，也必须强调产品可能存在的危险性。本节推荐的检测方法使制造商、品牌销售商以及消费者权利组织能够确定这些产品符合标准对环保和健康的要求。尽管制造商声称其产品不会对人体或环境造成危害，但销售者和消费者确定这一声明的真实性尤为重要。因此，需要独立的认证来确保不同的利益相关者之间建立信任关系。目前贸易趋于国际化，产品需求、原料采购、产品生产和加工往往分布在世界的不同区域，因此，需要世界范围内获得认可的质量认证机构，其中 OEKOTEX Standard 100 是众多国际机构最为广泛接受的标签之一，它是一个独立的认证检测实体，涉及原料、中间体甚至是不同制造阶段产品的检测。对于高性能纺织品而言，无论其功能性如何，都要对纱线、织物以及服装中的染料、着色剂、助剂和整理剂进行检测。在进行此类检测时必须遵循一些指导原则，如确定是否非法使用了有害物质，或某些法定允许使用物质的含量是否超过规定的限值。也可以用来检测一些尚未被法规限制的有害物质及其他参数，如医疗保健等。OEKOTEX Standard 100 的规定十分严格，远远超出其他国家立法的要求。

OEKOTEX 测试主要评价与皮肤直接接触的产品对人体健康的影响。一般将产品分为四类，第一类产品为 3 岁以下婴幼儿服装和纺织品，包括床上用品、毛巾、玩具等；第二类产品为直接接触皮肤的纺织品和服装，如内衣、T 恤和床上用品；第三类产品为外穿服装，如夹克、外套等；第四类产品为装饰用纺织品如桌布、窗帘、室内装饰品等。OEKOTEX Standard 100 不仅要求产品的原材料符合标准，还要求其他部分，如缝纫线、衬里、印刷品以及非纺织配件，如纽扣、铆钉、拉链、紧固件等符合标准。

8.4.2　可持续的纺织品生产

不仅仅是产品，当今企业在各个生产环节都要做到可持续发展，包括环境保护和社会责任，对劳动力和消费者负责。品牌商、零售商和供应商可以使用各个阶段的 OEKOTEX 认证向消费者证明其生产完全符合可持续发展的要求。这样可以保证生产过程的环保性和社会责任，可确保最佳的健康、安全生产条件以及社会接受的工作环境。认证适用于纤维生产、纺纱、织造、印染后整理以及服装生产。2013 年 6 月，OEKOTEX 对于生产基地的认证被可持续纺织品生产（STeP）认证标签所取代，主要由 OEKOTEX 协会承担，该协会在 60 多个国家设有 16 个成员机构。

8.4.3　生产流程的生态标签

生产流程的生态性建议遵守常规建议，包括工艺的优化，如聚酯纤维染色中不使用次氯酸盐漂白或氯化物载体、避免使用基于禁用胺、氯化苯和甲苯的染料、使用不含烷基酚聚氧乙烯醚（APEO）和壬基酚聚氧乙烯醚（NPEO）的润湿剂和精练剂、避免使用含聚氧乙烯基和磷酸盐的表面活性剂、避免使用五氯苯酚（PCP）和硫酸铜作为浆料的防腐剂，可采用酶退浆、生物精炼和过氧化氢漂白。在染色方面，建议使用吸尽率高且不含禁用胺的染料，应避免使用磷酸盐类螯合剂，提高染色一次成功率，采用天然染料染色时不使用重金属离子作为媒染剂。在整理方面，应避免使用含甲醛的整理剂，避免使用氨气和苯甲醛，采用甲酸替代乙酸，避免使用溴醚和氯氟碳类的阻燃剂。在喷墨印花方面，水性墨水中不能含有聚氯乙烯（PVC）或邻苯二甲酸盐。

为了保护环境、降低产品的碳足迹，对天然纤维和合成纤维的生产也提出了一些建议，推荐使用天然纤维，如有机棉、蚕丝和羊毛；使用人造纤维，如竹纤维和天丝等，以及从回收塑料瓶中获得的纤维。尽管棉纤维是最常用且亲肤的纤维，但其种植需要使用大量的水、肥料和杀虫剂，因此，其碳足迹较高，提倡种植有机棉时不使用有毒农药和肥料。根据全球有机纺织品标准（GOTS）对此类材料进行认证，并建议进行生态友好型前处理、染色和整理工艺以使最终产品质量符合 GOTS 认证，该部分将在后续进行讨论。

有机蚕丝从活着的蚕中获得，幼蚕以种植时施加有机肥料的桑叶为食。有机羊毛来源于经认可的有机标准饲养的山羊和绵羊，这些羊没有被注射过激素，且放牧于未使用杀虫剂的草地。再生纤维素纤维，如 Lyocell/Tencel 被认为是人造纤维中最环保的纤维，因为用于制造这种纤维的纸浆来源于经森林管理委员会（FSC）认证的森林。聚酯是由石油副产物生产而来，不可生物降解，并且在材料聚合过程中使用了大量的含锑化合物，而聚酯的再循环利用大大减少了对能源和石油的依赖，使得废物利用成为可能，从而间接起到了保护环境的效果。此外，从虾壳和蟹壳中提取的壳聚糖纤维以及以废弃塑料瓶为原料制备的再生聚酯均为环境保护做出了重大贡献。

8.4.3.1 危险化学品

在讨论生态友好纺织品加工时需了解常规化学品以及纺织品加工用助剂对人体和环境所造成的不良影响和危害，以便更好地了解它们的替代品及其安全使用范围方面的规定。

壬基酚和辛基酚（如壬基酚聚氧乙烯醚）在洗涤和染色过程中作为表面活性剂使用，但该类试剂对水生生物有毒害作用，且它们可在环境和生物组织中产生累积，对水生生物构成威胁。自 2005 年以来，它们在欧盟被禁止使用[9]。PVC 材料中的增塑剂邻苯二甲酸酯、部分胶乳和黏合剂有毒，主要表现为 DEHP（邻苯二甲酸二-2-乙基己酯）、DBP（邻苯二甲酸二丁酯）和 BBP（邻苯二甲酸苄基丁酯）对生殖系统产生不良影响，因此，于 2015 年起这些物质被欧盟 REACH 法规列入潜在禁用名单中。含溴和氯的阻燃剂具有持久性和生物累积性，且多溴联苯醚（PBDES）能够干扰性激素的分泌，因此，根据欧盟水法被列为高危险物品。欧盟已经禁止使用能够释放致癌胺的偶氮染料。该类染料被禁止在纺织品上使用，因为它们与皮肤汗液接触时发色团被还原，产生可进入人体的致癌胺类。具有抗菌和抗真菌特性的防臭化合物通常被用于与皮肤直接接触的袜子、运动服等纺织品。该类化合物中含有三丁基锡（TBT），在环境和人体中产生生物累积，对人类的生殖和免疫系统产生不良影响，因此，根据欧盟地表水污染法规，产品中的三丁基锡含量超过 0.1%时是被欧盟禁止使用的。PCP 及其衍生物对人类和水生生物具有严重毒性，因此，被欧盟禁止使用。用于清洁织物的三氯乙烷可导致臭氧消耗且对中枢神经系统、肝脏和肾脏产生不良影响。氯苯可用作载体和溶剂，但其具有生物累积效应，对中枢神经系统、肝脏和甲状腺产生不良影响。六氯苯（HCB）和五氯苯（PCB）是高危险物品，应从地表水中去除。纺织品用全氟类（PFC）防水、防污整理剂在环境中持久存在，难以降解。其中，全氟辛烷磺酰基化合物（PFOS）是一种持久型的有机污染物，对肝脏产生不良影响，并对激素的分泌产生干扰，因此，在欧洲和加拿大被禁止使用。

8.4.3.2 重金属

一些金属和矿物质对动物和人类的健康及生长是有益的，但大多数重金属有毒，对水生生物、人类和动物的生命安全构成极大的威胁。根据文献报道，如果这些重金属在人体中的含量超标，便会对人类健康造成严重影响。当人体缺乏这些金属时会存在一些问题，但含量超标所带来的负面影响更为严重，因此，需要限制这些重金属在人体中的含量。由于纺织品与人体直接接触，重金属会进入人体，可通过多种测试方法定量追踪不同纺织品中的重金属。采用原子吸收光谱仪和原子发射光谱仪（AAS 和 AES）对金属离子进行分析，该方法适用于锂、铍、硼、钠、镁、铝、磷、钾、钙、钒、铬、锰、铁、钴、镍、铜、锌、砷、硒、硅、钼、银、镉、锡、锑、钡、汞、钛、钯、钍等金属的测试。已知有三十种天然存在的元素是有毒的，当这些元素在纺织品或排放废液中的含量超出允许范围时便会对环境和人类生命健康造成危害。通过基于火焰或石墨炉的原子吸收光谱（AAS）法对纺织产品或生产废水中的金属元素进行定量估算[10-14]。关于该技术的原理及其应用细节在文献中均有所描述[15-17]。

一些染料和颜料中使用的重金属如镉、铅、汞和铬会对神经系统和肾脏造成伤害，它们在人体内产生生物累积。铅和汞会损害神经系统，而镉会损害肾脏或导致癌症。六价铬的浓度较低时也对水生生物产生危害，因此，前三种金属被列于欧盟高危险物品清单中。

有研究者对棉和聚酯产品中的有毒金属进行了定量分析[11,18-19]。将含有金属的样品溶解是重要的一步，近期一种基于微波、快速、可重复性强的样品制备技术受到越来越多的关注[20-21]。采用相似的原子吸收光谱测定来自土耳其的不同活性染料染色纺织品的金属含量，并将测试结果与 OEKOTEX Standard 100 规定的阈值进行比较，发现其他元素的含量在规定范围内，但涂料印花产品中的铜和镉含量较高[22]。

8.5 受限物品清单

受限物品清单（RSL）是根据欧盟纺织品生态标签拟定的。OEKOTEX Standard 100 确保产品符合列表和阈值限制，并提供验证和测试方法。在高度关注的物品（SVHCs）中，*N*，*N*-二甲基乙酰胺在弹性纤维和腈纶制成的3岁以下婴幼儿纺织品中的限定值为0.001%（*w/w*），而在其他纺织材料中的阈值为0.005%（*w/w*）。实际测试可以采用GC—MS或LC—MS对产品萃取液进行分析。

纳米银、纳米锌、三氯生、有机锡化合物、苯并咪唑衍生物等抗菌剂在纺织品上的检测极限值为1ppm。这些化合物的检测方法非常复杂，需要用乙酸酐进行处理得到衍生物，然后通过毛细管气相色谱法进行电子捕获检测分析。在天然纤维的运输和储存过程中常使用该类抗菌剂。氯酚、有机锡化合物如TBT、TBDOT和多氯联苯的检测极限为0.05mg/kg，富马酸二甲酯的检测极限为0.1mg/kg，且大多数情况下该类产品的供应商必须声明未使用此类化学品。在纺织化学加工过程中，之前提及的许多助剂和表面活性剂及烷基酚的允许极限高达50mg/kg。通过C65溶剂HPLC-MS联用测试。

卤化载体如1，2-二氯苯、1，2，4-三氯苯等可用于促进涤纶、腈纶和锦纶的染色过程，但该类载体的检测极限为1mg/kg，且需要染色载体供应商提供材料安全数据表（MSDS）进行验证，因此，在染色中不应使用该类载体。根据DIN 54232—2007或采用溶剂萃取和GC—MS法对这些化学品进行检测。能够释放致癌芳香胺的偶氮染料被禁止用于纺织纤维，这些胺的检测极限为30mg/kg，相应禁用染料的检测极限是50mg/kg。根据EN 14362-1和EN 14362-2对这些胺进行定量检测，且染料供应商必须向纺织品制造商提供MSDS。

铬媒染剂常被用于羊毛和聚酰胺纤维的染色，其检测极限为3mg/kg，建议根据EN ISO 17075：2007进行检测。染料制造商应提供MSDS进行验证。

基于铜、铬和镍的金属络合染料仅允许用于羊毛、聚酰胺及其与人造纤维素纤维的混纺织物的染色，且需提供这些染料的MSDS进行验证。

就第一类产品即3岁以下的婴幼儿用纺织品而言，金属络合物染料染色纺织品中可提取的重金属的允许限量见表8.1。

表8.1 第一类产品中金属络合染料染色纺织品中重金属的允许限值

重金属	限值（mg/kg）	重金属	限值（mg/kg）	重金属	限值（mg/kg）	重金属	限值（mg/kg）	重金属	限值（mg/kg）
Sb	30	As	0.2	Cd	0.01	Co	1.0	Cu	25
Pb	0.2	Cr	1	Ni	1	Hg	0.02		

对于其他类别产品包括内部装饰纺织品中重金属的允许极限值见表8.2。

表 8.2　所有其他类别产品包括室内装饰纺织品中金属的允许限值

重金属	限值（mg/kg）	重金属	限值（mg/kg）	重金属	限值（mg/kg）	重金属	限值（mg/kg）	重金属	限值（mg/kg）
Sb	30	As	1	Cd	0.1	Cr	2	Co	4
Cu	50	Pb	1	Ni	1	Hg	0.02		

纺织品中重金属的提取可按照 DIN EN ISO 105-E04：2009（酸性汗液）进行，并采用 GC—ICP—MS 进行检测。

印花糊料中的挥发性有机化合物（VOC）的含量不允许超过 5%（*w/w*）。这些化合物包括丙烯酸酯、苯乙烯单体，如丙烯酰胺、丁二烯、多元醇、丙烯腈、甲醛、碳氢化合物、脂肪烃（C10～C20）、氨等。需提供印花配方的 MSDS，通过溶剂萃取和 GC—MS 进行检测。印花黏合剂中的增塑剂邻苯二甲酸酯包括 PVC 的允许限值为 0.1%。

经免烫整理后，与婴儿和成人皮肤直接接触的纺织品中的甲醛含量应分别不超过 16mg/kg 和 75mg/kg，而对于其他产品如室内装饰纺织品的检测限值是 300mg/kg。测试方法参照 EN ISO 14184-1。

一般情况下不应使用全氟烷基磺酸盐（PFAS）和全氟辛烷磺酸（PFOS）类防水、防油整理剂，该类试剂在涂层材料中的检测限值为 1μg/m^2，而由 PFAS 整理的其他纺织品的检测限值为 20μg/kg，并需要提供 MSDS 进行验证。采用 GC—MS 或 LC—MS 对产品萃取液进行检测。全氟羧酸及其盐（PFCA）的检测极限是 0.05mg/kg 或其总和为 0.1mg/kg。

应避免使用溴苯基醚、氧化膦、磷酸氯乙酯类阻燃剂，其检测极限值为 5mg/kg。采用溶剂萃取及 GC—MS/LC—MS 对产品进行检测。

对于涂层和层压纺织品应避免使用邻苯二甲酸酯类聚合物，如 DBP、BBP 等。根据 DIN EN 15777：2009 进行检测，此类化合物的检测限值为 0.1%。PFCAs 的含量应不超过 0.5%（*w/w*）。

与皮肤直接接触的服装的金属配件中迁移镍的含量不应超过 0.5μg/cm^2/周。铬涂层配件中铬的检测限值为 60mg/kg。根据 EN 12472—2005 和 EN 1811—1998 + A1—2008 对镍的迁移性进行分析。塑料配件中不应含有邻苯二甲酸盐化合物，其总限值为 0.1%，可按照 DIN EN 15777：2009 进行检测。

8.6 REACH 法规

欧盟制定了关于化学品及其安全使用的条例，即化学物质的注册评估授权和限制（REACH）。相关注册必须在新成立的位于芬兰赫尔辛基的欧洲化学品管理局（ECHA）进行。REACH 法规对可能致癌、致突变或潜在危险的化学品进行收集和管理，并据此确定风险管理措施，以便更安全地使用。制造商如想向欧洲市场供应化学品，则必须进行注册，且化学品的信息深度与相关化学品的量有关。在 REACH 法规实施的 11 年期间，企业在 2008 年 12 月 1 日之前预注册了近 143000 种在欧盟销售的化学品，预计 10 年内完成整个注册程序。在欧盟国家，非 REACH 注册的化学物品的供应是非法的。危险性和量较高的化学品的注册截止日期为 2010 年 12 月。中等和低等量物质的注册截止日期分别为 2013 年 6 月和 2018 年 6 月。在欧盟国家，当物品的制造或进口数量超过 1t/年时应附有与注册相关的信息，且需给出技术信息和风险管理措施。如果数量超过 10t/年，则还需要额外提供化学品的安全报告。如果化学品对健康或环境有任何危害，评估体系允许相关机构决定是否进一步对企业提供的信息进行测试和评估。SVHC 致癌物质和对生殖系统有害且具有生物累积性和毒性的物质需要获得授权。REACH 法规中的“CH”适用于组成原材料、日常生活中使用的中间体、衣服等的化学品。REACH 法规的要求是对有关化学品供应链前后的信息以及所用产品的健康和安全性影响进行传播和交流。REACH 法规的首次审批于 2005 年 11 月在欧洲议会完成，于 2009 年 1 月生效[22]。REACH 法规的初衷是保护人类健康和赖以生存的环境，一些有毒物质如邻苯二甲酸盐和含溴阻燃剂等物质正在被逐步淘汰。为了加强控制，ECHA 发布了关于 SVHC 的 REACH 法规授权清单。一些化学品用量较低时并不会对健康造成危害，但其中许多化学品在生物累积方面超过限度，且有可能与另一种物质发生反应产生危险性更大的物质。

8.7 有机纺织品标准

目前，GOTS 是全球有机纤维纺织品认证机构中最为广泛接受的。它要求整个有机纺织品供应链符合高水平环保的标准，而且还要求承担社会责任。须通过社会责任和环保的途径获得纤维。此外，在供应链的每个阶段都要进行必要的关注，直至 GOTS 标签贴到产品上，为全球消费者提供保证。GOTS 国际工作部门由有机贸易协会（OTA，美国）、国际天然纺织工业协会（IVN，德国）、英国土壤协会和日本棉花有机协会成员组成。GOTS 认证可通过现场检查或由独立的、经过特殊认证的机构提供给有机耕作和进行环境友好的、对社会负责的纺织品加工企业。GOTS 认证赋予环境友好纺织品质量标志。此认证适用于纺织品加工、制造以及贸易。需要对所有材料和附件进行认证和评估。对由废水处理组成的环境管理系统进行认证。对社会标准管理和风险评估进行检查，并对纤维的有机特性进行追踪。首先，必须遵循国际劳工组织的主要规则以符合社会标准，需对处理前后纺织废水的化学性质进行确定才可排放至地表水中，最后所有流程必须符合环保的要求。经 GOTS 认证的制造商和加工商在获得品牌订单方面具有竞争优势，消费者愿意为这些产品付出更高的价格。GOTS 为业务和产品提供认证。任何购买纺织品的人都需关注供应商提供的认证。GOTS 标签主要分为两类——“有机”或“有机制造”标签。当产品的 GOTS 认证为“有机”时表明产品至少含有 95%经认证的有机纤维。当产品的 GOTS 认证为“有机制造”时表明产品中至少含有 70%的有机纤维，且合成纤维的含量不超过 10%；对于袜子、紧身裤和运动服，合成纤维的含量不超过 25%。环保型纺织品湿处理生产加工过程中使用的化学品、染料和助剂都应符合 GOTS 认证对毒性和生物降解性的要求，同时禁止使用有毒重金属、甲醛、转基因物质和芳香族溶剂。包装材料中不含 PVC。图 8.1 所示为 GOTS 最新版本 4.0 和非常活跃的绿色和平 Detox 运动所禁止的 11 种化学品结构。

GOTS 认证的质量评估是基于 MSDS 进行的。每个供应商必须提供所采用原材料和化学品的 GOTS 认证和 MSDS 以确保最终产品具有获得 GOTS 认证的资格。GOTS 认证对化学品的限定值和测试方法与绿色 Detox 运动相似。GOTS 的公共数据库允许用户根据需要对 GOTS 认证产品和供应链中的产品等进行搜索。

目前 GOTS 认证工厂的数量已增加至 3663 个，与前两年相比增加 18%，分布在 64 个国家。期间印度的增长份额最大，2014 年共增加 338 个工厂，孟加拉国增加 89 个，德国增加 32 个，土耳其增加 21 个。共有 12 个国家的 250 多名代表参加了 2015 年在孟买举行的第一次 GOTS 国际会议。这表明消费者和纺织服装制造商越来越关注加工的环保性和对社会的责任。

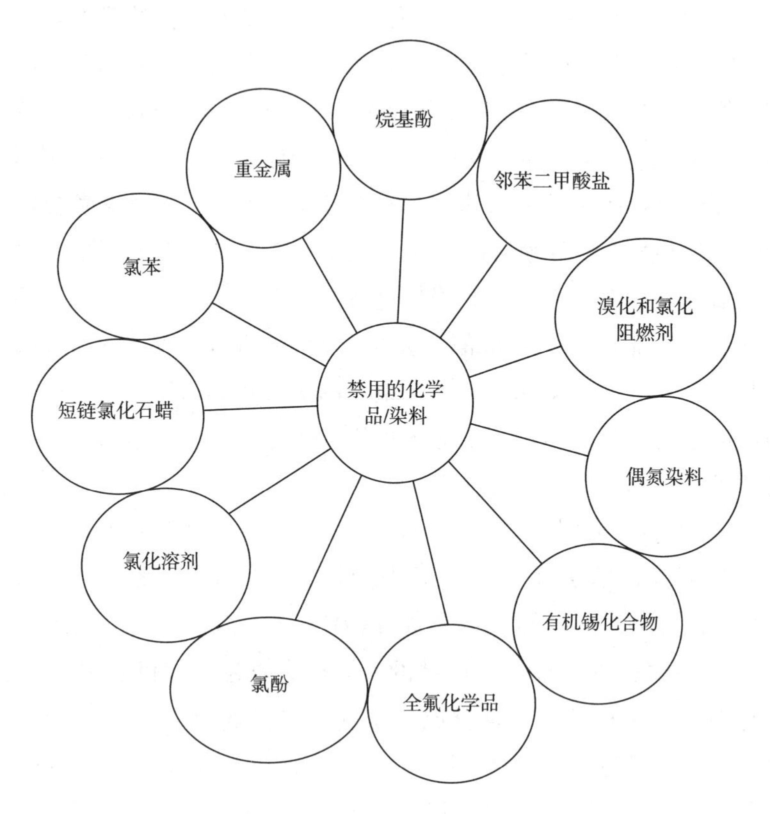

图 8.1 GOTS 禁用化学品的结构

8.8 结论

在消费者驱动的市场中，可持续发展问题包括生态友好产品的生产加工以及对劳动者和消费者的社会责任显得越来越重要，品牌商、零售商和制造商也正在认真考虑将其产品和生产流程进行认证，贴上生态标签。总体而言，这些品牌的产品将获得较高的价格，纺织品生产的劳动者将获得更好的工作氛围和合适的工资，环境也将在制造过程中得到保护。这种双赢的局面有利于提高广大消费者货币的价值，促进社会繁荣发展。

参考文献

[1] DyStar Customer Service, 2000. Ecology. News Letter (2). DyStar Textilfarben GmbH & Co. Deutschland KG, Customer Service Ecology.

[2] Puntener, A., Page, C., 2004. European ban on certain azo dyes. Quality and Environment. TFL.

[3] Hunger, K., Sewekow, U., 2003. Health and safety aspects. In: Hunger, K. (Ed.), Industrial Dyes: Chemistry, Property, Applications. Wiley-VCH, Weinheim, pp. 625-641.

[4] Chequer, F. M. D., Oliveira, G. A. R., Ferraz, E. R. A., et al., 2013. Textile Dyes: Dyeing Process and Environmental Impact. InTech.

[5] LGC, 1999. The risk of cancer caused by textiles and leather goods coloured with azo dyes. Report. Presented in CSTEE Plenary Meeting, Brussels.

[6] Chequer, F. M. D., Dorta, D. J., Palma de Oliveira, D., 2011. Azo dyes and their metabolites: does the discharge of the azo dye into water bodies represent human and ecological risks? In: Hauser, P. (Ed.), Advances in Treating Textile Effluent. InTech, ISBN: 978-953-307-704-8.

[7] Puvaneswari, N., Muthukrishnan, J., Gunasekaran, P., 2006. Toxicity assessment and microbial degradation of azo dyes. Indian J. Exp. Biol. 44 (8), 618.

[8] Lima, A. D., Bazo, R. O., Salvadori, A. P., et al., 2007. Mutagenic and carcinogenic potential of a textile azo dye processing plant effluent that impacts a drinking water source. Mutat. Res. 626 (1-2), 53-60.

[9] Mahaptra, N. N., 2015. Textiles and Environment. Wood Head Publishing India Pvt. Ltd, New Delhi. pp. 42-49.

[10] Ortega, R., 2002. Analytical methods for heavy metals in the environment: quantitative determination, speciation, and microscopic analysis. In: Sarkar, B. (Ed.), Heavy Metals in the Environment. Marcel Dekker, Inc, New York, pp. 35-68.

[11] Saracoglu, S., Divrikli, U., Soylak, M., et al., 2003. Determination of trace elements of some textiles by atomic absorption spectrometry. J. Trace Microprobe Tech. 21, 389.

[12] Lopez-Molinero, A., Calatayud, P., Sipiera, D., et al., 2007. Determina-

tion of antimony in poly (ethylene terephthalate) by volatile bromide generation flame atomic absorption spectrometry. Microchim. Acta 158 (3-4), 247-253.

[13] Ghaedi, M., Ahmadi, F., Soylak, M., 2007. Preconcentration and separation of nickel, copper and cobalt using solid phase extraction and their determination in some real samples. J. Hazard. Mater. 147, 226-231.

[14] Sahin, U., Kartal, S., Uelgen, A., 2008. Determination of heavy metals at sub-ppm levels in seawater and dialysis solutions by FAAS after tetrakis (pyridine) - nickel (II) bis (thiocyanate) coprecipitation. Anal. Sci. 24 (6), 751-757.

[15] Ebdon, L., Evans, E. H., Fisher, A., et al., 1998. Analytical Atomic Spectrometry. John Wiley & Sons, Chichester.

[16] Tsalev, D. L., 1998. In: Meyers, R. A. (Ed.), Encyclopaedia of Environmental Analysis and Remediation. John Wiley & Sons, New York, pp. 1583-1605.

[17] Dulski, T., 1999. Trace Elemental Analysis of Metals. Marcel Dekker, New York.

[18] Grabaric, Z., Bokic, L., Stefanovic, B., 1999. Determination of iron in raw materials, during fabric processing, and in wastewaters of the textile industry. J. AOAC Int. 82, 683.

[19] Tüzen, M., Sari, H., Soylak, M., 2004. Microwave and wet digestion procedures for atomic absorption spectrometric determination of trace metals contents of sediment samples. Anal. Lett. 37, 1925-1936.

[20] Narin, I., Tüzen, M., Soylak, M., 2004. Comparison of sample preparation procedures for the determination of trace heavy metals in house dust, tobacco and tea samples by atomic absorption spectrometry. Anal. Chem. 94, 867.

[21] Tuzen, M., Onal, A., Soylak, M., 2008. Determination of trace heavy metals in some textile products produced in Turkey. Bull. Chem. Soc. Ethiop. 22 (3), 379-384.

[22] Onetti, C. T., Innocenti, R., 2009. Determination of heavy metals in textile materials by atomic absorption spectrometry: verification of the test method. AUTEX Res. J. 9 (2).

第9章　电子纺织品的设计、评价及应用*

H. L. Wainwright
电子时装设计技术顾问，美国，莫内森

首先简要介绍现代功能性纺织品向响应性电子纺织品的演变过程：1985年，发光二极管（LED）/光学显示器（H. Lee Wainwright）；1998年，导电线程（Amberstrand® Fiber）；1997年，LED/光学数控生产机械（Wainwright/ANI－Motion，Inc.）；2005年，交互式紧身衬衫（Cutecircuit®）；2005年，光伏发电纤维（Konarka Technologies）；2006年，Lumalive®编程LED阵列衬衫（Philips）；2006年，生物传感监测纺织品（Wainwright/Exmovere®）；2006年，红外IFF LED/光学电子织物和袖珍数字显示器（H. Lee Wainwright）；2010年，红外能量输出织物（Celliant®）；2013年，嵌入式可编程有机发光二极管（OLEDs）（Cutecircuit®）；2015年，可编程电子纺织品基墙板及地毯（Philips）；2015年，无线/蓝牙色彩控制LED/光学电子纺织品（H. Lee Wainwright）。

9.1　电子产品/织物结合一体化基础设计问题

与含有化学物质成分、能够根据预设的方式对光、热、湿度等外界刺激做出反应的智能纺织品不同，电子纺织品包含以下一种或多种元素：LEDs或OLEDs，交换器，电致发光（EL）线，导线，导电线程，传感器，能源，印刷电路板（PCB），微处理器，RF接收器，红外接收器，蓝牙数据链接，无线数据链接，刚性或柔性光伏面板，数字摄像机，数字音频播放器，扬声器，音频、视频、数字、无线、蓝牙、射频、Zigby或USB输入/输出，加热或冷却元件。

这些元件在与服装结合时必须保持其穿着的美观性，同时具有良好的耐用性，

* LED/光学织物显示器的发明者在电子纺织应用和制造领域获得十多项专利，为时尚设计师提供技术咨询，包括已故的、设计电子纺织时装的亚历山大·麦昆（Alexander McQueen），美国国家航空航天局的电子纺织应用“设计未来”竞赛获奖者，在柔性显示器、智能织物、纺织品和LED会议上的特邀演讲者。

能够承受正常的磨损和清洗。本章阐述了当代前沿技术所面临的挑战，电子纺织品的发展有望通过利用新型微型化技术、突破性纳米技术、人性化可编程微处理器、高性能柔性可充电电池和坚固的柔性保护涂层等技术而快速发展。

电子纺织品主要分为以下两类。

①第一种最简单的应用是与现有的消费电子产品相结合，如数码相机、电池组、充电器、扬声器、耳机、移动电话、LED（分立的 LED 和 LED 条带）、柔性太阳能薄膜、数字音频播放器、EL 线等。利用标准线路能够将这些设备安装到服装中。

②第二种也是最引人注目的一类：利用传感器或智能手机远程操控转换系统及微处理器控制织物颜色；以数字化形式实时监测和显示生理状况；利用远程技术将人体动作或情绪体现到服装上；织物根据个人情绪或对周围环境的刺激（如声音、温度、光线、致命气体等）形成相应的变色响应；通过织物显示器鉴别附近智能手机的来电者。

9.1.1 电子纺织品的优缺点及局限性

电子纺织品在服装领域取得技术进步的同时，也必须认识到可能产生的负面影响。为了解决这些问题无疑将有新的认证需求和章程，以确保对产品质量的控制和最低限度的环境影响。

从将实用的增值技术与纺织品相结合的角度出发，电子纺织品展现出显著的优势：监测健康；通过人体热量或身体运动为配备了锂离子聚合物电池等轻质电池的可再充电数字设备充电；提供夜间 LED 安全指示；在警务或搏斗过程中识别敌友；显示恶劣的周边环境危险情况（如紫外线辐射水平）；与智能手机有关的显示功能，如电子邮件、文本、语音邮件、电话、全球定位系统、提醒医院及急救人员发生的紧急医疗事件等；利用智能手机控制织物，显示电压、温度等实用性功能。

大部分处在研究和发展初期的发光电子纺织品似乎已应用于宣传及舞台表演、艺术和科学资助的艺术设计项目以及创新的高级时装表演等。然而，目前这些高档的纺织品由于过于昂贵而难以进入消费市场（每件数万美元）。它们也不能承受过度的磨损，并且可能需要用特殊的方法进行清洁。除此之外，充电或更换一次电源可能仅能使用几个小时。

如图 9.1 所示，2011 年，高级定制时装设计师珍妮丝·马丁（Janice Martin）在费城艺术节（Philadelphia Festival of the Arts）的 T 台秀开幕式上展示的一系列结合 LEDs 的电子纺织品（图 9.2，图片由 H. Lee Wainwright 提供）。

图 9.1　时装设计师珍妮丝·马丁为费城艺术节创作的高级定制服装

图 9.2　黏结的 LEDs

电子纺织品面临的一个主要挑战是如何将电流输送到高耗能组件上。在防止这些组件短路或破损的同时，也要保证其在佩戴过程中不发生缠结，也不给佩戴者带来不适。一些公司已经接受挑战去解决这些问题。目前，不锈钢、银和铜质等导线可以从相关公司购买，如 Amberstrand、Silverell、Shieldex、Boyle Grey、Adafruit，然而有关组件的连接是一个挑战。一个主要的缺点是，这些暴露在外的接口可能会因清洗而引起腐蚀、短路或因肢体运动而断裂。磁性导电连接器提供了一种解决方案，然而，目前它们还不足以承受剧烈的应力或预期的由物理移动引起的快速肢体动作。任何一种机械开关构件都存在这个问题，大多数人认为这是电子纺织品应用设计中最薄弱的环节。然而，由迪斯皮娜·帕帕多普罗斯（Despina Papadopoulos）和 Studio 5050 公司领导下的一个小组专为电子纺织品的应用设计了牢固的连接器，这些电子纺织品使用耐用的纽扣和柔性扁平状的导电带，这些导电带能够与纺织品完美结合［图 9.3，图片由迪斯皮娜·帕帕多普洛斯（Despina Papadopoulos）提供］。

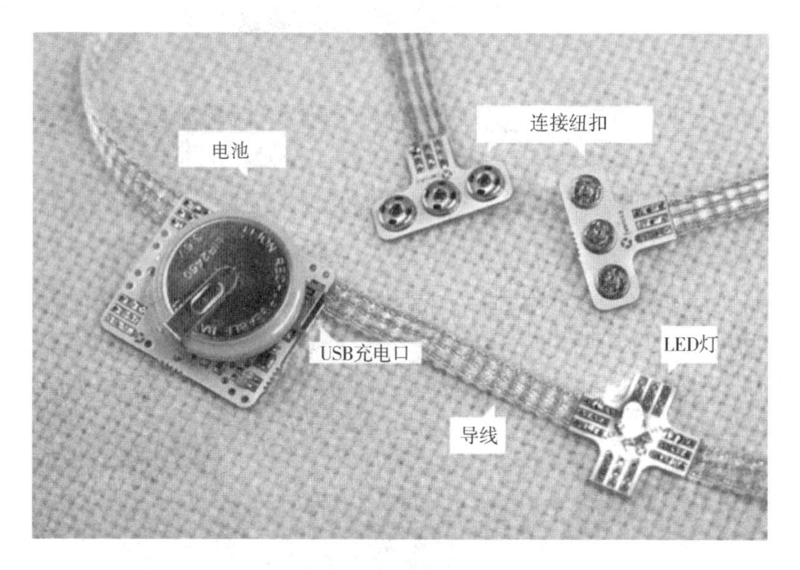

图 9.3　连接器

多年来，另一个研究小组（System-on-Flex，TexLab）也一直致力于开发创造性的连接方法。他们专注于可牵伸的导电基体，这种基体能够忍受形变并消除对断路的担忧。导线按“之”字形结构排列，能够随运动而伸缩。该团队开发的这种柔性技术可以和许多电子纺织品很好地结合，这些电子纺织品由 Sinetra、Texteer、AlarmTextil、Place-IT、LumoLED、TexOLED、Wear-a BAN、TextraLog、Cyber Nomade Suite、Sporty Supaheroe 等公司生产。

另一方面，一些公司因开关在纺织品中的应用失败而受到巨大经济损失。例如 Fibretronics，该公司将机械开关固定嵌入服装的袖子中，并将产品提供给一个大型运动服装公司——Columbia Sportswear。当这些开关安装到需要加热的产品上时，一些开关会短路，导致产品过热和其他问题，从而引起高达数百万美元的诉讼案件（西雅图时报2015年3月12日，“判决Columbia Sportswear的330万美元诉讼案件”）。这个事件说明，在没有广泛的测试、没有最低限度的认证章程和独立的检验程序的情况下，将电子纺织品引入消费市场的危险性。该产业正在不断发展，新的安全保障措施将从未来几年的失败经历中应运而生。在美国内华达州沙漠一年一度的“Burning Man”活动中，LEDs和灯光特效占据着主导地位，但愿它不会成为电子纺织品灾难的代名词。

对于任何消费者直接接触的终端产品来说，必须对每个电子纺织品的质量进行控制和测试。

例如，瑞士测试设备公司SGS等提供的电子纺织品应用测试，包括：物理和机械测试；化学（如挥发性有机化合物）测试；材料测试；食品接触测试；可燃性测试；性能测试；微生物学或微生物测试；电气安全性测试；电磁兼容性测试；环境安全性测试。

在考虑到安全因素后，将电子产品与服装结合最重要的设计准则应该是舒适性和款式。要获得消费市场的广泛认可，必须注重这两个先决条件。人们不想受到导线的束缚，也不想因服装而调整他们的习惯性动作。一些设计师将光伏柔性太阳能薄膜嵌入到服装中，并希望以此消除更换电池的不便，然而，这种想法可能缺乏一些思考。他们没有考虑过，人们是否愿意穿着黑色柔性太阳能电池并长时间暴露在阳光下为其充电，即使是最小的可充电电源。

另一个需要设计者考虑的问题是电子纺织品应用中的防水。毕竟，在一个潮湿的环境中生活，每一件服装都应该承受住人们能够预想到的极端天气。防水可以通过多种途径来实现。例如，添加防水电池外壳是一种方法，此外，同时使用防水保形涂层和防水外壳能够提供双重保护。军事上用于保护电子设备的保形涂层喷雾剂很容易从不同的电子市场获得。为了准确地证明一种电子产品具有抗渗水性（在雨淋或潮湿环境下是安全的）、拒水性（保形涂层）或防水性（密封以承受水下环境），需要一个独立的研究室，如Intertek是一家提供产品检测和认证服务的公司，在全球100多个国家设有1000多个办事处。

在设计电子纺织品的应用时，利用密封传感器代替机械转换器是一种比较好的方式。例如，利用真空密封的磁性开关传感器，将其与一块磁铁一起放置于一个织物口袋中，这种转换方法可极大地减少发生机械故障的可能性。使用压力开关比滑动开关更好，这是因为滑动开关在多次使用和清洗后容易腐蚀、生锈、磨损或分解。这些压力开关能够通过外部压力实现瞬间接通，并且不需要承载大电流负荷，由硬币电池提供的微安电流就能够识别开关的状态，从而控制一系列系统程序。光敏开关也具有相同的优点。这些方法需要持续的消耗电能，而且电流需要不间断地检测这些开关，以判断微安电流能否激活整条回路。换句话说，在不需要消耗大量的电力激活回路的条件下，一个小小的硬币电池可以为这些瞬间开关提供数年的电力。

大多数电子纺织品发光项目使用的是分立式的 LED（单一颜色）、黏结型 LED（细的绝缘线将多个 LEDs 黏结在一条线上，如图 9.2 所示，图片由 H. Lee Wainwright 提供）或 OLEDs（有机 LED），可以将它们嵌入到柔性聚酯薄膜基体中设计曲面显示器。这些方法容易出现运行问题，包括元件的断裂和接触以及物体和元件之间的连接，这些不良影响将增加发生故障的可能性。电子纺织品的耐久性，即能够经受 50 次的反复洗涤和干燥，是消费者可接受的基本要求。保护这些组件的最佳方法是用透明的防护织物或材料包覆它们，并以创造性的方式传导光线，以实现在超微弱光线下的视觉效果。Lumitex 公司通过开发柔性的分散器改变 LED 光线的属性。利用整条柔性分散器，可以将光线塑造成菱形、线条、区域等形状，并可以重叠到 LEDs 上，从而在整个平面上形成引人注目的效果。

EL 系列产品可以为任何服装提供非常美观的触感（图 9.4），而且显示出完美的视觉效果，但是将这项技术应用于实用的服装时仍然存在一些棘手的问题。例如，该系统非常脆弱，不能机洗且不防水，任何一个断点都会导致整个灯光效果的关闭。尽管它们在舞蹈服装上使用时十分引人注目，但只有在复合纺织品本身不发生剧烈弯曲或不碰到坚硬的物体时，才能获得良好的耐久性。许多舞蹈公司创造性地运用这项技术开发出惊艳的“霓虹灯”效果。

图 9.4　舞蹈演员的 EL 线

有几家公司可以提供附着在T恤上的EL面板，但在清洗之前，必须将这些面板移除。这种面板可以提供探测响应，即在一个邻近区域，当两个人穿着配对的EL T恤时，衣服就会发光，或者随着两者距离的增加，光亮效果将会降低。

推荐从有资质的经销商处购买EL线，而不是通过互联网向可疑的供应商采购折扣产品。虽然来自折扣店的LEDs不会降低输出，但劣质EL设备可能导致黑色区域以及相对暗淡的灯光效果。与LEDs相比，EL还有另外一个缺点，EL线需要的电力是LEDs的5~20倍（EL：>100mA、大部分LED：5~20mA）。一般来说，LED发出的光强是EL的20~100倍，并且能够在更加恶劣的环境下正常使用。

近几年，由于LED的产量大幅增加，其价格逐年降低。1985年，蓝色LED的起售价为50美元，在20mA的电流下能够输出小于1000mcd。今天，同样在20mA的电流下亮度增加100多倍，达到100000mcd。最引人注目的是，它的成本已经下降到1美元以下。

目前正在开发的发光电子纺织品是将LED灯附着于导线、导电线程或导电织物上。1997年，ANI-Motion公司成为第一家量产电子纺织品的公司。目前，该公司已经倒闭，可能是由于它在消费者接受度上太超前。该公司采用一种独特的方法来开发和生产电子纺织品，消除了消费者对导电断裂以及暴露LED元件的担忧。这些电子部件在涂上绝缘层后隐藏于服装内部，消费者接触不到，利用塑料光纤（POFs）将LED灯光传导到织物表面（图9.5，图片由H. Lee Wainwright提供）。通过嵌入在服装中的小型微处理器控制LED灯。

将一个嵌入式开关藏于一个可拆卸的皮革电池箱中，以防止装置的意外激活。在设计需求中，风格和便利性排在第一位。ANI-Motion公司曾为客户、名人、主题公园和零售商生产了数千件电子纺织品动画牛仔裤、夹克和制服。图9.6所示为Meatloaf乐队的作词家吉姆·斯坦曼（Jim Steinman）设计的蝙蝠图案，图片由H. Lee Wainwright提供。

其他由ANI-Motion公司制造的LED/光学显示器（在POF上附着的发光二极管）在迪士尼乐园售卖，包括他们背上闪烁的卡通人物。该公司为已故的亚历山大·麦昆（Alexander McQueen）的纪梵希（GIVENCHY）巴黎时装秀生产高级定制服装，以及好莱坞明星的发光服装。例如，为已故的罗宾·威廉姆斯（Robin Williams）（图9.7，图片由H. Lee Wainwright提供）、2000年学术颁奖典礼上的艾萨克·海耶斯（Isaac Hayes），以及在世界巡回演唱会上的布兰妮·斯皮尔斯（Britney Spears）定制服装。该公司生产的第一套耐机洗的牛仔裤与电子显示器，在牛仔裤的臀部口袋上有一个明亮的彩虹，该服装通过Limited Too进行销售。随

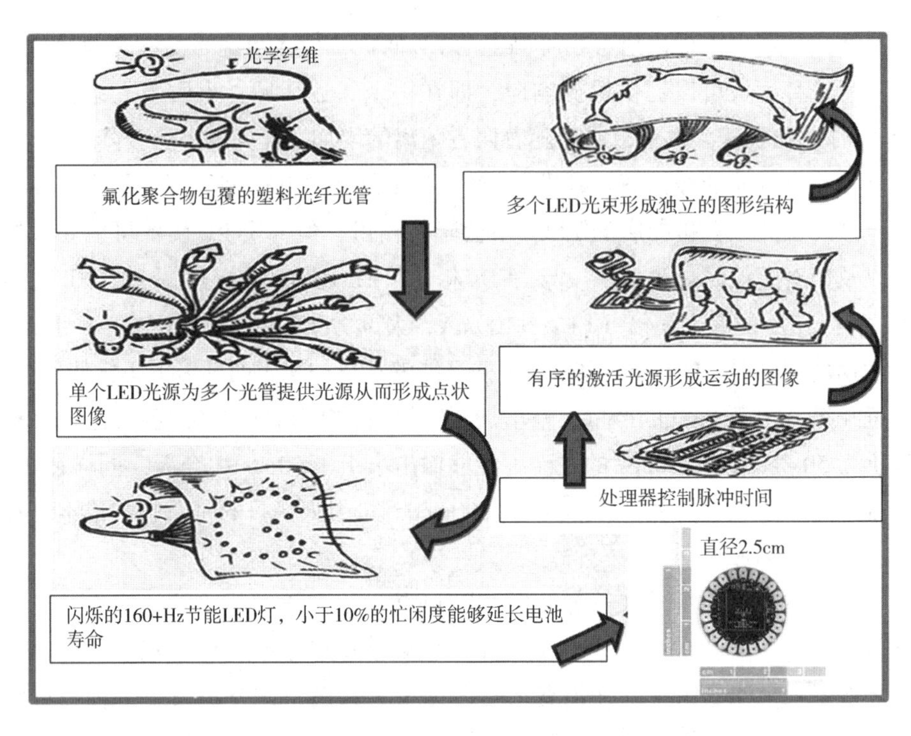

图 9.5　纺织品表面的 LED 显示器

图 9.6　Meatloaf 乐队的作词家吉姆·斯坦曼（Jim Steinman）设计的 LED/光学蝙蝠夹克

后，来自洛杉矶的设计师 Dalia 凭借梅西（Macy）名下的具有一对亲吻图案的 American Chi 品牌出售牛仔裤。

图 9.7　在 2000 年学术颁奖典礼上的艾萨克·海耶斯（Isaac Hayes）穿着的 LED/光学衬衫

虽然只有有限的电子纺织服装产品能够真正进入大众消费市场，但消费者正逐渐接受其中的部分产品。LED 发光运动鞋在几年前就已经出现，且越来越多的人正逐渐接受带有 LED 灯的运动服装，这些 LED 灯能够让司机在夜间具有更好的视觉识别能力。印有能够对周围的声音做出反应 EL T 恤的价格也在可接受范围内，但这些 T 恤仍然需要用户在机洗时将电子设备移除。

9.1.2　安装传感器、电池、布线等硬件存在的挑战

目前，正在研究的是将功能性无机纳米涂层应用于纺织品表面，为分立的元件传输电能。Amberstrand 是在这方面研究的开拓者之一，该公司开发了一种导电铜线，利用传统的缝纫机械，将该导线设计成纺织品结构的一部分，再将该纺织品安装到军用直升机上，实现数字器件之间微电流的传输。然而，这些导线容易损伤，故含有这种导线的织物必须安装在绝缘层之间。由于存在短路的风险，该织物不能实现高度折叠，而且铜线在恶劣的裸露条件下性能较差。

研究者面临的另一个挑战是，如何创造出具有足够柔韧性的层叠状有机聚合物，使其能够嵌入到织物中形成柔性晶体管。这些晶体管的名称较长，例如：光纤嵌入式电解质调控场效应晶体管或有机场效应晶体管（OFETs）、双电层电容调控有机场效应晶体管（EDLC-OFETs）、电化学晶体管、薄膜晶体管。

虽然织物晶体管可能被认为是电子纺织品组件中的“圣杯”，但从实现量产并保证质量、稳定性及耐用性角度出发，它仍处于初级阶段。

9.1.3 生理监测：连接云端

现在人们通过将手指滑过触摸屏来打开智能手机或平板电脑上的应用程序。例如，Exmovere公司已经开发出一种应用程序，它可以实现远距离对人体生理状况的监测。通过佩戴特别设计的含有传感器的电子纺织品或手表，再经过微处理器处理能够获得心率、心电图、情绪和其他生理参数的数据，例如，电流皮肤反应（GSR）传感器监测皮肤电阻的变化、光学传感器监测皮肤颜色的变化。利用特殊的算法转换数据，将信息发送到笔记本电脑的显示屏上或电子纺织品显示器上，甚至可以通过互联网让大众查阅。在矿山、隧道等狭窄空间或危险环境中，可穿戴服装上的显示器在提醒工人即将发生气体或辐射危险方面具有重要作用。袖珍显示监控器也可应用于军事领域，通过对士兵们的实时生理状态做出迅速反应，从而挽救生命。

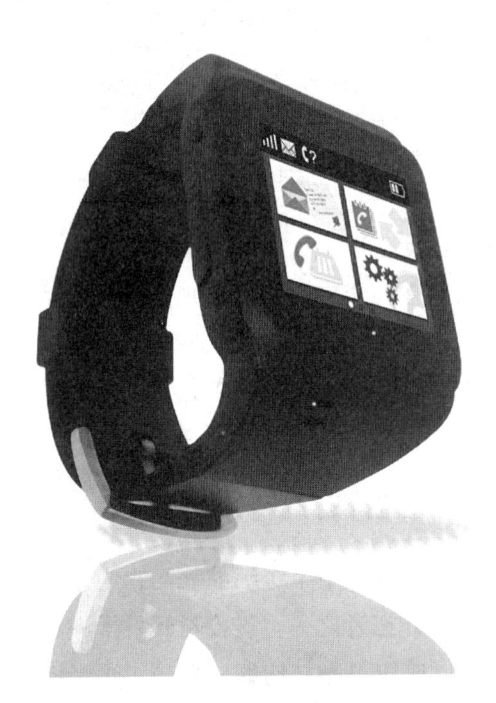

图9.8 带生理传感器的手表

2006年，Exmovere在华盛顿举行的智能织物会议上首次展示了一种健康监测电子纺织品。H. Lee Wainwright利用这家医疗设备公司开发的软件和蓝牙通信方案设计了一款电子纺织品夹克，通过安装有GSR传感器的手表（图9.8，照片由Exmovere提供）实时显示人体的生理状态。

9.1.4 电子纺织品组件的回收和处理

目前，回收服装面料是一个简单的过程，只需要将它们送到旧货店和二手零售商，他们可以转售这些纺织品。在很大程度上，回收服装不存在技术上的问题。然而，电子纺织品的回收处理与普通服装截然不同。第一，需要防范因锂以及其他类型电池的焚烧或填埋引起潜在的环境影响，所以带有电子产品的服装在设计时必须可以拆除并处理电池以及其他有害环境的元件。欧洲认证中明确规定，电池必须能够从包括服装在内的零售商品中拆除。

有一个公司解决了这一问题，该公司在十几年前向一家大型零售商供应T恤衫，它将电池、电路和LEDs封装在坚硬、透明的环氧树脂中，并将这些装置密封到口袋中，这些单元可以闪烁超过10万次。当需要丢弃这些衬衫时，因为这些电子设备、电池和电线密封在环氧树脂中，适合用填埋法进行处理，但不适合焚烧。回收是一种更加环保的方法，应该作为正确的处理方式加以标准化。电子纺织品需要贴上标签，明确表明该产品的处理方法。

9.2 电子纺织品的安全需求和评价标准

随着电子纺织品的发展，认证和安全需求将首先出现在私营部门。然而，随着该行业的成熟，政府最有可能从消费者安全，尤其是儿童安全出发，制定详细的要求。从某种意义上来说，电子纺织业还处于初级阶段。无规可循的实验、在试验和错误驱动下对新观念的探索、创业精神、创造力、未经验证的技术风险将是一个典型的新兴产业成长过程中的艰难之处。

9.2.1 电子纺织品的分类、比较和一般类型

从以上讨论可以看出，利用传感器、微处理器和技术增强材料的电子纺织品可以分为以下两大类。

①时尚宣传（服装、T台和消费娱乐）电子纺织品。

②实用的功能（军事、医疗、安全、实际应用，如充电、控制数字设备、来电显示等智能手机应用，以及转移到可穿戴显示器上的视觉反馈）电子纺织品。

如上所述，第一类涉及新颖的应用，导致其价格昂贵，而且目前还缺乏大规模生产的能力。随着时间的推移，只有在制造方法能够充分降低成本和保证产品质量的情况下，这些创造性的时尚产品才有可能出现在消费者市场。例如，飞利浦公司在T恤的里层安装LED阵列设计了Lumalive T恤（图9.9，图片由飞利浦有限公司Peter van den Hurk提供，他是飞利浦卓越资源中心的编辑、作家和资源专家），该T恤可以显示字母、数字和图形图像（图9.10，图片由飞利浦有限公司Peter van den Hurk提供），当考虑到大众市场时，这种技术仍然面临着巨大挑战。

但是，飞利浦公司已经成功地在墙壁和地毯的表面开发出一个非常规的电子纺织品 LED 线性阵列，提高了装饰的便利性和安全性，其具有更低成本以及更多的实用基础。

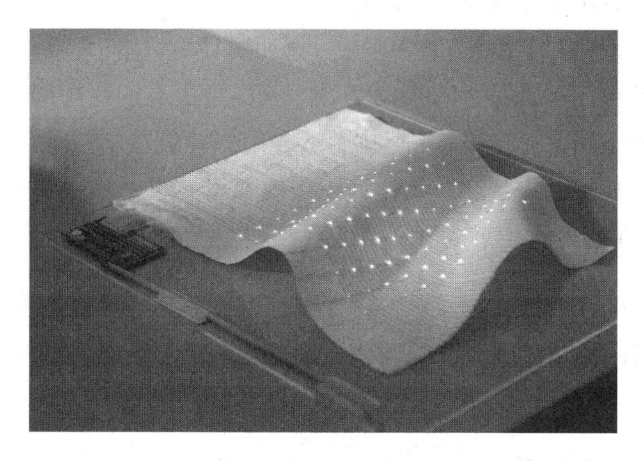

图 9.9　可编程 RGB LED 嵌入式面料

图 9.10　带有可编程 LED 显示器的飞利浦 Lumilive T 恤

9.2.1.1　体热、柔性 PV、运动发电方法

以下几个团体密切参与了在一件衣服和所穿着的人之间建立交流联系的研究。

①主持美国西蒙弗雷泽大学（Simon Fraser University）SIAT 项目的“耳语研究团体”（Whispers Research Group）由艺术家、设计师、计算机科学家和软件工程师组成，致力于开发织物和着装者之间实现实时互动通信。

②一个名为“Karma Chameleon”的项目整合了一种新的材料，可以根据动作

改变面料的属性。这种织物称为“动力电子服装”，它将一种名为镍钛合金的形状记忆合金与基体结合，利用电阻加热和控制电路，使服装的形状和颜色随时间的变化而变化（图9.11，Ronald Borsha作为模特，照片由Joanna Berzowska提供，设计和研究指导为XS实验室©2012）。

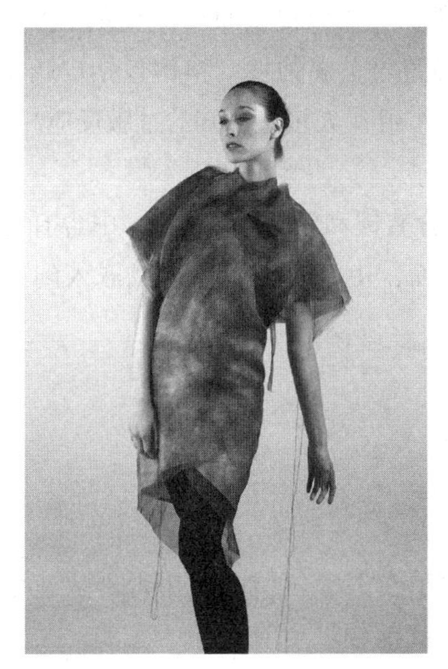
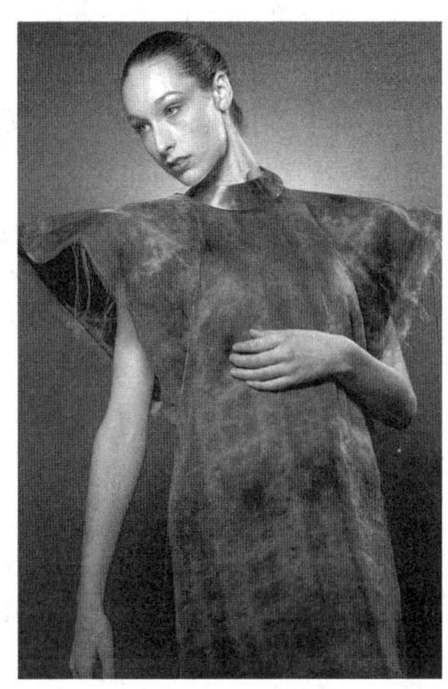

图9.11 形状随体温变化而变化的纺织品

柔性PV可以在低电流（50~100mA）下为Li—Po或Ni—Cd（镍镉）电池充电，一些供应商可以将PV膜与电子纺织品的应用相结合。然而，该方法难度较大，应用范围在一定程度上受到限制，这是由于柔性PV耐折能力差，连接处容易断裂，因而无法进行机洗。另一个问题是太阳能电池充电所需要的时间较长，即使低容量的太阳能电池直接在阳光下充电也需要几个小时。更好的方法是将PV薄膜安装在横幅、遮阳篷或窗帘上，为LED/光学应用中的单个LED供电的小电池充电，该LED/光学应用具有数百个亮点，可用于显示餐馆的名称、产品的名称或在夜间为动画装饰供电。

9.2.2 嵌入式元件的材料安全资料表（MSDS）

随着电子纺织品对大众的吸引力逐渐加深，必须出台一些必要的安全标准，并对其进行量化，供零售商遵循。例如，安装一个含有汞的运动开关，或者利用铅合金进行焊接而不是在服装上添加银，这些情况表明应该制定新的法规来保护消费者。为了做到这点，目前可利用 MSDS 装运危险材料、化学品和其他含有危险成分的产品，MSDS 可以提供一个样板，从中可以制定一套新的规则来规范电子纺织品产业。

航运公司在处理有安全问题的物料时，也需要取得 MSDS 认证。天祥集团（Intertek）在 100 多个国家设有办事处，能够为大众提供 MSDS 相关信息。

MSDS 涵盖了关于组件的以下标准：致癌性；腐蚀性（溶解包括皮肤在内的材料）；毒性；皮肤刺激性（灼烧感）；致敏作用（大多数已知的过敏反应）；指定器官作用（身体各器官的体征和症状）。

值得注意的是，一些可充电电池可能含有锂和铅酸，而 LEDs 中含有镓、砷和磷。直接接触这些材料可能非常危险，然而，由于它们被包覆或嵌入到不会暴露的产品中，这种情况不适用于 MSDS。

9.3 应用总结

虽然最赚钱、最实用的电子纺织品似乎在医疗领域的应用得到快速增长，但其他独特的以面料为基础的技术使得其在其他领域也有迅速的发展，尤其是在时尚和娱乐领域。电子纺织品开始在世界各地的大众市场上占得一席之地。

着眼于开发一个电子纺织品应用的设计师需要选择一个电子控制装置来实现他们想要的功能。以下装置适合初学者和专家开展项目：①Adafruit 公司的 GEMMA 微型可穿戴 PCB；②用于无线可穿戴设备的 Lilypad XBEE 无线电收发器；③用于蓝牙、Zigby 和 RF 应用程序的开源通用 PCBs；④Inventables 公司提供含有标准程序的预先编程的 LED 驱动器；⑤Mouser 公司提供华邦电子（Winbond）、PIC 芯片和其他微处理器。

9.3.1 健康监测与运动训练

随消费者健康意识的逐渐提高，运动员开始关注自己的健康状况，教练们则不断发展新的基于织物的技术，以帮助他们进行运动训练。

（1）消费者。如前所述，Exmovere 手表将用户与织物显示器连接起来实时监测他们重要的健康统计数据，此外，Reebok 和 Nike 公司也已经开始从十几个开发消费者健康监测产品的公司购买健康监测设备。安装有传感器的光学血氧计胸带、手腕带和运动鞋能够监测皮肤，并通过蓝牙将数据传输到手表、智能手机以及电脑上，显示并记录用户的心率以及其他生理参数。

(2) 工作犬（即缉毒及炸弹侦测）。通过将GSR传感器安装在袜子里，并将其套在犬的爪子上，或者将传感器附着在犬脖子的项圈上来传输心电图和心率，用于监测犬的身体状况。通过监测动物的敏感性和行为数据，有利于更好地训练和部署炸弹嗅探犬、竞赛犬和导盲犬。

9.3.2 军事应用

“未来士兵”是美国国防部的一个项目，该项目旨在通过提高通信速度和对周边战场条件的认识来提高效率，从而装备一个拥有高新技术的军队。正在开发的袖珍显示电子纺织品要具有足够的耐用性，能够承受战场的严酷条件。开发能够弯曲的OLED显示器是一种研究途径，而BAE系统公司研究了基于LED/光学数字数据显示器的织物（图9.12，照片由H. Lee Wainwright提供），避免短路和冲击损伤的影响。

图9.12 织物数字显示器

另一项值得研究的技术是在防弹衣的尼龙织物表面安装LED/光学显示器。将三菱公司生产的聚甲基丙烯酸甲酯（PMMA）POFs嵌入到织物表面用于显示红外传输的加密数据。通过佩戴含有GSR传感器的腕带传输人们的生理状态，使用前视红外（FLIR）目镜初步观察受伤的士兵，确定他们的实时健康状态。这有助于在威胁生命的情况下做出及时反应。

此外，在战场上，电子纺织品通信有助于识别敌友。将频率在人眼识别之外、波长为940nm的红外发光二极管连接到PMMA塑料纤维束上，可以在动态或静态显示器上定义红外字母数字特征，从而及时确定一个人的身份（图9.13，照片由H. Lee Wainwright提供）。

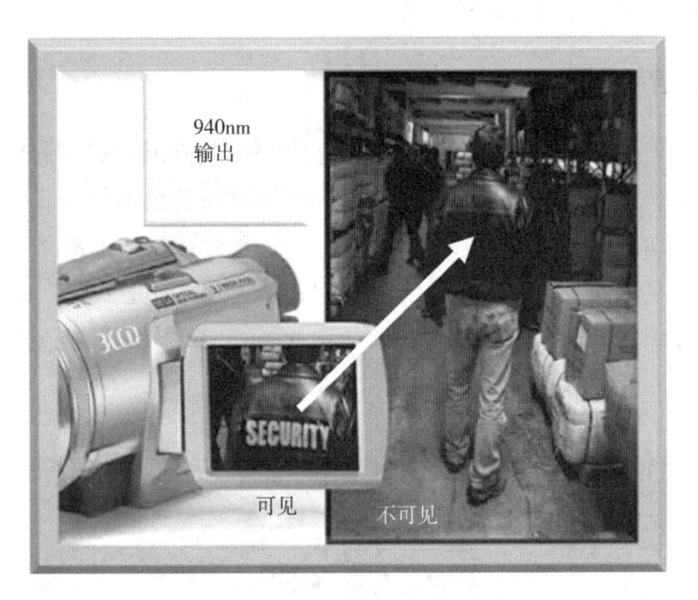

图9.13　红外敏感相机显示夹克上的红外LED/光学输出图片

9.3.3　娱乐与时尚

虽然一些电子纺织品已经进入市场，但没有一种能像在名人、表演者和唱片艺术家身上看到的产品那样引人注目。从布兰妮·斯皮尔斯（Britney Spears）在2000年世界巡回演唱会上穿的LED发光皮裤到妮可·舍尔辛格（Nicole Scherzinger）在2012年红毯上穿的由Cutecircuit公司生产的OLED推特（Twitter）连衣裙，可谓没有什么时尚可以与电子纺织品创意时尚相媲美！芭芭拉·莱恩（Barbara Layne）有一个名为SubTela的工作室，是蒙特利尔康考迪亚大学（Concordia University）卦学学院（Hexagram Institute）的一部分，她设计了暴风雨连衣裙和两件带有数字显示的交互式夹克（图9.14，照片由Barbara Layne提供，康考迪亚大学卦学学院SubTela分部）。同时，艾米·温特斯（Amy Winters）举办了一个令人瞠目的电子纺织品表演，该纺织品能够对智能手机输入和外界环境刺激做出响应（图9.15，照片由Amy Konstanze Mercedes Rainbow Winters提供）。

图9.14　发光的暴风雨连衣裙以及带数字输出的交互式夹克

图9.15　EL响应式连衣裙

9.4　电子纺织品未来的研究方向

未来，电子纺织品的研发将继续为产业的发展创造更多的机会。尽管部分研发听起来更像是科幻电影中的情节，但当开发完成时，它们将快速地满足人们朝思暮想的愿望。正在进行的研究项目如下。

①柔性有机PV可以在织机上织成织物，为电子纺织的应用、充电数字设备提供能源，同时保持纺织品的柔软性和时尚感。这种技术仍然需要进一步优化，这

是由于目前有机光伏电池的效率较低，在2.79%~3.27%之间，而太阳能薄膜和多晶太阳能电池板的太阳能转化为电能的效率已经接近30%。

②利用Goretex“透气”织物作为丝网印刷电化学元件的基材，能为穿着者检测出包括TNT在内的爆炸物的存在。这种织物能够做出相应的反应，提醒穿戴者爆炸装置中存在某种特定的化学物质。

③丝网印刷可以用于在织物表面安装电化学传感器。例如，在氯丁橡胶潜水服上安装相配的传感器，可以检测出环境污染物和安全风险的存在。此外，印刷在织物上的电化学传感器可以对心率、脑电图和心电图的生理状态做出直接响应。能够进行化学检测的传感器可以及时提醒穿着者任何有损健康的风险。

④在服装和配饰中安装LED/光学显示器，可以用智能手机控制电子纺织品，使其在特定区域改变颜色，包括数码相机的颜色匹配、外界声音响应、来电显示和可匹配日常情绪的可穿戴可编程程序。图9.16（图片由H. Lee Wainwright提供）显示的是一个菜单功能，用户可根据织物的颜色呼叫特定的电话。图9.17（图片由H. Lee Wainwright提供）显示的是如何触摸色轮来改变服装表面光的色调或区域。

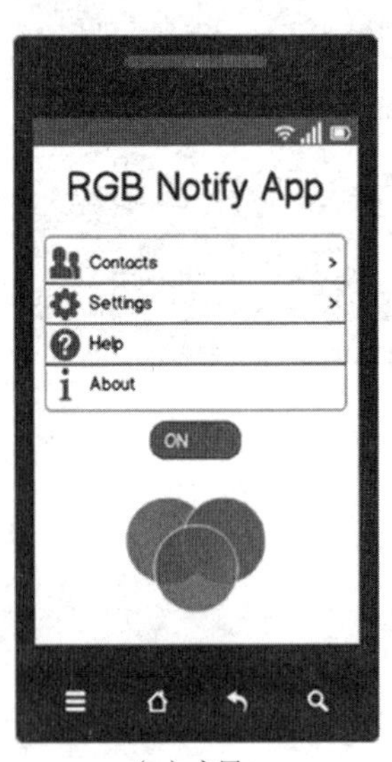

（a）主屏

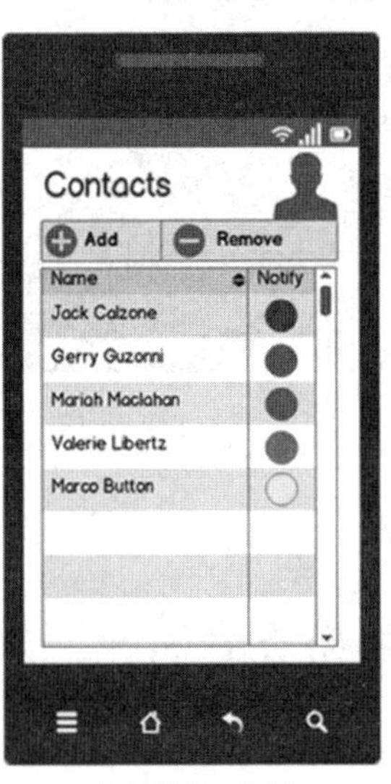

（b）联系人分类

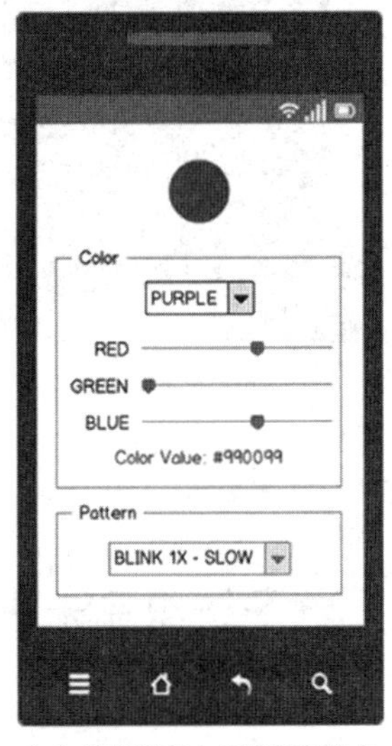

（c）指定联系人的颜色和模式

图9.16　智能手机菜单选项允许用户调整可穿戴服装上特定区域的颜色输出

⑤迈阿密大学的一个研究小组正在利用超薄的、间隔排列的LEDs开发一种可弯曲的可穿戴显示器，它能够显示与周围环境匹配的全色影像，或可根据编程程

序显示定制图像。这项技术应用于军事迷彩服具有重大意义。

综上所述，在未来，电子纺织技术可能帮助人们增强“第二皮肤”，也就是说，集舒适、卫生、防护和显示功能于一身。

最后，时尚不必局限于标准的设计，而是能够实现在触碰智能手机或其他数码设备的条件下立刻显示出我们设定的服装色彩。与变色龙一样，我们可以根据自己的情绪、环境来调整自己的外表，或者让周围的环境来决定我们的外表。

人们已经远离了穿着兽皮的年代，走进电子纺织品时代。当将它们穿于身上的时候，我们每个人都可以成为创意设计师，表达和定义自己内心的渴望、想法和感受。

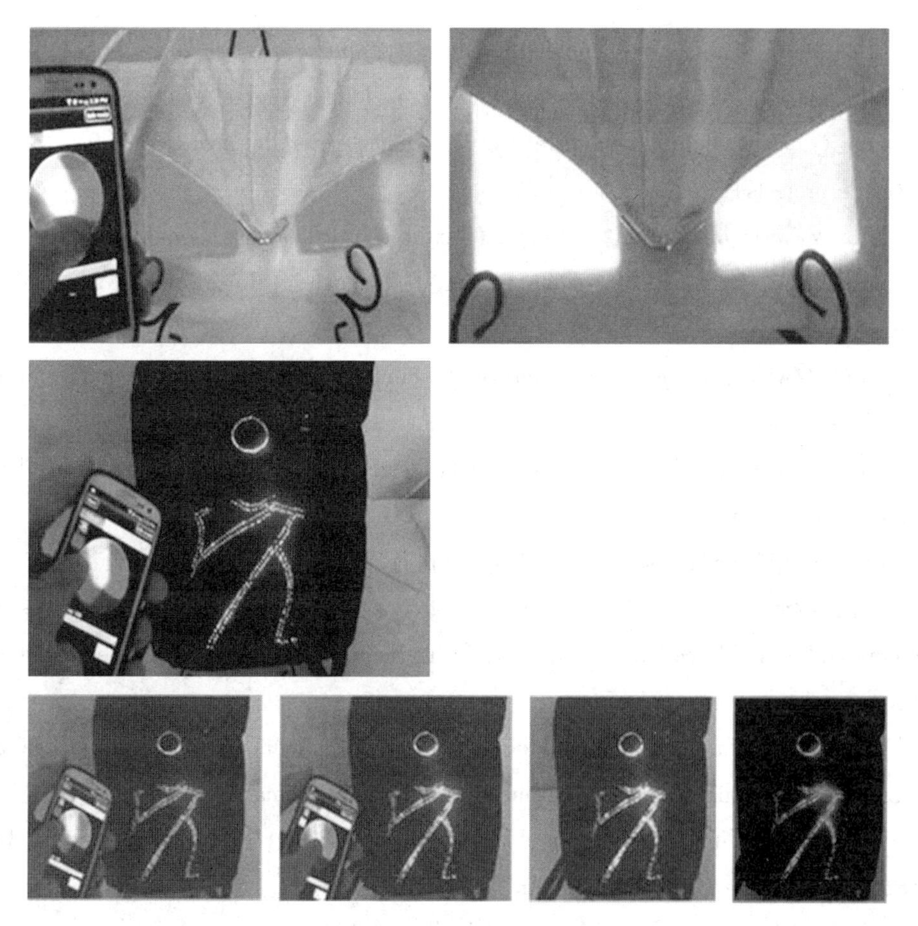

图9.17　通过手指在智能手机屏幕的色轮上滑动控制电子纺织品表面颜色属性的方法

资源链接：

http：//www. adafruit. com/products/1643（Neo-Pixel Ring-Rainbow Ring LEDs）.

http：//cutecircuit. com/（Company examples of celebrity costumes using OLED arrays）.

http：//fashioningtech. com/（Hair extensions）（Monitor Movements）.

http：//www. talk2myshirt. com/blog/archives/5617（List of E-Textile companies engaging in re-search, prototyping, and applications）.

http：//etextilelounge. com/（Conductive Thread evaluation comparisons with instruction videos）.

http：//www. ifmachines. com/（Apparel Soft Switches）.

http：//www. ifmachines. com/products_ faqs. html（Apparel electronics）.

http：//www. adafruit. com/category/92（User-friendly accessories for building E-Textile projects）.

http：//www. plusea. at/? p=4203（Textile sensor demonstrations）.

http：//www. visijax. com/about-us/our-technologies（Raise arms to activate turn signals in fabric）.

http：//www. rainbowwinters. com/videos. html（Photochromic, lenticular, and ambient driven color inks）.

http：//highlowtech. org/? cat=5（MIT Media Lab Instructional books on Lilypad Arduino applications）.

http：//whisper. iat. sfu. ca/（Whisper project 2007）.

http：//www. ife. ee. ethz. ch/research/groups/PlasticElectronics（Electronics Laboratory and wearable computing, Zurich, Switzerland—Thin film flexible electronics and sensors, smart textiles, and company spin offs）.

http：//subtela. hexagram. ca/index. html（Subtea project with scrolling jackets and flexible led sleeve digital displays, Concordia University, Canada）.

http：//www. ita. rwth-aachen. de/3-f-und-d/3-01-08-smart-textiles. html（Textile switching and functional control testing）.

http：//www. izm. fraunhofer. de/en/abteilungen/system_ integrationinterconnectiontechnologies/arbeitsgebiete/elektronikintegrationinalternativematerialien/projects/integration_ von_ elektronikintextilien. html（Stretchable wiring and electronics+E-Textile testing and qual-ifying lab).

http://research.ocadu.ca/socialbody/projects (Social Body Projects at OCAD University, Toronto, Canada).

http://flextech.org/ (Flexible Display Conferences).

http://www.hleewainwright.com/resources/celebrity+examples.pdf (E-Textile Examples created by H. Wainwright).

https://www.smartfabricsconference.com/ (Conference covering Smart & E-Textile Research).

http://burningman.org/ (LED Lighting Event in Nevada Desert, USA).

http://onlinelibrary.wiley.com/doi/10.1002/elan.201000434/abstract (Goretex electrochemical E-textile detector for TNT and other explosives).

http://quantifiedself.com/2014/09/wrist-wearables-now/.

http://www.ncbi.nlm.nih.gov/pubmed/22163914/.

第 10 章　热分析在纤维识别及表征领域的应用

M. J. Smith
米尼奥大学，葡萄牙，布拉加

10.1　概述

纤维是众多产品中不可或缺的组分，例如，在较成熟的传统行业，服装、室内用材料（办公内饰、家居用品和汽车内饰）、地板/墙面覆盖用织物、绳索及紧固件用织物。纤维在快速增长的新兴领域（如医疗、农业、建筑行业）也具有广泛应用。随着应用领域不同，纤维结构复杂、多样。纤维主要有天然纤维和人造纤维。目前，纺织材料的发展趋势是将不同纤维混合，再将混合纤维加工成经纬纱或股线，或将其用作复合材料中的增强结构材料。

纤维的组成单元及化学特性存在较大差异，同时纤维在直径、长度、截面、表观形态、机械力学性能、热稳定性及颜色/染色性能等方面也存在较大差异。纤维均由大分子链相互作用而成，大分子链由成百上千的基本化学结构单元组成。基本化学单元可组成均聚物、嵌段共聚物或其与天然（植物、动物或矿物）或合成单元结合而组成支化共聚物。

织物或产品制造商不断追求具有多功能特性的产品，如强度、色牢度、易护理性、回弹性、吸湿排汗性及保温性，纤维的化学结构单元越趋复杂，致使纤维组分研究/织物性能表征等化学/物理性能指标类型不断增加。由于制造商对更优性能纤维及产品的追求，甚至是刑侦人员对建立路径证据与罪案现场或特定场景间相关性的需求，多渠道资金支持研究人员展开纤维结构与性能间关系的一系列研究。无论哪种原因，样品表征方法须具有操作可重复和测量结果准确可靠的特性。

热分析技术包括差热分析（Differential Thermal Analysis，DTA）、热重分析（Thermogravimetric Analysis，TGA）和热力学分析（Thermomechanical Analysis，TMA），热分析技术被广泛用于高聚物和纤维的检测表征。少量样品的热行为即可提供足够的特征信息以识别样品。热分析技术可作为其他检测技术的补充以构建样品的完整结构特征信息，其他检测技术包括光学/电子显微镜、红外/荧光谱图或常规结构定性测试技术。

纤维的很多特征（如玻璃化转变温度、特定组分的熔点、结晶度及低温结晶历程）均可通过热学方法表征。热处理与湿度、添加剂、改性处理、溶剂残留等因素有关，这些信息有助于研究人员理解纤维成型工艺。其他特征信息方面，例如，高聚物或添加剂的相变及热分解可补充纤维技术/行为特性信息。

本章主要讲述如何利用热分析技术进行纤维识别及表征。为了更好地实现该目标，理解纤维成型工艺及纤维成型过程中的热历史是非常重要的。然而，由于商业化产品种类繁多、产品的加工工艺及添加剂复杂，对于这些内容无法进行全面介绍，本章将对这些内容的主要方面进行概述。

10.2　纤维成型及改性

远古时期，天然纺织纤维就已被开发并应用于生产活动。但直到 20 世纪，人们才研究天然纤维的化学结构及性质，这些研究促进了纺织化学领域的多样性发展，其中，人们利用挤出设备加工天然原料而制备纤维是多样性发展中的一个最重要的技术进步。挤出成纤工艺是一种通过熔融纺丝、干法纺丝或湿法纺丝工艺的高度规模化的纤维制备技术。

在挤出成纤工艺中，熔融高聚物从喷丝板微孔挤出成纤，高聚物中的分子链沿其流动方向排列并在纤维内取向、规整排列形成结晶。结晶度对纤维性质（如强度、柔软度、染色性能、色牢度）具有决定性作用。

尼龙是纺织化学发展的另一个重要进步，该纤维具有很多优异性质，如高强度、高伸长度、良好的回弹性、耐磨性及柔软性。优化尼龙堆积密度可降低织物透气性、减少水分转移并改善锁水性能。尼龙密度的调整可改善纤维透气性、织物的皮肤接触舒适度。尼龙对于常规的清洁试剂具有良好的化学稳定性，纤维表面性能可通过化学添加剂进行改性。作为高性能纤维，尼龙为合成纤维发展指明了方向，其也作为衡量其他纤维性能的一个对照标准。20 世纪至今，纺织行业发生了巨大变化：原材料从天然材料转变为合成和混合材料，同时，各种化学/物理加工或处理方法的快速发展，材料和工艺方法的进步显著提高了商业化纤维的性能。很多用于改变纤维形态及性能的处理也影响纤维的热学性质。因此，纤维识别与纤维成型工艺及后处理方法也具有一定的相关性。

很多种化学试剂被用于处理纤维、纱线或织物以改善材料的性能。已去除天然杂质的材料经化学试剂处理而促使印染剂或整理剂与材料表面黏合或渗透至材料内部。化学处理剂可增强材料的舒适性、易护理性、阻燃性以及抗菌性。抗静电剂可减少材料表面的静电荷量，较高的静电荷集聚密度易导致织物间发生黏合，同时也具有与静电放电相关的潜在风险。

对纤维和织物的处理不一定都是化学处理。在牵伸工艺中，需对从喷丝板熔融挤出的初生纤维进行机械作用和热处理。初生纤维结晶度较低，对该纤维进行热牵伸处理使纤维内大分子链相对运动、形成规整排列的结晶区域，从而增加纤维的结晶度。纤维成型过程中，温度、速度及牵伸应力对纤维结晶度具有重要影响，进而影响纤维的物理和化学性质。机械卷曲处理常用于改变纤维表观形状、增加纤维集合体的蓬松度，进而调节织物导热性及皮肤接触舒适性。烧毛处理可除去织物表面的纤维毛羽以使织物表面更加光滑、光泽感更强。热定形处理是将织物置于特定温度环境中一段时间以使纤维内大分子链发生自由运动，然后冷却织物以固定纤维内大分子链的运动/取向位置。上述两种处理工艺均改变了纤维和织物中化学组分的热学性质。

化学处理、热处理及机械工艺处理可改变材料表面和主体的特征，特别是化学处理剂显著影响高聚物纤维的热学特性和力学性质。基于热量、重量或力学的热分析方法可评估和表征纤维的热处理历程。

根据已有专利可知，在纺织化学领域，具有功能或性质多样的产品更具有商业竞争优势[1-3]。这些专利保护范围包括非织造纤维毡制备的相关工艺及流程，重点保护纤维或非织造纤维毡表面含有香料成分的工艺及流程。

相较于常规表面处理方法，研究人员采用一种更加高效的方法：将高沸点香料填充至中空纤维获得带有香味的中空纤维织物[3]。此外，用于香味缓释可视化的试剂也可复合至该新颖的纤维结构。能够释放香味的商业化干/湿擦拭织物已研发成功，且该织物还具有抗微生物、抗真菌或驱虫等功能。虽然这些纤维具有某些独特性质，但纤维仍带有成型工艺中形成的重要结构特征及工艺历程信息。因此，采用热分析技术及纤维的化学和表观形态特征可表征多功能纤维。

10.3　识别与表征

热分析技术可用于表征由天然材料、人造材料或合成材料加工而成的纤维或纱线。如上所述，材料的微观结构相当复杂，微观结构特征一部分由材料的化学特性决定，但主要受到纤维成型工艺、后整理或织物加工中的相关工艺处理的影响。对于某一特定合成纤维，优化成型工艺参数赋予纤维优异性能的方法要优于通过改变纤维化学结构的方法[4]。这突出工艺参数在纤维和纺织品领域中所表现的显著影响和重要性。在合成纤维性能方面，精确控制工艺条件获得的材料比其初始材料更具实际优势。相反，来源于动植物的天然纤维的性质在很大程度上取决于其化学组成，同时也受其加工条件的影响。

本部分将讨论纤维和纱线的热学特征行为的工艺影响因素，同时也介绍热学特性在纤维工艺、纤维特性及纤维结构方面的应用研究。

10.3.1　纤维热处理工艺

为研究材料的化学和物理的工艺历程，作者研究与分析多种不同材料的性能特征。在刑侦行业，法医通过分析从犯罪现场收集的物证以获取犯罪嫌疑人遗留在现场的重要信息。Edmund Locard 所阐述的交换原理[5]也适用于纤维：纤维或长丝在合成或加工中的每个过程、每次热处理或机械处理及后道与化学品接触都会在材料上留下不可消除的痕迹。目前的困难在于检测、表征以及准确表述材料的工艺或处理历程相关的信息。热分析是一种有效的分析手段，其可从微量样品中获得大量信息。

在长丝制备工艺中，化学处理、热处理及机械处理的作用痕迹将存储于末端产品中。喷丝头中挤出的聚合物成分、冷却室温度、凝结剂性质、牵伸应变等均会影响长丝性能。纤维牵伸和退火工艺处理也可改变分子链取向和结晶度，这些特征可通过热分析（玻璃化转变和熔融过程）来量化表征。加捻、喷气处理和填塞箱或卷曲工艺加工可使纤维在卷曲、加热和冷却过程中获得一定的蓬松性。制毡工艺、编织、针织或穿扣工艺将纱线加工成服装、覆盖材料以及工程纺织品，制备过程中纱线受到机械力和热应变作用，并增加织物的工艺处理历程。热学分析法可测量纤维、纱线及织物加工过程中的残余机械应变。

纤维成型过程中的每个工艺步骤均能影响纤维的热学性能、力学性能及化学特性，进而影响终端纤维性能。相反，天然纤维的热学性质主要取决于纤维结构。一般地，天然纤维具有半结晶形态及亲水性特征。纤维与水分间的相互作用是纤维的一个显著特征。在热湿舒适性方面，纤维与水的相互作用非常重要，因为温度控制过程重点在于水分传输：将皮肤表面水蒸气通过服装面料传输至体外空气环境。该传输性能决定热环境中的热量损耗以及寒冷环境中静态空气层的阻隔性能。为了提高舒适性，织物需具有透湿性，使水分从皮肤传输至体外。水分可能被吸入或锁在纤维与织物间、纤维与纱线间或者被吸附至纤维表面[6]。水分吸收固然重要，但服装用纤维也必须要能在漂洗后脱水快干。服装外表层的拒水性能也非常重要，但拒水性能与水分传输性能间的平衡对于服装内表面吸湿排汗是至关重要的。水分与纤维间的相互作用是可测定的，其可为特定应用服装的选择提供参考。合适的化学或物理处理可引入或改善影响水分与纤维间相互作用的许多性质，但纤维化学结构对纤维与环境湿度间特定的相互作用具有决定性影响。再次强调，热分析是评估纤维水分蒸发量及辨别纤维的有效工具。量热和热重分析均能定量评估水分与纤维和纺织品间的相互作用。

在纺织纤维研究中，热分析不仅用于纤维识别和表征，还用于构建结构—性能关系模型以促进纤维发展、提高和改善纤维性能。

10.3.2 实验参数对纤维分析的影响

根据上述内容，机械力及热应力作用于样品、质化处理中或织物上，添加剂在纤维、纱线或织物成型时沉积于材料表面以赋予材料特定性能，由此可知，纤维成型工艺不同，纤维热学特性也不同。热分析时，材料成型的所有工艺步骤对其热学性能都或多或少有一定的影响。一般地，材料的热学特性与玻璃化转变、结晶及熔融的物理转变有关，也与固态相变或与纤维表面化学转变有关。在特征温度下，纤维表面或纤维间的水分或残留溶剂将被去除。化学处理包括纤维微观结构与各种涂层间的反应或纤维/涂层与周围气体发生的反应。高聚物热分解是材料微观结构中原子相互作用键断裂、重新排列的过程。

样品采集和制备过程中的人为因素致使分析不同测量方法获得的结果变得复杂。由于样品不是初始纤维，热分析方法也存在该问题，因此要多加注意。

10.3.2.1 DSC 实验部分

差示扫描量热法（DSC）检测结果易受多种实验参数的影响。不同制造商设计和制造的 DSC 设备有独特的工作原理，但所有 DSC 装置均配有两个小坩埚并将其置于独立或配套熔炉中以使样品和对照材料遵循预设定的温度程序进行升温或降温。很多研究人员已给出商业化 DSC 装置具体细节的描述[7-12]，因此，本章不讨论装置设计方面的内容。

样品周围气体的化学性质会影响其热学行为，因此，DSC 熔炉常填充惰性气体。惰性气体可保护样品不被空气氧化、去除样品的分解产物以及阻止低温测量时水蒸气冷却结冰。填充气体的方法也可用于研究样品与其他气体的反应，在具体操作中，一般采用空气替换惰性气体并作为反应气体。在升温过程中，坩埚内样品压力保持不变，这是因为坩埚上有一个或多个微孔以使坩埚内气体与熔炉内的气体相互交换。样品制备是纤维热分析表征的关键步骤。织物、纱线或纤维样品常被切断成小碎片以保证样品能被装进坩埚内且与坩埚内表面接触、实现样品与坩埚间的热量交换。图 10.1 结果证明了优化样品制备的重要性[13]。在该例中，切片（或条带）、结状和束状样品以及坩埚尺寸的不同导致 DSC 测量结果存在较大差异。纤维样品与坩埚内表面充分接触，其相应的 DSC 测量曲线特征峰显著，由此可知，纤维状样品可提高 DSC 测量精度，其原因是当样品装入坩埚、压紧坩埚盖时，压紧操作使坩埚盖变形，进而使得样品与坩埚内表面充分接触。

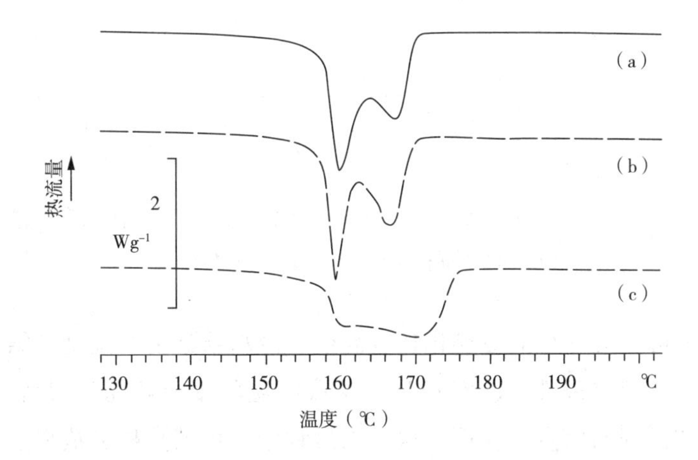

图 10.1　样品形状对 PP 纤维热学行为的影响坩埚体积和升温速率分别为 20μL 和 5℃/min

（a）条带（短纤维）；（b）结状样品；（c）束状样品

部分研究人员采用一定长度的盘状纤维作为样品。在升温过程中，一部分纤维发生收缩致使样品微观结构也产生相应变化。固定纤维一端或将纤维缠绕于支撑材料表面以赋予纤维一定约束，延缓纤维结晶，并检测出有无约束样品间的特性差异[12]。

样品的质量越大，熔融所需的能量越多，较小的样品量有利于分析 DSC 曲线峰宽，提高多峰的可识别性。当然，样品质量需高于一定数值以观察低强度峰。此外，升温/降温速率对 DSC 测量结果的精确度也具有显著影响。一般地，无论是升温或降温，较大的温度变化率易产生较大的峰。PBT 纤维实验结果（图 10.2）表明了 DSC 测试中温度变化速率的重要性，同时也证明 DSC 曲线峰宽度与升温速率间的变化[12]。在该例中，弱晶相转变对应的 DSC 曲线峰仅当升温速率较低时出现。

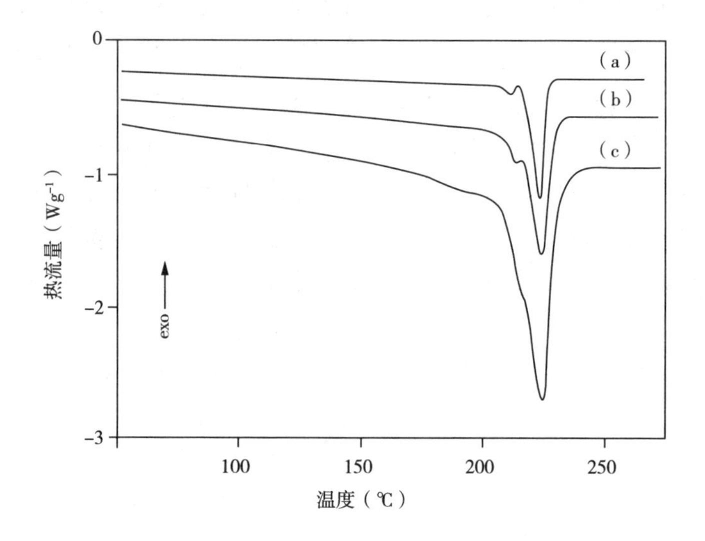

图 10.2　升温速率对热相图的影响 PBT 纤维样品从 250℃以不同的降温速率冷却

（a）10℃/min；（b）20℃/min；（c）40℃/min

DSC 测量可获得纤维的玻璃化转变温度、冷却结晶度和温度、结晶相熔化热和分解温度。在特定条件下，对样品升温或降温的多个热循环过程可从 DSC 曲线中获得更加详细的信息。在第一次升温过程中，可消除样品成型过程中的热力学特征。Philip 根据样品的第二次及后续多次升温或降温过程的热学特征区分合成纤维[14]。多次升温或降温的方法可有效消除样品内成型工艺的热历史，取而代之的是材料自身的特性，进而获得材料的熔融区间、峰形及熔融热等可重复的结果。

10.3.2.2　TGA 实验部分

纤维的 TGA 实验结果主要用于补充其他热学测量方法获得的数据。例如，DSC 测量结果主要受到高聚物纤维成型中热牵伸加工的影响，热牵伸使初生长丝的微观结构有序取向、单位长度质量降低，该过程与纤维的化学组成、微观结构和表面添加剂密切相关。在 TGA 实验中，纤维质量减少一般是因溶剂、残留油剂或水分（纤维内或纤维间）蒸发所致，也可能是由纤维表面和热天平内空气发生的化学作用所致[15-17]。一般地，采用多种化学试剂处理纤维、纱线和织物以改善材料的物理性能。化学物质对成纤用高聚物热稳定性的影响可通过热重分析对其进行研究与分析[18-21]。

检测设备改进及测量结果的分析均已取得较大进步，促进了多种检测技术联合使用的快速发展。DSC—TGA 的应用以及其与多种色谱和光谱的联合应用使得研究人员对实验数据的理解更加深入。将从 DSC 燃烧炉逸出的气体转移到与质谱仪耦合的气相色谱仪，可获得更多的信息，进而有助于研究人员了解单个化合物在复杂的合成和天然纤维基质中的作用，例如，从这些实验中可以得到军用织物阻燃添加剂的相关信息。

为了获得可靠的且有对比性的样品的分解实验结果，在做 TGA 实验时要特别注意样品制备的规范性。热重分析对样品的比表面积灵敏度高[4]（图 10.3），因此，材料制备和实验条件（包括样品质量、加热速率和燃烧炉气体环境性质）的一致性对研究人员根据测试结果做出准确推断是至关重要的。在 TGA 实验中，通常采用小样品质量（5~10mg）、中等升温速率和重复性好的制样方法，特别是纤维样品。

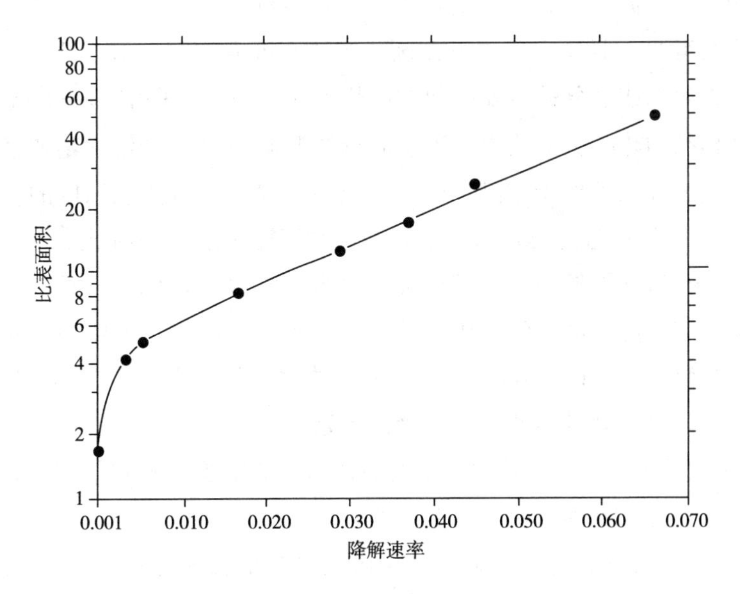

图 10.3　空气中 PP 纤维降解速率与比表面积间的相关性

10.3.2.3 TMA 和 DMA 实验部分

材料尺寸及力学性能的稳定性对于材料技术适用性具有至关重要的影响。一般在中高温至高温环境下合成聚合物以制备具有特殊性能的纤维。纤维的残余应力可能来源于成型加工或热处理。在恒定低载荷条件下，TMA 可测量样品的维度。在测量过程中，样品置于合适的气体氛围且温度可自动调整的燃烧炉，TMA 燃烧炉的尺寸大于 DSC 或 TGA 的燃烧炉。由于样品支撑材料及探针的热惯性较大，TMA 实验一般采用较低的升温速率。TMA 可测量样品的热膨胀系数，且能获得热膨胀系数与温度或时间的相关函数。当接近玻璃化转变温度或熔融温度时，样品的热膨胀性发生变化。有残余应力的材料通常表现为尺寸变化，可建立材料尺寸变化与温度的相关函数。随着温度增加，分子链运动，残余应力被释放。在 TMA 实验中，材料不同，TMA 探针的压力、穿透及体积特性也不同，但张力探针最适合用于非自支撑的纤维或纱线等样品。TMA 的测量原理是纤维受到恒定张力作用，位移传感器记录探针的运动轨迹。与其他热分析技术相同，在 TMA 实验中，纤维的成型工艺历程决定其动态响应，测量结果的精确性和可靠性受到样品制备、升温速率及样品腔室的环境等实验参数的显著影响。

在特定实验条件下，TMA 实验可获得微小工艺过程的变化而引起的宏观尺寸—温度变化的特征行为谱图。通过 TMA 实验可得到样品的线性膨胀系数、热收缩率及收缩力。

设定初始温度低于玻璃化转变温度 T_g，由零载荷的热收缩谱图的第一区域的线性外推可获得 T_g。在特定环境下，该区域的不可逆收缩是由于纤维成型过程中吸入纤维内的溶剂或水分的蒸发引起的。热收缩谱图中，曲线的一阶导数 dS_T/dT 为常数，即样品的热膨胀系数[4]。当样品继续升温至 T_g，纤维发生快速的不可逆热收缩，这是由纤维内处于非晶区的分子链应力松弛所致。该温度的特征变化行为提供了一种估算 T_g 温度的方法。在 T_g 与熔融温度 T_m 间，样品内因存在加工历史（包括高聚物分子链重排列、分子链重叠、重结晶以及有序结晶）而产生收缩。当温度接近晶区熔融温度时，纤维中的分子链脱离有序晶区，导致晶相转变为非晶相。在热收缩谱图中，该温度对应的 dS_T/dT 曲线中的峰有利于识别高聚物的晶区熔点，进而确认 DSC 测量获得的熔融峰的起始温度。

在 TMA 实验中，升温过程中获得的曲线与纤维成型中的热处理密切相关，因此，TMA 被视为获取纤维成型工艺信息的最佳的热分析技术。

在很多方面，DMA 与 TMA 通常用于研究聚合物及聚合物复合材料的相行为。两种方法的重要差异是在 DMA 测量中，简谐振动应力被施加至样品上，且仪器具有将试样变形分解为同相和异相分量的能力，以确定 E'、E''和 $\tan\delta$ 的值。很多 DMA 检测装置均能够在多段工作频率上对样品施加机械应力。

10.3.3　纤维热学行为示例

由于篇幅有限，无法叙述热分析技术在纤维、纱线和织物领域应用的所有文献。因此，本节重点论述纺织材料中已应用于表述样品行为的热工艺实例，其有助于分析相似工艺及帮助研究人员理解其他材料的性能。近几年，由于优异的悬垂性、手感、亲水性和透气性，聚对苯二甲酸乙二醇酯（PET）超细纤维受到广泛关注[22]。遗憾的是，PET 纤维难以均匀染色。热固化工艺用于多种纤维、纱线和织物以改善材料的尺寸稳定性，该工艺主要原理是对材料进行退火处理。基于该原理，采用分散染料对处于一定压力和温度（130℃）下的 PET 纤维进行染色。在该特定环境下，纤维微观结构呈无定形状态，分子链可自由移动进而有效地将染料分子扩散至纤维内。由于添加染料的温度低于热定形温度，因此染色工艺不会改变材料的表观形态。

对于温度变化范围较宽、玻璃化转变较弱的行为，常规 DSC 方法无法分析该行为，但对于高灵敏度的调制温度 DSC（MTDSC）技术可有效捕捉材料的这些特殊行为特性[23-24]。MTDSC 将周期温度调制功能应用于样品升温或降温程序上，并能将总热流分成反向和非反向两部分[8,10-12]。对于很多材料在热分析中出现热学特性叠加的复杂行为（热力学作用叠加情况），MTDSC 可分离重叠/过渡行为、表现出常规 DSC 无法实现的效果。图 10.4 表明该技术已被成功应用于 PET 纤维的分析。同时，MTDSC 测得的热容量信号可用于确定超细纤维样品的玻璃化转变（图 10.5）。

dC_p/dT 随样品温度变化的曲线可更精确地识别较弱的玻璃化转变的起始点。PET 超细纤维的热学性质与该特征高度相关，其原因是材料加工过程中，分子链高度取向、有序排列，导致 T_g起始温度增加、熔融转变温度更宽。根据该研究可知：PET 纤维的染色温度须接近 130℃，超过该纤维的 T_g，使染料分子进入纤维内并不断堆积。

DSC 实验可方便地表征纤维的熔融行为，且在很多情况下，熔融峰对应的位置可提供足够的信息以鉴别聚合物。若试样是合成纤维，纤维鉴别操作则比较复杂[25]。通常，高聚物纤维呈半结晶状态，在热处理过程中，处于某一温度范围内的材料，其有序结晶结构转变为无定形结构，根据材料熔融曲线确定熔融温度和熔化热需特别注意。熔融峰初始位置以及峰值对应的温度都是材料的熔融温度，

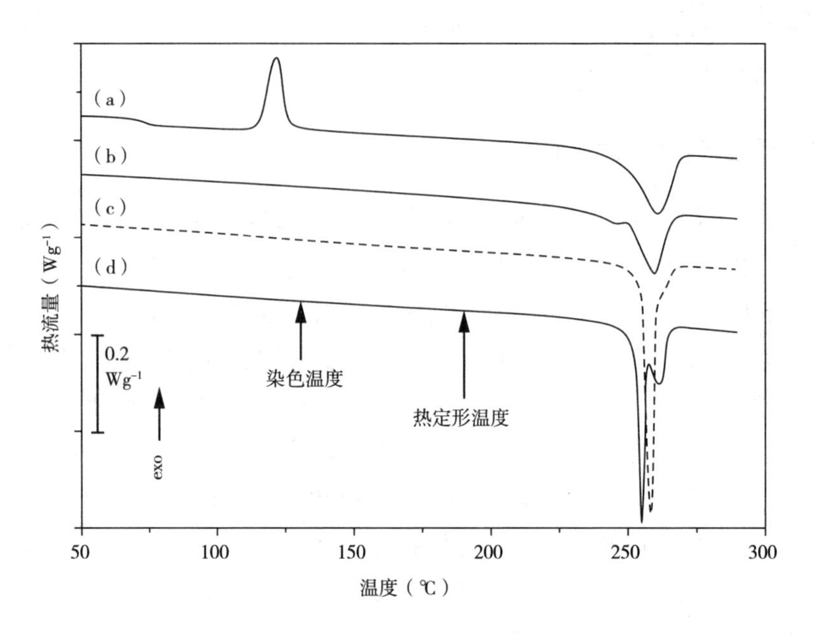

图 10.4　常规 DSC 热相图

（a）无定形块状 PET；（b）半结晶块状 PET；（c）PET 超细纤维；（d）常规 PET 纤维

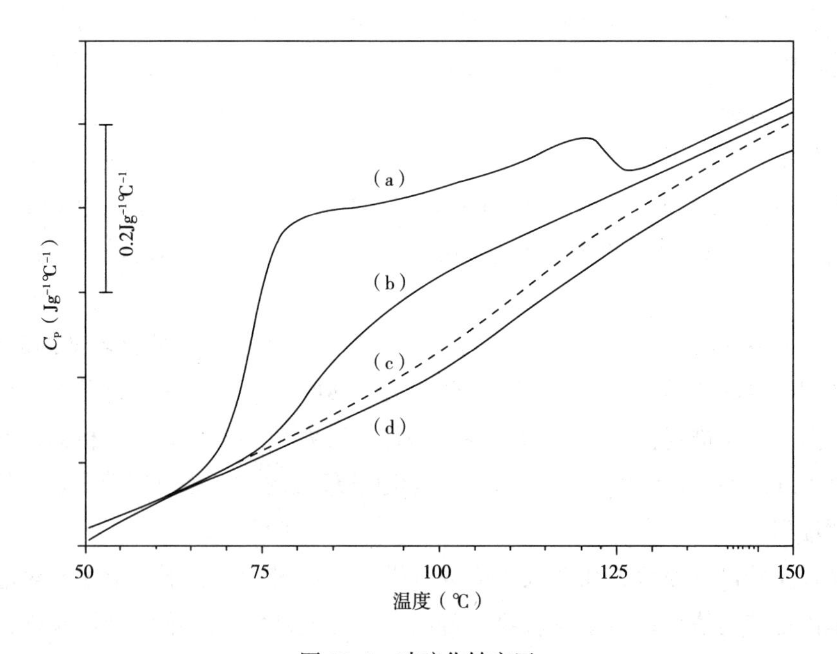

图 10.5　玻璃化转变区

（a）无定形块状 PET；（b）半结晶块状 PET；（c）PET 超细纤维；（d）常规 PET 纤维

一般认为熔点是熔融峰末端完全有序结晶融化的温度，并采用反曲函数基准线确定熔化热[12]。纺织纤维的 DSC 熔融曲线是热量流动非平衡态过程。在 DSC 的升温过程中，聚合物链发生重排列、重结晶和过热过程且其与时间相关，因此，不同升温速率对应的熔融曲线是不重叠的。聚合物温度升高，其微观结构的晶体将历经完整有序结构，因为样品薄片内微晶体附近的分子链有序对齐并促进微晶生长。增加升温速率易致使 DSC 曲线中的熔融区域宽度缩减且能改变熔融峰形状，因为较高的升温速率无法促使聚合物链发生重排列。在熔融时，高聚物分子链产生相对运动，并伴随分子链的重排列和重结晶。分子链重排列是一个放热过程，在合适的升温速率下，DSC 曲线中可观察到两个吸热之间的放热峰。再次强调，改变升温速率，材料的热谱图也将变化。若重结晶引起宏观热效应变化，相较于第二熔融峰，第一熔融峰强度随升温速率的增加而变小，该现象表明在低于微晶的熔融温度下，聚合物无法重结晶。过热现象是指样品熔融温度随升温速率增加而增加，这是由升温速率大于晶体熔化速率引起的。

用于纺织产品的尼龙 6 的热学行为显示了半结晶纤维复杂的熔融行为[26]。实验中，三条 DSC 熔融曲线（图 10.6）的样品分别为（a）纤维被切断成短纤维并装入铝盘，（b）从织物上剪取直径为 4mm 圆盘状织物，（c）将织物上的经纬纱卷绕到圆盘以获得约束纤维样品。在升温过程中，部分晶区的熔融且重结晶可解释图 10.6 所示的三种吸热曲线。织物或受约束纤维的 DSC 曲线［图 10.6（b）和（c）］的解析度、吸收峰强度以及峰对应的温度均发生改变，表明样品制备的有效性及一致性是非常重要的。同时，该现象也表明 DSC 技术可检测样品间较小的差异。

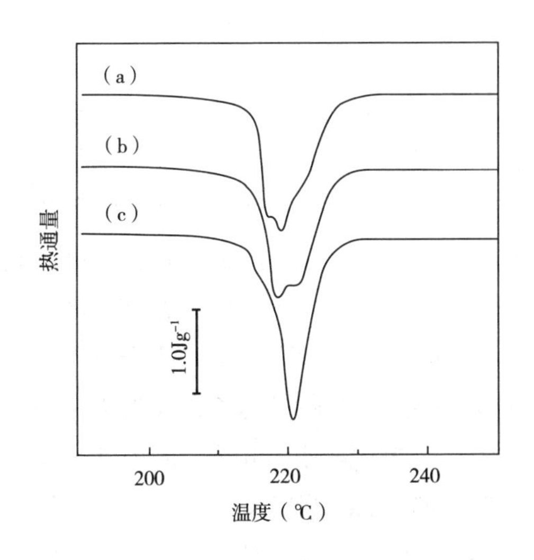

图 10.6　尼龙 6 织物多组熔融峰的曲线图

（a）短切纤维；（b）圆盘状织物；（c）带约束的经纬纱线

不同晶型的熔融或不同晶型间的相互转换使纤维的熔融行为更加复杂。如前所述，由纤维退火处理的热谱图可以分析不同热处理工艺间的差异性。对于低密度 PE，其经加热至熔点以上，接着在不同的温度下冷却、退火、淬火，再以

10℃/min 升温，相应的热学性能如图 10.7 所示。低强度峰是纤维的微晶熔融，相应的熔融温度低于 T_{ann}。T_{ann}可用于确定重结晶的完整晶体结构。

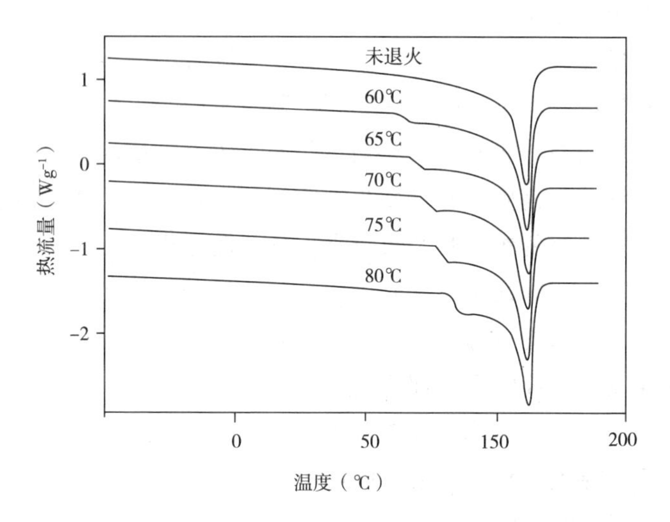

图 10.7　低密度 PE 经不同温度退火的熔融曲线图

TGA 与 DSC 测量结果相互补充，但热重分析技术特别适用于样品因干燥、挥发、化学反应和降解而出现质量变化的场合。在热重分析中，热作用起始温度通常为 100~150℃，因为此时纤维内的水分或挥发性物质蒸发；接着结构变化致使高聚物碎片脱落而引起质量降低，再接着高聚物分解而导致质量显著减少，并形成高聚物分解后的剩余产物。TGA 在聚合物化学中的典型应用是在特定温度和反应性/惰性气体的环境下评价材料的热稳定性或使用寿命。例如，很多天然纤维和人造纤维均可燃烧，但在特定场合（如火灾环境）下，需要重点比较分析不同纤维材料的阻燃性能。同时，阻燃性能测试也适用于军用和消防服以及床上用品和窗帘等。在阻燃性能的测定中，可用热分析法量化相关性能参数，包括：火焰熄灭的难易程度、燃烧释放的热量和分解起始温度。TGA 作为阻燃纤维的筛选方法，如图 10.8 所示，材料的质量导数是关于温度的函数，该结果也验证了 TGA 技术用于测量纤维间的差异性。虽然该方法不能代表真实火灾情况，但其确实是对比分析的测试方法，根据情况确定纤维及处理工艺，再通过洗涤处理量化质量损失率。

热重不仅能获取人造纤维热稳定性的量化信息、建立纺丝过程中分子链取向与纤维热稳定性间的相关性，也能量化表征水分吸附[27]或解吸附以及水分与纤维的相互作用强度。估算材料质量随着温度升高而发生的损耗，可以比较分析经精油或含有香料的纳米颗粒处理的纤维组分的热量损耗[28]，以及经助剂和染料处理

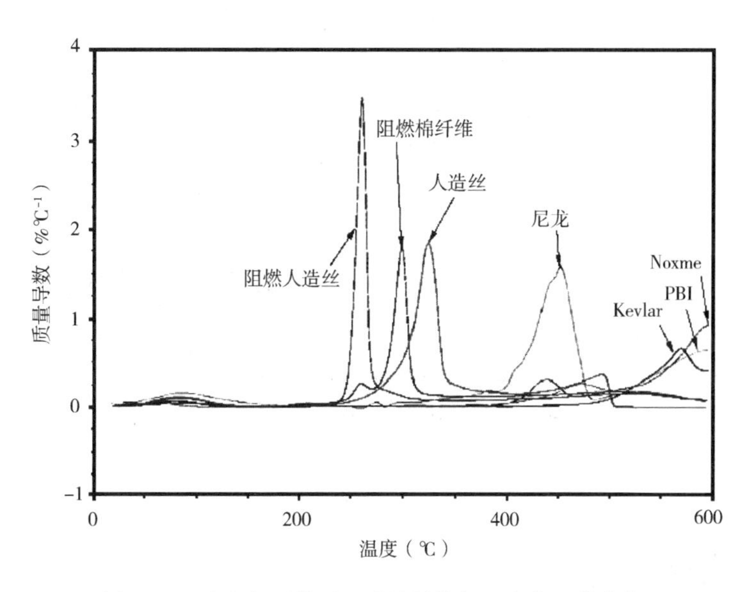

图 10.8　在空气环境下，质量导数与温度的函数曲线

的织物分解特征[29]。热机械或 DMA 方法特别适用于纤维、纱线和纺织品中合成纤维和天然纤维及应力松弛的研究。天然蚕丝纤维具有优异的机械强度、生物相容性和生物降解性，这促进来源于再生丝素蛋白（RSF）的低成本合成纤维的发展。在湿法纺丝工艺中，RSF 初生丝在凝固浴中凝固，再经牵伸和热蒸汽处理可获得与天然蚕丝纤维相似的性能[30]。DMA 可用于表征 RSF 薄膜，并构建动态 $\tan\delta$ 与结晶、热脱水和纤维牵伸取向时发生的结构变化间的相关性[31]。测定天然蚕丝以及张力卷取、退火和拉伸的各种蚕丝学纤维的 DMA，可分析蚕丝纤维的特性及工艺流程对纤维性能的影响[32]（图 10.9），基于研究结果，作者认为 DMA 技术可用于评价不同类型丝纤维质量及后整理效果。

染色是纺织纤维实现商业化价值的至关重要的过程。一般情况下，水用作染料的溶剂以助于染料运输，同时，水也用作染色的溶胀或塑化剂。在染色过程中，温度是至关重要的，因为在高于纤维 T_g 的温度下，染料可渗透至纤维内并扩散、形成均匀的颜色。虽然各种热分析技术（包括 DSC、TMA 和 DTA）均能测量纤维的 T_g，但在潮湿环境下测量纤维的 T_g 更加可靠。Aitken 等调整 DMA 设备上的燃烧炉和样品夹组件以研究特定湿度环境下腈纶的热学特性[33]。采用 DSC 和 DMA 比较分析干态纤维的 T_g，研究显示：在干态纤维的 $\tan\delta$—温度的曲线中，92℃位置出现一个峰；而在湿态纤维的 $\tan\delta$—温度的曲线，相同峰对应的温度为 75℃。由此

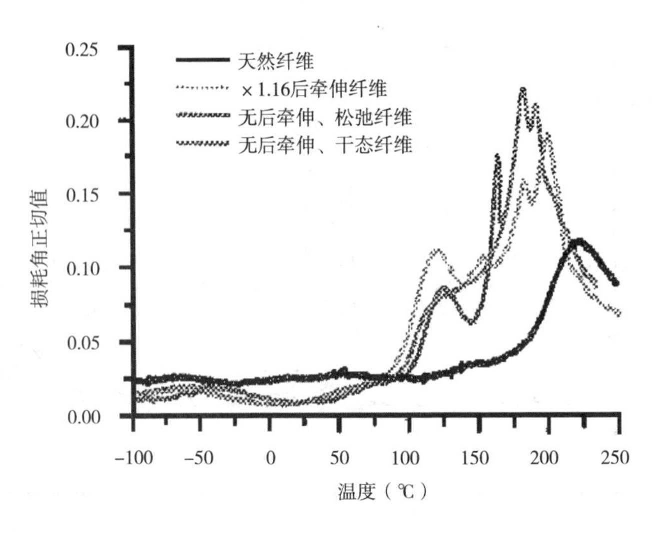

图 10.9　张力卷取丝纤维的损耗角正切曲线

可知，水对腈纶具有增塑作用，与已发表的丙烯酸类聚合物的研究结果一致[34]。

10.4　新型纤维材料的发展

纺织工业是新纤维、新加工方法以及产品战略驱动的可持续发展的领域。将纳米材料研究成果应用到这个充满活力的行业，可为阶段性发展变革提供极好的机会，因为功能性材料将具备一些传统方法无法获得的优异性质，例如图 10.10 所示的性质[35-36]。

传统的表面处理[6]效果通常比较有限，因为服装的洗涤甚至正常使用均可能去除活性剂。如果因黏合点位置限制而改变纤维的力学性能，则纤维化学黏合剂的使用也可能有负面影响。空气—织物和液体—织物界面的改性与纺织化学高度相关，因为很多性能显著依赖于界面特征。拒液防污是工作服和制服中非常有吸引力的特性[37]。纤维表面经纳米晶须改性后，其在染色控制方面具有显著优势，同时织物的透气性、柔软性以及舒适性不变。多功能氟碳化合物分子与纤维素/蛋白质纤维间形成化学键并使支链定向排列以制备优异的疏水和疏油表面层，并具有良好的洗涤牢度[38]。适当化学物质的纤维表面改性可使纤维具有自清洁功能[39]，作用机理是模仿一些叶子表面[40]的凹凸不平的结构，通过赋予纤维表面凸

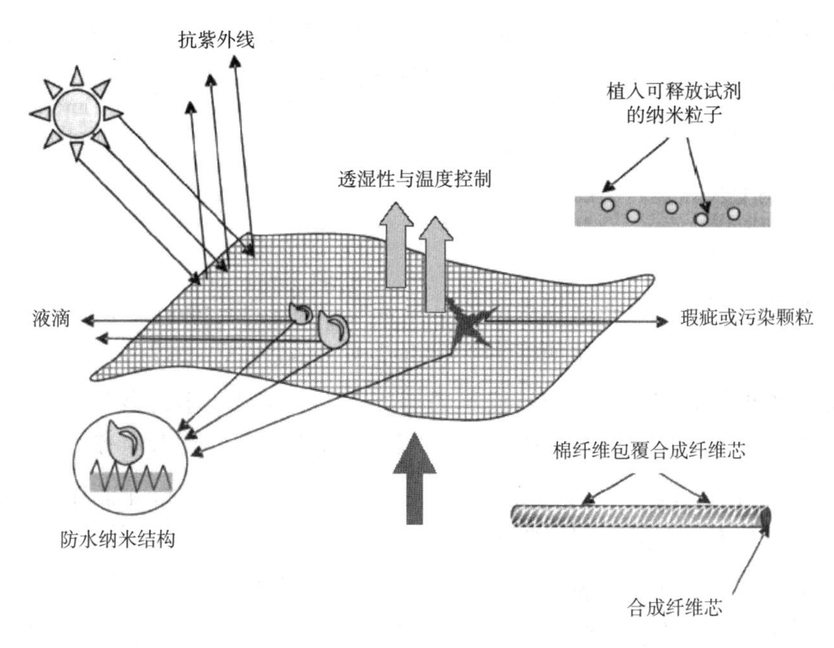

图 10.10　纳米技术的纤维功能化

起和沟槽以使纤维具备自清洁功能。随着人们认识到辐射的有害影响，户外纺织品的防紫外线功能日益重要。无机纳米颗粒（15～70nm）是紫外线有机吸附剂的有效替代品，因为无机颗粒的功能不会因辐射破坏而降低且颗粒在洗涤过程中也不会逸出[41-42]。采用已应用于各种纤维的纳米颗粒[43]和多功能涂层[44]可显著改善材料的抗紫外线性能。包芯[45]是将碳水化合物保护层永久地包覆于合成纤维表面，以使芯层的高强和耐久性[46]与天然亲水包覆层相结合。通常，抗静电剂涂覆于合成纤维表面以减少静电荷的累积量。在包芯纱中，碳水化合物层的亲水特性可有效去除纤维表面静电荷，该方法要优于表面整理剂涂覆法，因为表面整理剂在洗涤过程中容易被去除。

纳米技术可改善试剂释放的可控性。纳米颗粒或聚合物微胶囊[35,47]可永久地结合于具有反应活性基团的织物上，进而使得由胶囊携带和保护的有效负载[47]可以受控和延长的方式释放[48]。有效负载可能具有生物活性、抗微生物或抗真菌性能，也可能是药片、防晒剂、染料或颜料、香味/香料、驱虫剂、阻燃剂、织物柔软剂、相变剂或旨在为纺织材料提供特殊性质的其他试剂。

尽管融合了纳米技术的功能性材料在制备或后整理过程中采用新型处理工艺，

但纤维、纱线和纺织品中仍含有试剂的基本成分，这些成分的组成和化学性质仍可采用热分析技术进行表征。因此，热分析方法仍能获得与工艺参数高度相关的信息，且能评价纤维/纺织品的性质并得到量化的性能指标。

10.5 结论

近年来，新技术发展使得检测的可重复性更好，热分析技术的测量精确度显著增加，同时相关设备使用的便利性显著改善。尽管样品微观结构变化易受热分析过程中温度的影响，但热分析技术仍能获取关于样品化学性质和热力学行为的相关信息。将纳米技术应用到传统和新型材料/工艺结构中以使纤维和纺织材料持续发展，含有生物降解性或生物相容性的材料为各种产品开辟了新市场。热分析结果有助于研究人员通过测量物理性质（包括玻璃化转变温度、结晶、熔化温度范围、热稳定性和热氧化稳定性）来辨别和表征纺织纤维。

热分析技术未来的重要性在于其能够辨别和推断各种纤维的结构和表观特征，同时用于分析成型工艺与产品性能的相关性。结构—性能关系研究将使我们获得更多改进各类纤维性能特征的途径。

参考文献

[1] Sheperd, T. H., Gould, F. E. Entrapped essences in dry composite fiber base products giving a strong fragrance when wet in water. Assignee: Nat Patent Dev Corp. US patent US 3567118 A, published 2 March 1971.

[2] Sasaki, M., Yoshida, J., Shimizu, Y., et al., 1987. Fragrant fiber. Assignee: Mitsubishi Rayon Company Ltd. US patent US 4713291 A, published 15 December 1987.

[3] Ferenc, D., Novas, E. S., D'Áscanio, L. O., 2003. Method of Making Fragrance Containing Fiber. Assignee: International Flavors & Fragrances, Inc. US Patent US 6517759 B1, published 11 February.

[4] Jaffe, M., Menczel, J. D., Bessey, W. E., 1981. Fibers. In: Turi, E. (Ed.), Thermal Characterization of Polymer Materials, second ed. Academic Press, New York, p. 1769.

[5] Thornton, J. I., 1997. The general assumptions and rationale of forensic identification. In: Faigman, D. L., Kaye, D. H., Saks, M. J., Joseph Sanders, J. (Eds.), Modern Scientific Evidence: The Law and Science of Expert Testimony, vol. 2. West Publishing Company, St. Paul.

[6] Hatch, K., 1993. Textile Science. West Publishing Company, New York.

[7] Turi, E. (Ed.), 1981. Thermal Characterization of Polymer Materials. second ed., Academic Press, New York.

[8] Haines, P. J. (Ed.), 2002. Principles of Thermal Analysis and Calorimetry. Royal Society of Chemistry, Cambridge, United Kingdom.

[9] Ehrenstein, G. W., Riedel, G., Trawiel, P. (Eds.), 2004. Thermal Analysis of Plastics: Theory and Practice. Carl Hanser Verlag, Munchen.

[10] Wunderlich, B., 2005. Thermal Analysis of Polymer Material. Springer-Verlag, Heidelberg.

[11] Brown, M. E., Gallacher, P. K., 2008. Handbook of Thermal Analysis and Calorimetry, vol. 5. Elsevier, Oxford.

[12] Menczel, J. D., Bruce Prime, R., 2009. Thermal Analysis of Polymers: Fundamentals and Applications. John Wiley, New Jersey.

[13] Steinmann, W., Walter, S., Beckers, M., et al., 2013. Thermal analysis of phase transitions and crystallization. Available from, In: Elkordy, A. A. (Ed.), Polymeric Fibers, Applications of Calorimetry in a Wide Context—Differential Scanning Calorimetry, Isothermal Titration Calorimetry and Microcalorimetry. InTech, Rijeka, 277-306. http://www.intechopen.com (accessed 7.7.15).

[14] Philip, W. M. S., 1972. The use of differential scanning calorimetry in the identification of synthetic fibers. J. Forensic Sci. 17, 132-140.

[15] Treigienė, R., Musnickas, J., 2003. Solvent pre-treated wool fabric permanent set and physical properties. Fibres Text. 11, 37-40.

[16] Moraes, M. A., Nogueira, G. M., Weska, R. F., et al., 2010. Preparation and characterization of insoluble silk fibroin/chitosan blend films. Polymers 2, 719-727.

[17] Wielage, B., Lampke, T. H., Marx, G., et al., 1999. Thermogravimetric and differential scanning calorimetric analysis of natural fibres and polypropylene. Thermochim. Acta 337, 169-177.

[18] Ganan, P., Mondragon, I., 2002. Surface modification of fique fibers. Effects

.iechanical properties. Polym. Compos. 23, 382–394.

⌟ Ouajai, S., Shanks, R. A., 2005. Composition, structure and thermal degra-.on of hemp cellulose after chemical treatments. Polym. Degrad. Stab. 89, 327–335.

[20] Riga, A., Collins, R., Mlachak, G., 1998. Oxidative behavior of polymers by thermogravimetric analysis, differential thermal analysis and pressure differential scanning calorimetry. Thermochim. Acta 324, 135–149.

[21] Chrissafis, K., Bikiaris, D., 2011. Can nanoparticles really enhance thermal stability of polymers. Thermochim. Acta 523, 1–24.

[22] De Clerck, K., Rahier, H., Van Mele, B., et al., 2003. Thermal properties relevant to the processing of PET fibers. J. Appl. Polym. Sci. 89, 3840–3849.

[23] Seferis, J. C., Salin, I. M., Gill, P. S., et al., 1992. Proc. Acad. Greece 67, 311.

[24] Gill, P. S., Sauerbrunn, S. R., Reading, M., 1993. J. Therm. Anal. 40, 931–939.

[25] Lacey, M., Price, D. M., Reading, M., 2006. Theory and practice of modulated temperature differential scanning calorimetry. In: Reading, M., Hourston, D. (Eds.), Modulated Temperature Differential Scanning Calorimetry. Springer, Dordrecht, The Netherlands (Chapter 1).

[26] Kubokawa, H., Hatakeyama, T., 2002. Melting behavior of nylon 6 fibers in textiles. J. Therm. Anal. Calorim. 70, 723–732.

[27] Jaffe, M., Ophir, Z., Pai, V., 2003. Biorelevant characterization of biopolymers. Thermochim. Acta 396, 141–152.

[28] Liu, C., Liang, B., Shi, G., et al., 2015. Preparation and characteristics of nanocapsules containing essential oil for textile application. Flavour Fragance J. 30, 295–301.

[29] Ibrahim, S. F., El–Amoudy, E. S., Shady, K. E., 2011. Thermal analysis and characterization of some cellulosic fabrics dyed by a new natural dye and mordanted with different mordants. Int. J. Chem. 3, 40–54.

[30] Zhou, G., Shao, Z., Knight, D. P., et al., 2009. Silk fibers extruded artificially from aqueous solutions of regenerated *Bombyx mori* silk fibroin are tougher that their natural counterparts. Adv. Mater. 21, 366–370.

[31] Yuan, Q., Yao, J., Huang, L., et al., 2010. Correlation between structural

and dynamic mechanical transitions of regenerated silk fibroin. Polymer 51, 6278-6283.

[32] Mortimer, B., Guan, J., Holland, C., et al., 2015. Linking naturally and unnaturally spun silks through the forced reeling of *Bombyx mori*. Acta Biomater. 11, 247-255.

[33] Aitken, D., Burkinshaw, S. M., Cox, R., et al., 1991. Determination of the T_g of wet acrylic fibers using DMA. J. Appl. Polym. Sci. 47, 263-269.

[34] Hor, T., Khang, H., Shimuzu, T., et al., 1988. Text. Res. J. 58, 227-269.

[35] Soane, D., Offord, D., Ware, W., 2010. Chapter 9. Nanotechnology application in textiles. In: Shulte, J. (Ed.), Nanotechnology: Global Strategies, Industry Trends and Applications. Wiley, India, pp. 149-162.

[36] Sawhney, A. P. S., Condon, B., Singh, K. V., et al., 2015. Modern applications of nanotechnology in textiles. Text. Res. J. 78, 731-739.

[37] Gulrajani, M. L., 2006. Nano finishes. Indian J. Fibre Text. Res. 31, 187-201.

[38] Linford, M. R., Soane, D. S., Offord, D. A., et. al., Durable finishes for textiles. Assignee: Nano-Tex Llc. US Patent 6, 872, 424, 29 March 2005.

[39] Barthlott, W., WO 04123, Bonn, Germany, 1996 Eur Pat 772514 BI, 15 February 1996.

[40] Neinhuis, C., Barthlott, W., 1997. Characterization and distribution of water-repellent, self-cleaning plant surfaces. Ann. Bot. 79, 667.

[41] Riva, A., Algaba, I. M., Pepió, M., 2006. Action of a finishing product in the improvement of the ultraviolet protection provided by cotton fabrics. Modelisation of the effect. Cellulose 13, 697-704.

[42] Ibrahim, N. A., El-Zairy, E. M. R., 2009. Union disperse printing and UV-protecting of wool/ polyester blend using a reactive b-cyclodextrin. Carbohydr. Polym. 76, 244-249.

[43] Tsuzuki, T., Wang, X., 2010. Nanoparticle coatings for UV protective textiles. Res. J. Text. Appar. 14, 9-20.

[44] Beringer, J., Hofer, D., 2004. Nanotechnology and its application. Melliand Int. 10, 295-296.

[45] Collier, J. R., Collier, B. J., 1995. Process of making sheath/core composite

..na State University, Assignee US Patent 5, 387, 383, 7 February.

] Hakansson, K. M. O., Andreas, B. F., Lundell, F., et al., 2014. Hydro-..namic alignment and assembly of nanofibrils in strong cellulose filaments. Nat. Commun, 1–10.

[47] Tree-Udom, T., Wanichwecharungruang, S. P., Seemark, J., et al., 2011. Fragrant chitosan nanospheres: controlled release systems with physical and chemical barriers. Carbohydr. Polym. 86, 1602–1609.

[48] Rodrigues, S. N., Fernandes, I., Martins, I. M., et al., 2008. Microencapsulation of limonene for textile application. Ind. Eng. Chem. Res. 47, 4142–4147.